本书得到 2013 年度国家社会科学基金青年项目

"乌托邦视角下人与自然伦理关系建构研究"（项目批准号：13CZX078）资助

实 践 哲 学 论 丛 | 主 编 丁立群 | 副主编 罗跃军 高来源

REALISTIC REFLECTION AND ULTIMATE CONCERN OF
ECOLOGICAL ETHICS

A STUDY ON THE CONSTRUCTION OF THE ETHICAL RELATIONSHIP
BETWEEN HUMAN AND NATURE FROM THE UTOPIAN PERSPECTIVE

生态伦理的
现实反思与终极关切

乌托邦视角下人与自然伦理关系建构研究

张彭松 著

社会科学文献出版社
SOCIAL SCIENCES ACADEMIC PRESS (CHINA)

实践哲学论丛编委会

何谓实践哲学（代序）

实践哲学是哲学范畴中歧义最多的哲学形态，这主要是因为实践哲学的主题词"实践"就是一个十分复杂的概念：实践既是一个常识性语词，又是一个哲学概念，而且这一概念在各种文化学科中被广泛使用。这就使其被赋予了多种多样的涵义。诸种情况亦影响到实践哲学。

一般来说，在西方哲学中，实践哲学多用来指称伦理学和政治学。然而，伦理学和政治学由古希腊发展至今，发生了很大变化。现代伦理学有诸多分类，诸如德性伦理学、规范伦理学、描述（科学）伦理学和分析伦理学，其中哪些属于实践哲学？政治学按亚里士多德的划分属于实践哲学。但是，政治学在马基雅维利之后，已经逐渐脱离实践哲学范畴，进入科学和技术领域，成为政治科学甚至管理技术。尽管现代哲学家力图恢复它的实践哲学维度，但政治学在何种意义上才能恢复为实践哲学？恢复为实践哲学的政治学将如何处理政治科学（技术）遗产？另外，狭义的伦理学和政治哲学能否代表实践哲学的全部内容？"实践"概念在西方的人类学领域也被广泛使用，这一领域"实践"概念的主要涵义带有实用主义色彩，即实际应用、效用和实验等，实践哲学如何对待这种实践？

实践哲学在国内情况也比较复杂。迄今，学界提出了实践唯物主义、实践本体论以及认识论的实践论等诸多理论。其中，每一种实践理论所使用的"实践"概念都具有不同涵义，甚至同一理论中"实践"的涵义也因语境变化而有所不同。但是总体上，在国内，无论是在常识领域还是在学术领域，影响比较大的是在"实验"意义上理解实践，把实践哲学看作研究如何把理论应用于实际的学问。

如此林林总总，难于尽述。试图厘清实践哲学的演化线索，就要追根溯源。

实践哲学虽然具有复杂多样的具体形态，但是从总体上可以分为"科学—技术实践论"和"伦理—政治实践论"两种基本形态，其余的实践哲学形态都只是这两种基本形态的延伸。德国古典哲学家康德在其著名的"三批判"之一——《判断力批判》的导论中曾谈到实践哲学的分类。他指出，一般来说，人们把依据自然概念的实践和依据道德概念的实践混淆起来不加区分，致使人们在谈论实践哲学时不知所云。这种区分实质上取决于一个根本问题，即人的行为是受意志支配的，而给予意志的因果作用以规则的究竟是一个自然的概念还是一个自由的概念？康德认为这是至关重要的问题，它起到了分水岭的作用："如果规定因果关系的概念是一个自然的概念，那么这些原理就是技术地实践的；如果它是一个自由的概念，那么这些原理就是道德地实践的。"① 这里，康德实际上确定了划分不同实践哲学的标准，即规定意志背后的支配原则：如果支配意志的是自然的必然性，由此产生的行动就是技术的实践；如果支配意志的是自由原则，由此产生的行动就是道德的实践。康德虽然确定了划分两类实践哲学的标准，但是他却认为技术实践论属于理论哲学，道德实践论才真正属于实践哲学。

康德的这种划分在哲学史上是有根据的，所谓"道德实践论"应属于亚里士多德开创的"伦理—政治"的实践哲学传统；而"技术实践论"则属于由 F. 培根和 G. 伽利略倡导的"科学—技术实践论"传统。

亚里士多德是实践哲学的创始人，所有的实践哲学形态几乎都可以追溯到亚里士多德。

① 〔德〕康德:《判断力批判》（上卷），宗白华、韦卓民译，商务印书馆，2000，第8~9页。

亚里士多德在一定程度上，克服了以往哲学的"伦理—认识平行论"①，突破了苏格拉底"美德即知识"命题把美德混淆于理论知识的理解，第一次区分了理论、制作和实践，使实践哲学从形而上学中独立出来，并构建了第一个较为系统的实践哲学理论。

在他看来，实践哲学的最核心内容和终极旨趣就在于如何促进人的"自由"和"完善"，即促进人的德性（潜能）的实现，促进人的生长和完善。亚里士多德有两部重要的实践哲学著作，即《尼各马可伦理学》和《政治学》，人的完善是这两部著作的共同主题。人的完善即通过实践而实现人的德性。《尼各马可伦理学》和《政治学》大略从个人和城邦两个方面，论述了人的德性的实现和完善问题。《尼各马可伦理学》侧重于个人德性品质与幸福的关系，论述个人"德性"的实现和人的完善，即通过运用理性的实践而使德性成为一种现实中的实现活动，使人获得自己的本质力量即整全的德性（善）；《政治学》则侧重于从政治制度上为"德性"的实现和人的完善提供条件。在《政治学》中，亚里士多德从"人天生是一种政治动物"这一根本命题出发，提出人类种群的纯自然的联系（社会性）并不是人的特征，人要在城邦共同体中实现自己。亚里士多德通过对政体和政治制度的研究，提出理想的城邦和制度应当涵育人的德性，为人的完善提供充分的条件。于是，政治学的目的与伦理学的目的是一致的，都是属人的至善。

由此，他把哲学分为三类，即理论哲学、制作哲学和实践哲学。在这种哲学分类及其区别中，进一步界定实践哲学。这种区分也使我们对实践哲学的理解具体化。

首先，实践哲学与理论哲学截然不同。理论哲学是关于永恒和必然领域的知识，实践哲学则是变化无常的人事领域的特殊知识。理论哲学的核

---

① 现代逻辑经验主义认为传统哲学的一个显著特征就是"伦理—认识平行论"，即在认识论上把伦理问题当作知识问题，以苏格拉底"美德即知识"为代表。我认为，这一认识论问题根源于本体论。传统哲学从本体论上未能区分道德实体即人为的"善"与世界的本体形而上学的"善"，这在前亚里士多德哲学中体现得更明显。亚里士多德则提出了与形而上学的善相对的"属人的善"，在一定程度上克服了"伦理—认识平行论"。

心问题是"永恒"和"必然"问题即"神"的问题，其思考属于理论智慧（Sophia）；实践哲学的核心问题是关于个人的完善和善制问题，即关于属人的善的问题，其思考属于实践智慧（Phronesis）。理论哲学追求的是普遍的"真理"；实践哲学追求的是特殊的"意见"①。理论哲学的知识形态是形而上学、数学和物理学，实践哲学的知识形态则是伦理学、政治学和家政学。

其次，实践哲学与制作哲学也截然不同。实践哲学处于"人事"领域，探究的是人的德性的实现活动和政治行为即实践；制作哲学处于"物事"领域，探究如何依据自然的原理生产一种物品。实践哲学研究人的道德和政治活动，重在于"行动"，着眼于特殊性（特殊境况）；制作哲学重在于按理性和原理操作的品质，重在于"知识"，着眼于必然性和普遍性。实践哲学所谓实践智慧（Phronesis）在于凭借丰富的生活经验把握和筹划对自身完整的善；制作哲学的理智作为一种技艺（Technique），目的是生成某种物体，属于局部的善。实践哲学所谓实践是目的内在于自身的活动，制作哲学的制作则是目的外在于自身的活动。实践是无条件的、自由的活动；制作是有条件的、非自由的活动。

可见，追溯实践哲学产生的源头可以看到，亚里士多德实践哲学是关于人际交往的伦理学和政治学理论，它与研究神和宇宙本体的理论哲学以及研究技艺活动、生产活动的制作哲学的理论分野和内容实质根本不同。

亚里士多德实践哲学在发展演变过程中，产生了一种派生形态，即康德所说的"科学—技术实践论"。由于亚里士多德实践哲学区分了理论、制作和实践，并把制作和实践一同作为变动领域的知识：制作作为实践的条件也与实践存在事实上的依存关系。这一情况使实践和制作有了千丝万缕的联系。延续到中世纪哲学，实践和制作开始混淆起来。在经院哲学家托马斯·阿奎那的思想中，"伦理之知"和"非伦理之知"的界限已经不甚清晰：实践包括了人类一切活动，当然也包括技术性的生产活动（制作）。到了近代，经过政治学家 N. 马基雅维利把伦理学与政治学分离，以技术代替实践的理论条件

---

① 实际上特殊的"意见"在亚里士多德的著作里亦被称为"真理"，即属于特殊性的真理，它与现代所谓人文的真理同类。

已经具备。在此基础上，F. 培根把实践哲学的重心逐渐转移到根源于制作的科学技术上面，创立了另一种实践哲学传统：科学—技术实践论。

F. 培根不满意古希腊哲学家以及由此而发端的轻自然哲学，重道德哲学、政治哲学的学术传统，他认为，这是用征服人心代替了征服自然；他也反对古希腊的非实用的所谓科学传统，认为这种传统忘记了知识存在的意义。他力图扭转这一传统。首先，培根把实践哲学由注重道德哲学转向注重自然哲学。在他看来，在古希腊罗马时期，以亚里士多德为代表的哲学家把大部分时间和主要精力用于道德哲学和政治哲学的研究，导致人心远离自然。F. 培根认为，必须彻底转变这种传统，大力提倡对自然的研究。为此，他也反对亚里士多德的演绎逻辑，他认为，这种逻辑并不鼓励探索自然，只是论证以往的教条，是一种论证的逻辑。他提出了归纳法并将其作为研究自然、发现新事物的"新工具"。归纳法这种新方法的提出和应用具有重要意义，它使古希腊理论与制作的分离重新统一起来，成为近代以来自然科学和技术科学一体化趋势的方法论基础。其次，培根把实践哲学由超功利性转向功利性。古希腊推崇的是与人的需要不相关的理论沉思。于是，摆脱功利上升到抽象领域似乎成为希腊文化的一个特征。所以在埃及用于丈量土地的几何学传到希腊后，也被抽象为不占面积的点、线、面构成的抽象几何学。培根批判亚里士多德以及古希腊对超功利的理论（Theory）的推崇，明确提出，"真理和功用在这里乃是一事。各种事功自身，作为真理的证物，其价值尤大于增进人生的安乐。"[①] 因此，他要求知识要为人们的福利服务。[②]

通过这种改造，在培根的哲学中，实践开始转变含义，变成了技术（制作），技术则变成了科学的应用。于是，理论与实践的关系变成了理论（科学）如何应用于技术（实践）的问题，H-G. 伽达默尔认为，这是近两个世纪以来，人们对实践哲学的最大误解：它把实践理性降低到技术控制的地位。[③]

① 〔英〕F. 培根：《新工具》，许宝骙译，商务印书馆，1984，第99页。
② 〔美〕J. 杜威：《哲学的改造》，许崇清译，商务印书馆，1989，第17~20页。
③ 〔美〕R.J. 伯恩斯坦：《超越客观主义与相对主义》，郭小平译，光明日报出版社，1992，第49页。

在这里，科学不再是古希腊与技术应用无关的"理论"（Theory），而变成了技术原理，技术则是把科学原理应用于具体事件。这就构成了一种海德格尔所说的与古希腊致力于显现世界规则的世界观不同的新世界观，这种新世界观把自然当作人类的"资源库"。

科学—技术实践论的典型特征是它把传统实践哲学的实践由主体间关系置换为主客体间关系，作为获得知识（必然性）的一个中介。这一特征借用康德的话来说，就是用自然的必然性来规范意志的因果关系。这种实践处于理论理性的活动区域，所以，康德认为，科学—技术实践论实质上不属于实践哲学，而属于地道的理论哲学。科学—技术实践论以科学技术取代人类自由的实践，使科学技术行为不仅不为实践所制约，反而统治甚至取代了实践。这就从理论上为西方现代性危机埋下了伏笔。

科学—技术实践论是把亚里士多德的理论哲学中的科学部分和制作哲学中的技术部分突出出来，并在现代性的语境下，加以整合的理论形态。它成为亚里士多德伦理—政治的实践哲学传统的一种派生形态。这两种传统构成了现代西方"praxis"（伦理政治实践）和"practice"（科学技术实践）之争。林林总总的实践观、实践论和实践哲学都是这两种实践哲学传统的延伸形态。

现代西方哲学发生了一场实践哲学的复兴运动。海德格尔、伽达默尔、阿伦特、麦金泰尔、哈贝马斯、努斯鲍姆等著名哲学家都是这场复兴运动的中坚。现代实践哲学的复兴既有实践哲学自身发展的逻辑，也有现代性发展的社会历史背景。在实践哲学复兴的前提下，我们需要从实践哲学演化中，更加深入地思考实践哲学的元理论的建立及其问题域。

1.在实践的知识内涵上：由伦理—政治的知识到人文科学的知识

亚里士多德认为所谓实践即政治和伦理行为，实践哲学即伦理学和政治学。这一思想在西方思想界影响深远，在整个西方哲学史上，几乎所有被划进这一范围的思想，都被称为实践哲学。但是，我们注意到，19世纪末20世纪初的现代哲学家、新康德主义者 W. 文德尔班在《哲学史教程》中，对哲学进行分类时，拓展了实践哲学的范围。他同意亚里士多德把实践哲学限定在历史、伦理和政治领域，但是，他并不认为凡在这些领域的知识都是实践哲学的知识。他更进一步提出了在历史、伦理和政治领域划分理论哲学和实践哲学的原则，即对历史领域的研究可以从两个角度进行：其一是从探寻历史规律的角度来研究；其二是从探寻历史的目的和意义的角度来研究。前者属于理论的知识，后者则是实践的知识。这一原则总体上符合亚里士多德的思想，亚里士多德以这一原则区分自然领域和历史领域。但是，W.文德尔班却进一步把它引入亚里士多德传统的"实践领域"，在这一领域进行进一步实质性区分，这就使实践哲学的界限更加清晰了。按照这种划分，从意义和目的方面来看待的伦理学、社会哲学、法哲学、历史哲学、美学、宗教哲学都属于实践的知识。① 这已经把亚里士多德的伦理学、政治学领域扩展为整个人文科学领域。这种扩展得到了当代德国哲学家O.赫费的响应，赫费在其著作《实践哲学》一书中，提出了与文德尔班完全相同的看法。② 这种看法的实质在于，它对实践的知识进行了拓展，把整个人文科学纳入实践的知识的范畴。

而在伽达默尔的思想中，精神科学（人文科学）合法性的承担者是实践哲学，同时他也有"实践科学"的提法。我认为，实际上，实践科学就是精神科学，而实践哲学就是关于精神科学的哲学。

这样，伽达默尔在分析精神科学的合法性基础时，就把实践哲学和实践科学区分出来。这种区分很有意义：它解决了为什么实践哲学不能实践、实践哲学该怎样实践的问题。

2.在实践的场域上：由"伦理—政治"领域转换为"社会"领域

亚里士多德把实践和实践哲学的场域限定在"伦理—政治"领域，这主要是由于在古希腊，劳动的主体是没有自由的奴隶，其不是实践的主体；而且，由劳动连接成的社会属于私人领域而非公共的实践领域。从此以后，伦理—政治领域几乎成为实践哲学的传统领域。现代政治哲学家H.阿伦特特别严格地把实践和实践哲学限定在政治领域，提出人之为人的本质特征是政治

---

① 〔德〕W.文德尔班：《哲学史教程》（上），罗达仁译，商务印书馆，2007，第31~33页。
② 〔德〕O.赫费：《实践哲学》，沈国琴等译，浙江大学出版社，2011，"前言"第2页。

性，人在成为政治的动物之前才是社会的动物，"正因为这一点，它本质上就不是人的特征"。人类的社会联合"是生物的生命需要加在我们身上的一种限制"。① 所以，她认为，政治经济学是一个语词的矛盾。

然而，现代社会已经不再是古希腊的作为私人领域的社会，它已经演化成为横跨私人领域和公共领域的一个独特的领域。早在 19 世纪，马克思就已经把实践哲学拓展到社会领域，从而构建了"劳动—社会"的实践哲学。现代西方很多哲学家已经意识到实践的社会性，意识到政治领域是不能和社会领域截然分开的。J.哈贝马斯的实践哲学虽然具有重要的政治学意义，但是，他已经不仅仅在政治意义上谈论实践哲学了，而是把它拓展到广大的社会领域。当代哲学家 R.伯恩斯坦曾对 H.阿伦特进行了尖锐的批判，指出，H.阿伦特已经把社会和政治二元化了，使政治学研究的关注点局限于精英层面而无法深入到广大的社会领域；R.伯恩斯坦认为，阿伦特把"政治"与"社会"对立起来以及以政治为立足点的实践哲学，会导致难以解决的理论难题。② 在现代时空中，政治和社会是分不开的，任何政治问题都离不开社会问题，都与社会紧密结合在一起。其实，H.阿伦特也承认，早在古罗马时期，在社会作为人民为了一个特定的目标而结成的联盟意义上，社会已经有了"虽有限却清楚的政治含义"。③

可见，现代实践哲学已经不局限于狭窄的政治领域。

3.在实践的层次上：由伦理—政治实践转向劳动实践以及包括科学技术在内的全面实践

首先，在纵深上，由伦理—政治实践转向劳动实践。劳动在古希腊不被当作真正意义的人的活动，劳动的承担者是奴隶而不是创造性的主体。近代以后，资产阶级逐渐兴起，劳动作为财富的源泉，逐渐被重视起来。在意识形态上和理论研究中，劳动地位逐渐提高，新教伦理和古典政治经济学都

① 〔美〕H.阿伦特：《人的境况》，王寅丽译，上海世纪出版集团，2005，第 15 页。
② 〔美〕R.J.伯恩斯坦：《超越客观主义与相对主义》，郭小平等译，光明日报出版社，1992，第 268 页。
③ 〔美〕H.阿伦特：《人的境况》，王寅丽译，上海世纪出版集团，2005，第 15 页。

高扬尘世的劳动。如加尔文教赋予尘世的职业劳动以宗教上的合理性和崇高意义，古典政治经济学把劳动看作财富的源泉。黑格尔已经在某种意义上认识到劳动对于人之为人的意义。特别是马克思提出的"人是劳动的动物"与"人是政治的动物"相对，把劳动看作物质生产活动和人自身的建构活动的统一，把劳动提高为人的本质活动，从而以劳动代替了实践的基础地位。现代哲学家如 J. 哈贝马斯、H. 阿伦特等批判了马克思劳动的实践哲学，认为，劳动是服从必然性的活动，从劳动中产生不了规范意义和批判精神。我认为，他们都没有认识到马克思"劳动"的物质生产和人自身建构的双重涵义，从而也没有看到劳动的实践意义。

其次，由单纯的伦理—政治实践转向包括科学技术在内的全面实践。虽然亚里士多德对理论、制作与实践做了严格的区分，但是，自中世纪起，实践和制作的关系就开始纠缠不清。到了近代，F. 培根开始用科学技术替代实践，开创了技术实践论传统。伽达默尔认为，近两个世纪以来，人们对实践的最大误解就是把实践理解成科学的应用。而科学的应用就是技术，这说明科学技术一度被纳入实践的内涵。这成为西方现代性的一个根本特征。而在现代人类学领域、科学技术领域仍然存在技术实践论传统。但是，在亚里士多德实践哲学传统中，我们仍然可以提出一个问题：科学技术与实践没有关系吗？

技术实践论与道德实践论的对立根源于亚里士多德理论、制作和实践的对立，这种对立把科学技术排斥在实践之外，不仅使实践哲学失去了普遍性，而且在实践上也导致了科学技术的自我放纵，导致人与自然的关系的异化。

所以，我们应当对理论、制作和实践的关系进行反思批判，挖掘三者的内在统一关系。我认为这种统一关系应当是以实践为基础的统一关系。换言之，科学技术应当以实践的善为目的和宗旨，就如同生活世界是科学世界的基础，科学世界是生活世界的派生一样。

所以，实践哲学是一种普遍的哲学，实践是一个总体性概念。

4. 在实践的形式上，由伦理—政治实践到文化实践

当实践进入更为基础全面的社会领域，由伦理—政治实践转向劳动实践以及包括科学技术在内的全面实践后，一种文化实践已经在意味之中了。

一般来说，人类实践的形式会随着时代的发展而改变。当今时代，无论是从文化意义系统的认识论意义上，还是在当代全球化的现实文化冲突意义上，文化在生活中的意义都不同以往。具言之，文化本身由以往生活世界的随变因素，逐渐凸显整合生活世界的范式意义，以至于在当今时代任何一种事物，都要把它"镶嵌"在文化的"幕景"上才能理解其真正的内涵和意义。很多思想家如 S. 亨廷顿、O. 斯宾格勒、A. 汤因比以及一些文化人类学家都已经意识到这一点。如果说，实践哲学旨在探寻生活和历史的意义，促进人的完善，构建人的完整性，那么，这一宗旨在当今世界仅囿限于政治和伦理的实践形式是无法实现的，必须把传统的实践形式转换为文化实践。

文化是人的存在方式，人的本质即表现在自己的造物——文化之中。在现实中，人处于一种异化的分裂状态，处于主观性与客观性、精神与生命、主动与受动、自由与必然的分裂之中。这些也体现在文化之中，即文化的意义系统分裂和对立，以及地域文化分裂和对立。文化实践的宗旨就是克服这种分裂，使人的存在方式总体化。用马克思的话来说，即"它是人和自然之间、人和人之间矛盾的真正解决，是存在和本质、对象化和自我确证、自由和必然、个体和类之间的斗争的真正解决"。① 文化分裂的基础即生活世界的分裂，生活世界的分裂即人的存在的分裂。可见，文化实践的宗旨与实践哲学的宗旨是一致的，即生活世界的完整性和人的存在的完整性。

所以，我认为这样的命题是正确的：实践哲学是文化哲学的基础，文化哲学是实践哲学的当代形态。

丁立群

2020 年 4 月

---

① 马克思：《1844 年经济学哲学手稿》，《马克思恩格斯文集》第 1 卷，人民出版社，2009，第 185 页。

引　言

人类开始意识到自我的存在，在某种意义上就意味着脱离自然界，一个新的物种诞生了。从人类的诞生起，在生存和发展中就出现了一个难以解决的矛盾问题：人与自然分离，却又是自然的一部分。人在地球万物中是唯一发现自己的生存、生活的样式是一个问题的存在，脱离了自然，又渴望回到自然中，试图用各种办法来解决这个关乎人的生存的无法回避的难题。对于身临其境的当代人而言，这个问题显得尤为重要和突出。法国卓越的地质学家、古生物学家德日进认为，从一个纯粹实证的观点看，在科学探讨中最神秘莫测的也是最棘手的研究对象就是人，甚至可以说，在宇宙论中科学还不曾为人找到适当的、应有的位置。人类学、物理学、生物学尝试全力解释人体的构造、生理机构、社会生活等问题，若把这些内容放在一起，所得的画像和实体相距甚远。"就形态上说来，人之出现是很轻微的跃进；但与它一同发现的却是生命界中一次难以置信的内在变动——这就是人的吊诡。"① 挣脱自然界的束缚，确立了理性的价值，对于人自身而言，这是一种幸运，因为其生存和发展让现代人感受到了"人是万物的精灵""人是世界的主宰"，但对于自然界而言，自觉、理性、想象与实践活动，使人打破了动物式的原始和谐，成为怪异的东西——宇宙的畸形物或"奇葩"。作为"地球之肺"

---

① 〔法〕德日进：《人的现象》，李弘祺译，新星出版社，2006，第105页。

的森林，覆盖率锐减，其作为"大自然的总调度室"而拥有的重大调节功能已经弱化。给人提供生命之源，孕育人类文明的大海、江河、湖泊等被人空前规模地开发、利用，这破坏了生态平衡，使野生生物失去了生存条件，制约了经济社会发展，带来许多隐性灾难。人类诗意栖居的大地被大肆开垦、开发利用，变得满目疮痍，已没有诗人的立锥之地。

对自然的破坏使人类走向不可持续的发展道路，乃至于威胁自身的生存，而富有悖谬意味的是，这种意想不到的后果恰恰肇始于人对自身利益的追逐及对幸福的追求，其破坏了生态，也伤害了自己。我们常常以为，人对自然的破坏跟我们每个人似乎没有必然的联系，而跟人类、国家、政府和企业等组织存在密切的关系，正是它们从自然中索取资源，破坏了生态平衡。殊不知，我们处在传统文化式微、"现代性"越来越强势的个体化时代，每个人都以自我利益为中心，人类、国家、社会等集体性组织都是围绕着个体利益的实现形成的。我们每个原子化的个体作为"现代性"道德及现代文化的缔造者，享受着现代的工业文明所带来的高效和便利的生活，就没有充分的理由抱怨和指责社会或国家——这正是我们每个人的思想、行为和实践所创造的结果，而理应反求诸己，承担起个体自身的道德责任，踏上现代文化的自我拯救之路。回到现实生活的境遇中，我们能够切身体会到，每个人都是现代生产体系的终端消费者，常常把消费当作人生追求的终极意义：人活着就是为了消费，消费就是获得我们的精神满足和自我满足。当然，这种消费主义观念并不是人的意识自主产生的，而是消费主义逻辑蛊惑的结果。但这并不是问题的根本，原因是身处现代自由民主的文化氛围中，没有任何人或组织会强制你去消费。更为根本性的问题在于，放弃了对自身真正完善的追求，每个人出于自身利益的幸福最大化考量，消费主义是其自身逻辑演变的结果。

人生本应是丰富多彩的，却被压缩成单调无味的、被动无趣的经济主义的"社会怪物"和消费主义的"虚假人生"。"这样在消费者社会中的许多人感觉到我们充足的世界莫名其妙地空虚——我们一直在徒劳地企图用物质的东西来满足不可缺少的社会、心理和精神的需要。"① 以地球有限的自然资源来满足大众社会的不可遏制的欲求，以抚慰内心的贪婪，这种饮鸩止渴式的生活方式不仅刺激了人的贪欲，使人无法得到内心宁静的幸福，也衍生出对环境的"外部不经济"（external diseconomy）问题，破坏正常的经济秩序，进而也损害人赖以生存的地球，最终伤及人类自身。这是一种以外在的追求和贪婪的占有来最终填补人的内心空虚的"恶性循环"，陷入了"人的主观性的悖论"，也就是胡塞尔所描述的"既在世界中又先于世界"的人类意识。一方面，人是世界的一部分，不管人类如何发展，都应该明确这一事实；但另一方面，世界又是某种由于人的自我意识和理性的自觉才清楚地存在的东西。这里的"人的主观性的悖论"在于，世界的一个部分如何构成整个世界呢？"仿佛世界的主观部分吞噬了包括这个部分在内的整个世界。这是何等的荒谬！"② 说人是一个先于世界而存在的主体的同时，人又是世界中的一个对象、一个部分，这导致了哲学伦理学中由来已久的、难以解开的困惑。此时的"恶性循环"就是哲学困惑的集中显现。解铃还须系铃人，消除由来已久的哲学困惑，走出这种"恶性循环"，最终仰赖于每个人的生活方式的改变，心灵"内在空间"的拓展，尊重他者（特别是赖以生存的地球的生态系统），才能由内而外地承担起对地球的责任。

艾伦·杜宁曾说，"我们消费者应对于地球的不幸承担巨大的责任"③。依笔者之见，艾伦·杜宁只说对了一半，人类除了对地球的不幸承担责任外，还要对自己的贪婪无知承担后果，使每个人为自己的人生负责。反之亦然。每个人都是独一无二的，超越了你的所有认识，"只有一个人生"，就理应不断完善自己，力求使身心和谐，这样才有可能过上个人的幸福生活，增进人

---

① 〔美〕艾伦·杜宁：《多少算够——消费社会与地球的未来》，毕聿译，吉林人民出版社，1997，第6页。
② 〔德〕胡塞尔：《关于纯粹现象学和现象学哲学的观念》第3卷，转引自〔荷〕德布尔《胡塞尔思想的发展》，李河译，三联书店，1995，第394页。
③ 〔美〕艾伦·杜宁：《多少算够——消费社会与地球的未来》，毕聿译，吉林人民出版社，1997，第36页。

类的幸福。无论科技多么发达，物质财富多么丰富，社会制度多么完善，这些以"现代性"道德价值为圭臬的现代国家依靠"现代性"的成就塑造现代社会生活及人的心灵，能够提供个体人生获得幸福的外在条件和保障，却无法完全替代人生幸福的内在追求和自由选择。在这里，现时代的社会背景、主流道德价值观以及政治环境当然对社会发展以及生活中的个人生存有相当重要的影响，但人们过高地、无限地估计了它们对个人幸福的影响和意义，以至于把它们当成了唯一的决定因素，却忽视、漠视或否定了个人对自己幸福的整体性的追求。这种幸福的追求是每个人得以存在的心理驱动力和精神信念的"种子"。在这一方面，我们许多的社会目标正是为个人心理先验设置和预先设定的，似乎能够完全替代或遮蔽个人对幸福的整体性的渴望，其引导和助长了个人虚假幸福幻觉的滋生蔓延，忽略了个人心理的存在、心灵的内在空间、自我建构和决定的作用。正如荣格所指出的："幸福和满足，灵魂的均衡和生命的意义，这一切只能由个人而不是由国家之类的事物来体验。"① 幸福感不可能是外在给予的，毕竟要从每个人内心涌出，切身地跟人的理性选择、真实的感受、内心的满足和情感的体验等整体性的寻求密切相关，脱离了这些鲜活的对幸福的总体渴望，就可能走向与真实的幸福背道而驰的幻觉。可见，使个体人生身心和谐的幸福生活必须来自每个人自己的内在努力。而身心关系和"人与自然"的关系存在密切的内在联系，使人对幸福生活的总体渴望、追求及其内在的努力能够找到理论参照的联结点和实践活动的背景。没有"人与自然"的关系对于每个人的身心的拓展，人对幸福的总体渴望和追求的视野就会狭隘和偏颇。而如果没有深入人的身心关系，寻求身心的和谐，追求自身的完善、完整和心灵的宁静，处理人与自然的关系，也就找不到内在的根据和动力。现代人普遍的心灵空虚并不是每个人的人生常态，而只是疏离自然、漠视他人的心理后果在身心关系上的集中体现，其使个体的生活陷入人与人之间的情感疏离，相互之间充满敌意，人人都有不

①〔瑞士〕荣格：《未发现的自我》，张敦福等译，国际文化出版公司，2007，第78页。

安全感、恐惧和无助感。每个人出于对自身利益追求的最大化来控制、支配和利用自然资源，人类获得了越来越多的利益（主要表现为物质利益），却带来了"濒临失衡的地球"（阿尔·戈尔语），也使个体的内心越来越贫瘠。

令人困惑不解的是，伤害人类自身的根源恰恰是每个人符合现代伦理的要求，出于自我保全的欲望及对利益最大化的幸福追求，它们带来了现代人对待自然所导致的"现代性"后果——"出于自我利益的自我损害"（奥特弗利德·赫费语）。现代人类、国家、社会、企业等这些作为全称名词的集体以人类自我为价值中心，就应该对"出于自我利益的自我损害"这一道德悖谬承担相应的责任，而组成集体的个体，难道不应该承担更重要的责任吗？如果作为全称名词的集体脱离了个体的自主选择，就会沦为纯粹的抽象或虚假的普遍性，那么，对人与自然、人与社会之间根本矛盾的解决就被抽象的人类、国家、社会、企业等概念遮蔽了视线，而个体本应承担的道德责任就逃之夭夭了。我们生活在一个社会群体进入"无情的分化过程"的"个体化社会"（鲍曼语），既有生机，也潜藏着危机，而拯救之道除了人类社会观念的转变，也急需个体承担起面对自己、关照他者的责任，重建个人与他人、社会、自然的真实的共同体。

走出对待自然的"出于自我利益的自我损害"这一道德悖谬，当代人仍亟须回到并实践一个贯穿古今的重要哲学命题——"认识你自己"。对自身的探究、追问与实践是人类的一个永恒课题。根据第欧根尼·拉尔修的记载，有人问泰勒斯，什么是最困难之事，他答道"认识自己"①。古代刻在德尔菲的阿波罗太阳神庙里最有名的一句箴言"认识你自己"由西方伦理学的奠基人苏格拉底作为追求真正的善的终极根据，使之得以遵循美德和道德实践，"那些认识自己的人，知道什么事对于自己合适，并且能够分辨，自己能做什么，不能做什么"②。在古老的东方文化中，也有类似的告诫。《道德经》三十三章

---

① 〔古希腊〕第欧根尼·拉尔修:《明哲言行录》（上），马永翔等译，吉林人民出版社，2003，第23页。
② 〔古希腊〕色诺芬:《回忆苏格拉底》，吴永泉译，商务印书馆，1997，第149~150页。

曰:"知人者智,自知者明。胜人者有力,自胜者强。"他们的思想有一个共同点就是从超越自我的自然或神出发,让人们反观自身,克服或超越人的自我中心性或主观主义。尽管这种"认识自己"的方式并不完全正确,但对于我们这些只为个人利益打算而不关注公共生活的现代人而言大有裨益。"现代性"道德文化坚持以人为本的人道主义原则,但在实际的社会生活中并没有真正遵循"认识你自己"这一"精神的法则",而是越来越疏离自我——"我们是自己的陌生人"(戴维·迈尔斯语),并不确切知道自己的真实感受和需要。被称作"美国存在心理学之父",也是人本主义心理学的杰出代表的罗洛·梅(Rollo May)也指出:"那些失去了他们的自我感的人,自然而然地也就失去了他们与自然的关联感。他们不仅失去了与无生命自然如森林和山峦的有机联系的体验,而且也失去了与有生命的自然即动物发生交感同情的能力。"① 可见,"认识你自己"并不只是自然对象符合人类主体之先验认识能力的"哥白尼式的革命",还是在人与自然伦理关系的探索中试图寻求把握人类社会可持续生存和发展的"阿里阿德涅线团"。

然而,对人与自然伦理关系的探索淹没在生态伦理对自然内在价值的考量及相关问题的理论论争中,遗忘了理论初衷和终极关切。其实,对人与自然伦理关系的探索本身就具有生态伦理的目的,致力于实现人与自然、人与人的和谐。生态伦理研究就是现代社会的一种拯救之道,寻求把握人类社会可持续生存和发展的"阿里阿德涅线团",在关注自然的伦理思考中,寻求人自身的伦理定位和真实的幸福生活。但是,我们处在以人为中心的现代社会中,把人与人的伦理关系作为现代社会伦理的价值坐标,面对环境问题或生态危机,也致力于寻求人与自然、人与人的和谐。这种具有宰制性的人类中心主义也主张为了人类的幸福和发展,从合理开发或利用的角度,关注自然,保护环境。

至此,生态伦理存在两种根本不同的研究纲领。一种是非人类中心主义

---

① 〔美〕罗洛·梅:《人寻找自己》,冯川等译,贵州人民出版社,1991,第49页。

或称生态中心主义。这种纲领认为，若想走出生态危机，人类必须来一次道德的革命或良知的革命，抑制自己的贪欲，改变现代人在经济社会生活中大量生产、消费和抛弃的生产、生活方式，告别工业文明的发展模式。另一种纲领，也就是在现代社会占据主流的人类中心主义。这种纲领认为，工业文明不必有什么道德革命或"良知的革命"，更不必抑制什么贪欲，凭市场经济机制和科技进步即可使现代社会生活摆脱由生态危机带来的阴影。生态中心主义生态伦理包含对人类理性的局限性的体认。而人类中心主义深信甚至是盲目相信人类理性进步的极端乐观主义。当前，生态伦理研究处于人类中心主义和生态中心主义的僵化对立或左右摇摆中，似乎找不到价值整合的理论路径和实践指向。人类中心主义与生态中心主义的争论推动着生态伦理学的成熟与进步，但如果一味互相质疑和指责，仍不转换研究视角和思路，只会使生态伦理学陷入"两难处境"，无益于作为应用伦理的现实反思、终极关切与社会实践。实际上，这种"两难处境"与"现代性"的道德意识或价值观念存在密切关联，因为没有揭示出目前导致生态危机的主要原因，以致生态伦理学的超越与整合价值没有在真正意义上凸显出来，也就不能更好地从事道德和社会实践。本书从现代社会伦理拓展到人与自然的伦理关系，分析生态伦理中人类中心主义和生态中心主义冲突和对立的现实处境和理论根源，通过与"现代性"道德的理论关联及乌托邦观念的引入，找到生态伦理的立论根据和实践意义。

第一章　人与自然伦理关系初探

　　无论个体、社会，还是作为整体的人类，自古至今都具有不同程度的自我中心性倾向，往往把事物的利弊性看作判断正确与错误的重要标准。然而，在被经济主义和科技主义蛊惑的现代社会生活中，不断向外索取和占有的现代人类却无法真正满足自己的欲求，主观上陷入无法满足的贪欲，客观上既消耗了大量的自然资源，也破坏了人类赖以生存的生态环境，最终危及人类自身的根本利益。因此，作为一个有道德的物种——人类，我们不应当把人对事物的利弊性判断变成一条放之四海而皆准的通理：好像离开了时间和空间，人的知觉便不能起作用一样，正如离开事物的利弊性，人的自我中心性动机便不能发挥作用一样。按照这个所谓的公理，人似乎无法超越自身，通达"我与你"的"相互性"关系建立的世界整体。即使是作为有血有肉的独特的个体生命，个人要想生存于世界中，首先也必须保有与他人、社会之间的伦理关系，才能满足自身的需要和欲求。古希腊哲学家亚里士多德认为"人类生来就有合群的性情"，只有在具备人与人伦理关系（具体表现为友情、家庭、村社、城邦或国家）的共同生活中，人才会获得幸福。"目的必定是属人的善。尽管这种善于个人和于城邦是同样的，城邦的善却是所要获得和保持的更重要、更完善的善。因为，为一个人获得这种善诚然可喜，为一个城邦获得这种善则更高尚［高贵］，更神圣。"① 相对于人与人的伦理关系而言，人与自然的伦理关系远没有受到人们如此的重视。20 世纪六七十年代，生态伦理学（或称为环境哲学）在西方学术研究领域才开始受到广泛关注，但到目前为止，人与自然是否存在伦理关系仍然有待进一步探索。

第一节　人与自然伦理关系探微

从一般的观点看，人的产生及人类社会的生存与和谐发展主要取决于人与人的伦理关系，但纵观人类的发展历史，从根本上说，人如何看待自然影响甚至决定人类社会能否和谐发展。如马克思所明确指出的，人及其社会和文化是自然界中的一部分，要承认自然因素在社会文化中的作用。尽管人不断地变化和发展，但归根结底其是自然界长期发展和演化的产物。如果没有自然属性，作为类的存在物，也就不会有人类本身。马克思承认自然对于人类存在的前提性和客观性。"任何人类历史的第一个前提无疑是有生命的个人的存在。因此第一个需要确定的具体事实就是这些个人的肉体组织，以及受肉体组织制约的他们与自然界的关系。……任何历史记载都应当从这些自然基础以及它们在历史进程中由于人们的活动而发生的变更出发。"② 可见，自然界是客观存在，内在地规定了人的自然属性。尽管在马克思生活的年代，生态环境危机没有现在这么严重，他对人与自然、社会价值关系的理论思考和探究中并没有明确提出人与自然的伦理关系，但他的研究充分反映出自然界对人类的生存和发展具有重要的价值，它集经济价值、审美价值和道德价值于一身，为人类提供生存和活动的空间、发展需要的能源，它是社会变革的

---

① 〔古希腊〕亚里士多德：《尼各马可伦理学》，廖申白译注，商务印书馆，2003，第 6 页。
② 《马克思恩格斯全集》第 3 卷，人民出版社，1979，第 23~24 页。

重要物质保障，更是精神文明建设的基本需要。当且仅当承认自然万物自身具有存在、生存的权利时，人与自然之间的伦理关系才能形成，人才有保护自然的道德理由和根据。反之，人与自然之间并不存在伦理关系，甚至取消了人与自然之间存在的"关系"，人仅仅是赤裸裸地对自然进行开发、支配和利用。

德国著名犹太裔哲学家、神学家马丁·布伯清楚地意识到这两种根本不同的处理方式，他认为对待自然，我们可以有"我—你"以及"我—它"两种方式。处于"我—你"（I—Thou）的关系中，人以"仁爱""仁慈"的态度对待自然，使人与自然"建立关系的世界"，成为一个整体；而在"我—它"（I—It）范畴中，自然是一个对象、一件东西，与我们保持着一种客观的距离，没有进入"关系"的领域，即没有"相互性"。布伯说，我凝视着一棵树，有不同的态度和方式，"我与它"或"我与你"。"我可以把它看作为一幅图像：一束沉滞的光波或是衬有湛蓝、银白色调之背景的点点绿斑。……但是，我也能够让发自本心的意志和慈悲情怀主宰自己，我凝神观照树，进入物我不分之关系中。此刻，它已不复为'它'，惟一性之伟力已整个地统摄了我。这并非是指：要进抵此种境界，我必得摒弃一切观察。我无需为见而视而不见；我无需抛弃任何知识。恰好相反，我所观察知悉的一切——图像与运动、种类与实例、规律与数量——此时皆汇融成不可分割的整体。"① 在布伯看来，以"我与它"的方式对待自然，同样是合理的，因为人不能离开对待自然的"我—它"或"主客关系"而生活，只有可供使用的物或对象才养活着人，使人得以生存。但是，把自然仅仅当作对象或客体，以"我与它"的方式理解自然，使人变成了"物"。对待自然，人不能"死于""我—它"范畴而不悟，人只有以"仁慈"之心理解和关心自然，从而超越"我—它"范畴，进入"我—你"的一体关系中，才能被理解，人与自然才不是"主体与客体之间的限隔"。以"我与你"的方式对待自然，就形成了人与自然的伦理关系。

---

① 〔德〕马丁·布伯：《我与你》，陈维纲译，三联书店，1986，第21~22页。

西方古希腊哲学以自然神论的形式保持着对自然的崇敬，到中世纪哲学将人和自然统一于神力，特别是中国传统文化和道德观念追求一种自然的但不自觉的"天人合一"的道德境界和生活方式，它们都不同程度地包含了或隐或显的人与自然伦理关系。在各种传统文化经历近现代转变之后，以现代社会伦理秩序看待自然和自然物充其量只有工具价值，因而也就否认人与自然伦理关系探究的必要性。现代社会伦理秩序形式上只研究人与人之间的关系，即个人与社群、社会、国家的关系。随着生态环境急剧恶化，现代社会伦理秩序面临严峻挑战，人与自然的被压抑的伦理关系重新被激活。

一 斯宾诺莎的自然观：人与自然伦理关系的理论奠基

环境或生态危机肇始于西方从道德文化传统向"现代性"道德转变过程中，是追求人性自由与解放的必然伴生物。随着现实中环境污染和生态破坏问题的凸显，人与自然伦理关系的探究在 20 世纪六七十年代日益受到学人关注，特别是哲学伦理学的道德价值观，即应用伦理学，要求人们重新反省工业文明发展至上的资本逻辑，对待人类与自然之间的关系，不再完全沿袭过去工具主义的理性思维模式，而是深入理解自然的内在价值或自然的权利及人对自然的相应态度和道德责任。其实，人与自然伦理关系一直隐匿于形而上学的沉思或神性之光的西方道德文化传统中，但直到 17 世纪西方近代哲学史重要的理性主义者斯宾诺莎才明确提出自然就是上帝或实体，否认有人格神、超自然神的存在，要求从自然界本身来说明自然。虽然斯宾诺莎的自然观仍然具有泛神论的宗教神秘主义倾向，但在基督教神学教条压制人性、违背自然的处境下，将自然提升到一种宇宙本体论的高度，无疑对人的思想是一种极大的启蒙，由此他被誉为"'激进'启蒙运动的先驱"（乔纳森·伊斯雷尔语）。卢风教授也指出，当代一些生态伦理和环境伦理学也把斯宾诺莎确定为最早提出生态意识的自然主义者或有机体主义者，"对事物之间相互关系的这种理解，使他能够把终极伦理价值奠定在整体或系统之上，而非任何单一的、短暂存在的个体基础之上。可见他确实是当代整体主义（holism）生态伦理学的先驱"①。鉴于此，针对生态环境问题，西方关于人与自然伦理关系的探究，从斯宾诺莎谈起。

斯宾诺莎哲学是在批判基督教传统与笛卡尔实体论的前提下建立起来的自然主义世界观。"近代哲学之父"笛卡尔似乎与传统彻底决裂，确定了主体与客体二元对立的思维定式，而实际上尚未突破基督教传统上帝创造万物的神创论，加深了人类的自我中心主义倾向。对于笛卡尔的"主客二分"思想，曾经认同这种观点而后又深入批判笛卡尔思想的斯宾诺莎，创建了他自己独特的上帝、实体、自然的"三位一体"自然观。无疑，关于"实体"的概念，笛卡尔哲学对斯宾诺莎哲学体系的形成具有重要的影响。如莱布尼兹所指出的："在自然主义方面，斯宾诺莎是从笛卡尔结束的地方开始的。"②虽然与笛卡尔哲学有质的不同，但斯宾诺莎哲学的出发点却是笛卡尔哲学。斯宾诺莎哲学的一元论实体学说是在继承、批判和改造笛卡尔的实体学说的基础上形成的。斯宾诺莎在"三位一体"自然观基础上，有力地批判和反思"精神与物质"这两个独立实体互相割裂的二元论思想，为以后的生态伦理批判"现代性"道德价值所形成和确立的人与自然伦理关系，为生态文明思想的建构与和谐社会的形成提供了重要的思想理论资源。尽管斯宾诺莎是理性主义者，但他不同于一般的理性主义者，而是同感情、经验和自然的世界结合起来的高超的理性的坚定信仰者。深受斯宾诺莎自然观的影响，爱因斯坦承认自然界本身的和谐性，并公开宣布，"我相信斯宾诺莎的上帝"，坚信世界内在的和谐性。"我信仰斯宾诺莎的那个在存在事物的有秩序的和谐中显示出来的上帝，而不信仰那个同人类的命运和行为有牵累的上帝。"③爱因斯坦的这一宗教观是唯物主义的无神论。这句话既反映出爱因斯坦主张从自然界本身的现象

---

① 卢风：《应用伦理学——现代生活方式的哲学反思》，中央编译出版社，2004，第104页。
② 《莱布尼兹选集》，1908年英译本，转引自洪汉鼎《神、自然和实体在斯宾诺莎体系里的内在统一》，《北京社会科学》1989年第2期，第60页。
③ 《爱因斯坦文集》第1卷，许良英、范岱年编译，商务印书馆，1976，第243页。

出发来解释自然，也清晰地表明，斯宾诺莎的上帝观中的上帝并不是人格化的上帝或超自然的"神"，而是一种作为整体的宇宙本身的"上帝"，即将自然和上帝融为一体。

斯宾诺莎的自然观不再把上帝理解为对万物作用的外因，而是世界本身的内因，不仅论证作为内在根据的自然，也阐释了内在于自然中的人类社会，关乎人类整体利益的自然伦理，启发现代社会语境中的生态伦理研究，服务于从工业文明向生态文明的历史转型及社会和谐的建设。斯宾诺莎堪称生态伦理或环境哲学的鼻祖，尽管他的思想在主观上并不是针对环境问题或生态危机而提出的，但在客观上可为生态文明的建设提供重要的思想理论资源。虽然斯宾诺莎生活在 17 世纪资本主义革命刚刚成功的荷兰，其思想具有一定的历史局限性，但是，超越笛卡尔"主客二分"思想的斯宾诺莎构建了本体论、认识论、伦理学的完整的哲学体系，为现代生态伦理学提供了整体主义、系统论、生态主义等思想源泉，为建设生态文明提供了理论借鉴。

1. 斯宾诺莎"三位一体"的自然观

探究人类中心主义的现代价值观的勃兴，解决蔓延全球的生态危机，不能绕过肇始于"主客二分"思维定式及机械论世界观的笛卡尔哲学。笛卡尔的心物二元论开创和塑造了现代伦理的神话，把自然看作被人支配、控制的客体，把人的理性意识作为人的主体的标准，并以此塑造了现代伦理价值体系。在笛卡尔的哲学思想体系中，物质和精神是两种各自独立的实体。笛卡尔的"物质与精神"的"二元论"具有现时代的意义。从由笛卡尔开启的理性派哲学到由康德开启的德国古典哲学，再到胡塞尔的现象学运动，无疑作为一条重要的理论线索，典型地表达了西方近现代的主体性思想，影响甚至决定了主流的现代伦理生活。但是，在身心关系问题上，笛卡尔提出了心灵和身体不同的实体观，却又不能无视身心之间的和谐问题，因而，无法避免"交感说"的难以自洽的矛盾，只能把上帝作为理论支柱来克服自身的理论所带来的二元论困境。

在笛卡尔的哲学中上帝存在的证明起着关键性的作用，被笛卡尔划分开的两个独立实体"物质"和"精神"，似乎有了沟通的纽带和桥梁。除了思想的实体和物质的实体外，笛卡尔还主张另一种意义下的"完全靠自身而存在，无需任何其他实体的帮助"的实体。这样的实体只有一个，"这就是上帝"。"只有上帝是一切已存在或将存事物的真正原因。"① 上帝是唯一的最完满、最高级的实体，而心灵和物体、思想与广延都是被上帝创造的实体，依赖于上帝而存在。

在斯宾诺莎看来，上帝在笛卡尔两种实体学说中不过是个"虚位"或"虚词"，并不能消除二元论困境，只能更为方便地理解物质与精神的平行关系。斯宾诺莎认为实体只有一个，就是上帝，存在于万事万物中的自然，即作为整体的宇宙本身，既包含物质世界，还包括精神世界。人依靠经济、政治和科技，不管自己多么强大，依然是宇宙整体的组成部分。这与基督教传统中的上帝观念截然不同，也正是因为如此，犹太教会以背叛教义的名义，把斯宾诺莎驱逐出教。可以理解，在斯宾诺莎生活的时代，由于长期受基督教传统的影响，当时的人们对世界的理解起于中世纪基督教神义论的上帝观，并不能形成对自然事物的全面认识和真知灼见。那时，人们依然坚信上帝创造自然，而按照上帝的形象，创造了人，可以管理、支配和利用自然资源。

在中世纪的基督教传统中，人神关系密切，与自然疏离，具有一种特殊的价值等级结构。"神说：'我们要照着我们的形象，按着我们的样式造人，使他们管理海里的鱼、空中的鸟、地上的牲畜和全地，并地上所爬的一切昆虫。'"不管做何种阐释，与中国传统文化中以"天人合一"为特征的儒释道相比，基督教的伦理传统文化在某种程度上确实潜在地具有某种意义上的人类中心主义倾向，即认为人可以管理和支配自然。"上帝死了"之后，终极实在不能对人的社会生活起到文化的引导作用，而人的世俗生活开始成为现代社会的全部。美国史学家林恩·怀特（Lynn White）解释说："上帝明确地为人类利益和统治计划好了一切：所有创造物除了为人类服务而外别无他用。尽

---

① 〔法〕笛卡尔:《哲学原理》，关文运译，商务印书馆，1959，第10页。

管人类的身体由泥土制成，但他不仅仅是自然界的一部分，他是根据上帝的形象创造出来的。基督教，尤其是西方形态的基督教是世界上最以人类为中心的宗教。"① 随着基督教的式微，终极实在的祛魅，根据人类理性而重新安排，通过经验的或实证的科学方法，剥去或掩盖了自然本身所具有的神秘性，自然被当成可支配、可计算、可测量的物质，而人类自身俨然成了绝对的主体。

从上述分析来看，斯宾诺莎对笛卡尔的"二元论"及基督教的上帝观背景进行的反思，具有合理性，他从自然界本身来说明自然，否认有超自然的人格神的存在。"如果说，笛卡尔神的观念还带有某些中世纪经院哲学家的人格神的内容，它不仅是全知全能，一切真知识的源泉，一切事物的创造者，而且它具有自由意志，能奖善罚恶，公正无私，是一个没有任何广延的精神实体，那么，斯宾诺莎的神的观念就明显摆脱了这些有神论的内容，神，在斯宾诺莎那里，完全是自然的同义语。"② 斯坦贝格指出，斯宾诺莎哲学就是实体一元论学说，认可世界只有一个实体，具有彻底的自然主义的本体论基础或形上意蕴。"关于神以及神与世界关系的观点只有那些传统的一神论表面上相似，在斯宾诺莎看来，神不是一个超越自然的存在，神与世界是一个东西。"③ 在斯宾诺莎哲学思想中，上帝、实体、自然是"三位一体"的，上帝是完全按照自己本来面目存在的，并不是根据人们的意愿而形成的，跟人类的完美圆满无关。上帝不仅表现为自然万物中，也是宇宙整体。就这样，在斯宾诺莎这里自然神还原为自然了。有一种观点试图把斯宾诺莎作为整体的自然观的发展分为三个阶段，认为各个阶段都有自身特有的表达方式。这种理解表面上看是合理的，其实不然。因为上帝、实体和自然就是"三位一体"的，上帝就是实体，而实体就是自然，只是随着所涉及的思想主题的转变、

① 〔美〕林恩·怀特:《生态危机的历史根源》，汤艳梅译，《都市文化研究》，2010，第87页。
② 这句话引自斯宾诺莎《笛卡尔哲学沉思》的译者序。见〔荷兰〕斯宾诺莎《笛卡尔哲学沉思》译序，王荫庭、洪汉鼎译，商务印书馆，1980，第27~28页。
③ 〔美〕斯坦贝格:《斯宾诺莎》，黄启祥译，中华书局，2002，第2页。

语境的变化而不断变换词语或概念，但核心内容是一样的。"当斯宾诺莎考虑到起源时，他似乎使用'神'；当他考虑到结构时，似乎使用'自然'；当他考虑到材料时，似乎使用'实体'。它们完全是同一个东西，尽管是从不同的观点来考察的。"① 在斯宾诺莎哲学体系中，上帝、实体、自然达到最高统一。

在西方近代哲学思想中，斯宾诺莎的自然观是比较有特色的。那么，斯宾诺莎所确立的"三位一体"的整体有机的自然观，思想起源究竟在何处？追溯西方哲学思想的历史演变，斯宾诺莎"三位一体"整体有机的自然观主要借鉴和吸收了布鲁诺的泛神论自然观，继而，以批判笛卡尔的"主客二分"的二元论思想为理论起点开始他的"实体即自然"的一元论思想分析和论证，从自然本身解释自然，摆脱笛卡尔机械论自然观，走向有机论的整体主义的道路，反思西方基督教传统，提出具有超越现代思想的启蒙价值和理论前瞻性的自然观，建构了自己独特的"人的心灵与自然和谐统一"的伦理体系，臻于幸福之境。

其一，吸收和拓展了布鲁诺的思想，反对否定神学，接受自然神圣性的泛神论观点，斯宾诺莎提出了由无限多个属性所构成的自然观。在《神、人及其幸福简论》中，布鲁诺对斯宾诺莎思想的影响非常明显。其二，斯宾诺莎采用了布鲁诺所曾用过的自然概念，清晰地区分了"能动的自然"和"被动的自然"两个概念，进一步说明实体和样式的关系。在《伦理学》一书中，斯宾诺莎的这一思想体现得较为充分。

在《神、人及其幸福简论》这一早期著作中把实体与属性相等同，屡次使用"实体或属性"的术语，仍未完全摆脱笛卡尔思想的印记。后期《伦理学》著作就把实体与属性相区别，排除了笛卡尔的二元论观点，认为自然只有一个实体，即上帝，广延和思想是"神或自然"作为实体的两种样式或属性，"因此思想的实体和广延的实体就是那唯一的同一的实体，不过时而通过这个属性，时而通过那个属性去了解罢了"② 。很明显，斯宾诺莎的有机论自然

---

① 〔英〕罗斯：《斯宾诺莎》，谭鑫田、傅有德译，山东人民出版社，1992，第59页。
② 〔荷兰〕斯宾诺莎：《伦理学》，贺麟译，商务印书馆，1958，第46页。

观与笛卡尔的机械论自然观明显存在差异。斯宾诺莎在《神学政治论》一书中明确了他的实体论自然观，"所以应该相信，自然的力量是无穷的。自然法则至为广大"①。在这本书的某一注脚中，斯宾诺莎对于自然界的事物，他的解释是："注意，我在这里所谓'自然界'的意义，不仅指物质及其变形，而且指物质以外的无穷的其他的东西。"②从这句话中可以看出，斯宾诺莎所认同和强调的自然观是"神或实体"，独立自存，永恒无限的，反对把自然简单化，自然不是某种物质或有形物质，作为上帝或实体的自然，一定是广延和思想的统一，也就是物质和精神的统一。

由以上分析，可以看出，斯宾诺莎的上帝、实体、自然的"三位一体"比我们现代社会占据主流的自然观念要广泛而深刻得多。斯宾诺莎所理解的自然，不仅包括由机械的力解释的物理世界，也包括由思想、观念组成的精神世界。在斯宾诺莎的"实体即自然"的一元化体系中，对具有自我意识的理性主体而言，人有其特殊性，但并不是绝对的，而是自然界的一个组成部分，是遵守自然的一种样式。如果人类外在于自然，无限制地支配和利用自然，那么，人类就会自视为"王国中之王国"，即陷入"人类中心主义"，使人类的伦理生活方式只遵循人类社会的共同体，而无视自然界本身所固有的客观规律。在以人为中心的现代社会伦理话语中，自然被剥去了神秘性，不再作为自然本身的价值存在，缺失了自然本性所具有的自我运动的"内在的根据"（按现代观点说就是"内在价值"），而"被看成是由自在的自然物组成的一个物的集合，除了物质以及支配物质运动的外在的力，并无其他任何内在的神秘的东西。曾经隐藏在事物内部并作为支配着事物生长发育的原始力量的'自然'消失了，一切事物的运动不再取决于事物的'本性'（自然）"③。表面上看，"现代性"道德话语中的现代人似乎获得了决定自己命运的自由，摆脱了封建社会的蒙昧，认识到了真实的客观世界，而实际上只有管

---

① 〔荷兰〕斯宾诺莎:《神学政治论》，温锡增译，商务印书馆，1963，第91~92页
② 〔荷兰〕斯宾诺莎:《神学政治论》，温锡增译，商务印书馆，1963，第91页。
③ 吴国盛:《现代化之忧思》，三联书店，1999，第2~3页。

窥之见，依靠科技主义强化了自我中心性，把自己的视野局限在人类社会的自我利益最大化的幸福幻觉中。现代人漠视、淡忘或疏离了人赖以生存的自然和与人的精神生活息息相通的自然（本原或本性）。在现代人疏离自然的狭隘眼界中，自然只有能够被人无限制地利用和支配的"自然资源"，而不是"精神的根源"。现代人的伦理价值观源于对"自然"的少思、无思，以及对人类自身理性主体能力的无限扩张、自恋或自我崇拜，实现着戴维·埃伦费尔德所揭示的"人道主义的僭妄"。

2. 心灵与自然融合的幸福伦理观

无疑，每个人都追求幸福，这是不争的事实。作为一种人类追求的永恒主题，对于具有人本主义的普遍道德价值而言，"幸福"这一主题显得尤为突出和重要。处于现代社会生活中，如果承认和赞同斯宾诺莎自然观的道德合理性，那么，会不会否定"人的幸福"？从斯宾诺莎的自然观所蕴含的伦理思想来看，他并不否定"人的幸福"，相反，斯宾诺莎自然观的幸福伦理意蕴恰恰可以矫正现代幸福观的偏颇。从斯宾诺莎的观点来看，现实中的人常常被虚假的幸福所蒙蔽，不知道何为真实的幸福。"因为那些在生活中最常见，并且由人们的行为所表明，被当作是最高幸福的东西，归纳起来，大约不外三项：财富、荣誉、感官快乐。萦绕人们的心灵，使人们不能想到别的幸福的，就是这三种东西。"[①] 经过仔细思考之后，斯宾诺莎认为这些最常见也是最渴望追求的东西，因本性上不确定的善，迷惑人的心灵，让人误以为得到了幸福，而实际上却伴随着无尽的烦恼，使人无法享有连续的、无上的快乐。因而，为了使人心臻于至善，寻求持久的善，"必须充分了解自然"，放弃自然之外的所谓"神"的渴望，力图寻求心灵与自然和谐的真正的幸福，充分掌握"人的心灵与整个自然相一致的知识"[②]，由被动情感转化为主动情感，才能达到、理解和体悟最高的幸福。斯宾诺莎主张在正当、合理地追求财富、荣誉和感官快乐基础上，使心灵与自然融合一致，获得人生的幸福。

---

① 〔荷兰〕斯宾诺莎：《知性改进论》，贺麟译，商务印书馆，1986，第18页。
② 〔荷兰〕斯宾诺莎：《知性改进论》，贺麟译，商务印书馆，1986，第21~22页。

尽管斯宾诺莎寻求最高的幸福，但并不完全否定财富、荣誉和感官快乐等现实的世俗生活，因而，他不是苛刻对待自己的生活、节制欲望的禁欲主义者，而是主张人应该自我保存，寻求自己的利益，维持自己的生存与发展，这并不是彻底需要摆脱的"恶"，而是每个人追求自己幸福生活的基础或前提。很难想象，一个人不能保持他自己的存在，还能具有获得自己幸福的可能。"德性的基础即在于保持自我保存的努力，而一个人的幸福即在于他能够保持他自己的存在。"① 人追求自己的利益，就必须得到财富、荣誉和感官快乐，这是幸福生活的基础或前提。这是一种事实，无可厚非。斯宾诺莎对此说道，对于可口之味、醇美之酒以及服饰、音乐、游艺、戏剧等等，只要无损于他人，并足以使自己快乐，这是每个人正当做的事情。② 可见，受到文艺复兴和宗教改革的影响，斯宾诺莎接受了"凡人的幸福"这一现代文明的洗礼，并得到了霍布斯"自然权利"理论的启发，得出了自己独特的德性理论。霍布斯是近现代政治哲学之父，提出了近现代自然权利理论的基本思想框架，首次明确界定和说明"自然权利"这一概念："每一个人按照自己所愿意的方式运用自己的力量保全自己的天性——也就是保全自己的生命——的自由。"③ 斯宾诺莎与霍布斯关于自然权利的论述有很多相似之处，存在思想的承继关系，然而，斯宾诺莎把自然权利看成产生或支配每一事物的自然法则，与霍布斯对自然权利的分析和解释存在许多的不同之处。

从表面上看，斯宾诺莎和霍布斯的自然权利理论很相似，但仔细推敲和考察，他们之间的差别远比相似更为明显。霍布斯所理解的"自然权利"实质是人的权利，是人的理性所发现的一般法则，而自然法则被看作外部强加于人的。在霍布斯的自然权利理论中，"我们可以清楚地看到，他是围绕着人或者以人为中心来界说它们的，他并不认为自然权利和自然法涵盖人以外的

---

① 〔荷兰〕斯宾诺莎：《伦理学》，贺麟译，商务印书馆，1958，第170页。
② 〔荷兰〕斯宾诺莎：《伦理学》，贺麟译，商务印书馆，1958，第191页。
③ 〔英〕霍布斯：《利维坦》，黎思复等译，商务印书馆，1985，第97页。

其他事物"①。由是观之，虽然霍布斯奠定了近现代政治伦理的思想基础，他所理解的自然权利具有一定的道德合理性，却并没有超出人类中心论的现代伦理范畴，局限于以利弊性为判断标准的社会共同体中，与此理解相应，他所渴望的幸福就是人的利益最大化。霍布斯所认同的幸福就是不断获得成功，而这种对幸福的欲望是没有止境的，体现出现代人幸福观的基本特点。"幸福就是欲望从一个目标到另一个目标不断地发展，达到前一个目标不过是为后一个目标铺平道路。所以如此的原因在于，人类欲望的目的不是在一项间享受一次就完了，而是要永远确保达到未来欲望的道路。"②从这一幸福观来看，就不难解释，他认为道德学家们所说的那种终极的目的和最高的善根本不存在，没有超越于人之上的至善的幸福。

霍布斯基于自然权利的幸福伦理观缺少通往至善幸福的提升途径，认同人对欲望的追逐。虽然斯宾诺莎与霍布斯的自然法的理论基础基本相同，都以人的利益或"自我保存"出发，然而结果却没有推导出相同的"利维坦"。"提供了材料，但最终的体系乃是斯宾诺莎自己的。"③通过对这些材料的加工，斯宾诺莎用自己的方法和"伟大的综合"，构建了自己的人的心灵与自然和谐的独特的学说体系。与霍布斯的自然权利理论及其幸福观不完全相同，斯宾诺莎并没有限定在"人的权利"上来理解自然权利，而是基于自然、实体和上帝"三位一体"的理论基础之上来理解自然权利。在某种意义上，这种思想的转变决定了斯宾诺莎的幸福伦理观超越了人类自我中心主义的狭隘视野，走向人与自然和谐的幸福伦理观。如果人们局限于"人的权利"，而不考虑自然的权利（抑或是动植物等自然界本身的利益），只是沉溺于世俗事物，那么人们很容易被财富、荣誉和感官快乐等虚假幸福所迷惑和奴役，最终得不到真实的幸福。当人们被世俗事物所奴役，人心就会陷入"非此即彼"

① 黄启祥：《斯宾诺莎与霍布斯自然法权学说之比较》，《云南大学学报》（社会科学版）2014年第 1 期，第 61 页。
② 〔英〕霍布斯：《利维坦》，黎思复等译，商务印书馆，1985，第 72 页。
③ 〔英〕罗斯：《斯宾诺莎》，谭鑫田、傅有德译，山东人民出版社，1992，第 208 页。

的两难选择处境中：得不到就会痛苦或焦虑，得到了就会陷入百无聊赖或厌恶中。"无聊"是现代社会生活中常见的心理状态。通常，"无聊"被看作人达成欲望、获得满足之后的一种百无聊赖的心理状态。从表面上看，"无聊"与获得欲望之前的痛苦或焦虑形成截然的对立，是这些消极情绪的终止，而实质上无聊（不是简单式的无聊，而是存在式的无聊）的背后却隐藏着一种无可名状的不安与恐慌，无以言表的深层焦虑，或"对欲望的欲望"。有人把"无聊"更为准确地概括为，"没有欲望而渴望欲望的一种不安状态"。然而，令人悲观的是，现代文化蛊惑人们单向度地追求自己的利益，却并没有相应地提供治疗"孤独的个体"必然伴随的无聊即深层焦虑的一剂良药，而是变本加厉地促逼现代人无止境地对财富、权力、声望和感官快乐进行盲目追求和占有，更加强化了大众心理的普遍焦虑，找不到扩大心灵内在空间的突破口。对于这个现代文化的重要问题，卡伦·荷妮的判断很有见地，她说，"正如强迫行为一样，贪婪也是由焦虑所引发的。焦虑是贪婪的前提这一事实是不言而喻的"①。荷妮指出以这种贪婪的"永不知足的"的欲求，以重占有轻生存的基本价值取向来追求幸福，这是现代文化中普遍存在的一种"病态的竞争"。而从斯宾诺莎的思想来分析，这种"病态的竞争"就是"真正的恶"，难以抑制的贪欲，破坏人的身心和谐。"世界上因拥有财富而遭受祸害以至丧生的人，或因积聚财产，愚而不能自拔，置身虎口，甚至身殉其愚的人，例子是很多的。世界上忍受最难堪的痛苦以图追逐浮名而保全声誉的人，例子也并不较少。至于因过于放纵肉欲而自速死亡的人更是不可胜数。"②这些描述不仅是针对那个时代的基本状况而言的，对于物化的现代社会也具有启示作用。人们正是受虚假幸福的蛊惑，沉迷于财富、荣誉、权力和肉体快乐，可能导致恶的倾向，得不到真实的幸福。人们为了摆脱对这些外在善的沉溺，变被动的奴役情感为正确观念的主动情感，走向精神探求之路，达到自由之境。斯宾诺莎认为，追求财富等外在善，是幸福的基础，但不能替代幸福本

① 〔美〕卡伦·荷妮：《我们时代的病态人格》，陈收译，国际文化出版公司，2007，第84页。
② 〔荷兰〕斯宾诺莎：《知性改进论》，贺麟译，商务印书馆，1986，第20页。

身，而仅仅在正当、合理的限度内，对真实幸福的善的追求才具有积极的借鉴意义。"如果只认对于财富、荣誉及快乐的追求为手段而非目的，则它们就会受到一定的节制，这不但没有什么妨害，而且对于我们所以要把它们作为手段去追求的那个目的的实现，也有很大的帮助。"① 这里所说的"目的"，指的就是"至善"或"真善"，也就是斯宾诺莎所说的"最高的幸福"。

3. 生态伦理意蕴

如任何一位思想家的理论一样，斯宾诺莎的自然观及其幸福伦理探析首先是基于当时的社会、道德和文化思考得出的结论，但也包含着超越那个时代的思想精华。因而，对斯宾诺莎自然观的伦理探析，不只是还原理论本身，单纯为理论而理论，也是为了使其对现代人的道德价值观和生活方式产生一定的影响，使现代人能够理解和体会人与自然和谐的心灵秩序，有利于更好地调整人与人之间的伦理关系。英国新实在主义论者亚力山大在斯宾诺莎构建的本体论—认识论—伦理学的形而上学体系里发现了"最彻底的自然主义"。"我并不认为斯宾诺莎的哲学无论在整体上还是在其各个部分上都是无可置疑的，但它确实非常接近我们当前的问题，这倒不是因为它把它们清晰地提了出来，而是因为它在某种程度上预先带给我们许多教益。"② 斯宾诺莎至少是一类哲学家的典范，通过追求作为自然主义的中立方法来建立幸福生活的理想。诚然，斯宾诺莎的"三位一体"的自然实体论及其幸福伦理观还带有神秘主义的理论印记，仍然受决定论、命定论的影响，带有脱离社会实践的形式主义，也尚未形成现代科学中的生态学观念，但他提供了整体主义、系统观点、自然主义等思想，限定人类知性能力的范围，启发了现代生态伦理学，唤醒了生态道德意识，这些均可对建设生态文明产生借鉴意义。

现代社会伦理基本上是肇始于笛卡尔的主客二分的思维定式中的，使保护自然、尊重自然内在秩序的伦理难以突破人与自然之间主客观二元对立的

---

① 〔荷兰〕斯宾诺莎：《知性改进论》，贺麟译，商务印书馆，1986，第21页。
② 〔英〕萨缪尔·亚力山大：《艺术、价值与自然》，韩东辉、张振明译，华夏出版社，2000，第129~130页。

思想秩序，陷入保护自然与维护自己利益的"两难选择"的处境，即到底人是中心，还是自然是中心。从上述对斯宾诺莎的自然观和幸福伦理的理论探析，我们能够推导出，在斯宾诺莎的形而上学体系中，人类与自然之间似乎并不存在"两难选择"困境。人并不是孤立的抽象的存在，而是作为无限实体的"神或自然"生成的有限样态，是自然的有机组成部分。动物、植物等是出于自然本性而存在的，亦可以有某种价值未被人认识，不是为了满足人的目的，尽管需要利用和支配自然资源。如果人完全为了满足人的需要，把自己主观判断的道德价值观强加给自然物，就会使人陷入自我中心的主观主义的错觉，缺失了人的心灵与整个自然相一致的知识，也就无法获得至善的幸福。虽然斯宾诺莎并没有提出自然的"内在价值"或"固有价值"，但他认为自然法则是所有事物的内在原因，隐含地批判了把自然物完全视为工具或资源的成见，肯定了自然具有对于人的工具价值之外的其他价值。

诚然，人迫于生存的压力，不仅活着，还要活得更好，那么，必须利用自然界提供的资源才可能更好地生存和发展，这是现代社会的伦理价值观普遍认可和支持的自然权利，确立了追求幸福生活的伦理基础。这对于我们所置身的现代社会而言，仍然具有重要的理论价值和现实意义。作为自然的一种有限样态，人也有自己的独特之处，拥有思想属性的心灵，承载着实体的无限性。然而，在斯宾诺莎的哲学思想中，"心灵的无限"也是一种有限的理智。"并不出于量是无限的那个假定，而是出于无限之量是可分的那一个假定，与无限之量是有限部分所构成的那个假定。所以即使细究他们这些不通的理由所应得的结论，我们也只能说无限之量是不可分的，并不是有限部分所构成的。"[1] 人的心灵渴望追求无限和永恒，但不止于此，更在于心灵境界的无限性，心灵境界的不断升华，经过理智层次、人伦层次，最后到自然层次。人不能孤立地存在，只能生活在社会中。那么，每个人基于理性的命令以保持自己的存在，又要在理智指导下关注和协助他人得到幸福，由理智层次上升到伦理层次，主动

---

[1]〔荷兰〕斯宾诺莎：《伦理学》，贺麟译，商务印书馆，1958，第16页。

建构人伦之道以和谐相处。人不仅生活在社会中，也存在于自然界中。自然宇宙统摄人类社会生活，根本影响和制约人类社会的生存与发展，因而，也是人的身体和心灵产生和变化的重要内因。心灵的超越与自然实体的合一，遵循自然之道寻求人与自然的和谐，认识到人是自然的一部分，对自然负有义务。心灵不断递进上升，达到自然层次，方可了悟心灵的本根，获得和体验到幸福的真实生活。在写给朋友的信中，斯宾诺莎表达了这一思想："人的身体是自然的一部分。关于人的心灵，我认为同样也是自然的一部分，因为我讲过，在自然界中存在有一无限的思想力，这思想力就其是无限的而言，本身就观念地包含着自然的全体，其思想的进程与作为其对象的自然的进程是一样的。"① 因而，从这个意义上说，人的心灵是某一无限理智的一部分，就其是有限的和只感知人的身体而言，不能僭越和替代无限的和感知自然的全体。如果超出自然实体之外的上帝解释人自身，只是简单地以"心灵的无限"解释人的无限性，那么，人类就会理直气壮地把自身作为道德价值的中心，必然陷入人类中心主义，疏离了自然，也疏离了人类自身，延续着割裂自身本性的"一种人本主义的幻觉"，找不到"回家的路"。

在斯宾诺莎生活的属于理性主义的启蒙时代，破坏自然导致的生态危机并没有达到今天这样难以想象的严重程度，因而，也就没有今天伦理学中出现的人类中心主义、生态中心主义、自然的内在价值、自然的权利等学术术语，但这并不意味着斯宾诺莎哲学不包含生态伦理意蕴。通过分析斯宾诺莎的自然观所包含的至善幸福，能够发现他的哲学思想所具有的生态伦理意蕴。在现代社会生活中每个人都能追求自己的幸福，这是人存在的基本的自然权利，本是无可非议的事实。但是，如果把具有终极意义的幸福主题仅仅局限于人类中心主义框架内来分析和谈论，甚至把人类的生存、发展和对幸福生活的追求完全"作为人类实践的终极价值尺度"②，尽

---

① 〔荷兰〕斯宾诺莎:《斯宾诺莎书信集》，洪汉鼎译，商务印书馆，1996，第144页。
② 刘福森、李力新:《人道主义，还是自然主义？——为人类中心主义辩护》，《哲学研究》1995年第12期，第60页。

管能够得到现代主流道德价值观的某种认可，却也无法应对"现代性"境遇中人与自然冲突的观念导致的全球生态危机，难以做出合理的解释，更不能自圆其说。

人对幸福的追求是渴望达到内心的平静与祥和，但这种追求不是给定的、僵化的固定模式，而是不断自我超越，探寻符合人类本性的自由自觉的"类生活"，顺应自然，与他人和谐共处。犹太教哲学家和神学家赫舍尔说，只要人存在，就不可避免地具有某种程度的自我中心性的自私倾向，但不能把这普遍化为一种无条件的绝对服从的公理。也就是不能把人类中心性当作普遍主义的伦理信念。毕竟，人生活在世界中，不光有人自身的存在，还有更为根源意义的动植物等自然存在。追根究底，对于人的幸福的真实生活而言，"人的真正的满足取决于同超越自身的东西的联合"①。赫舍尔对"人是谁"的论述是合理的，人理应具有自我超越的过程，这样人才是完整的人。那么，超越人自身的东西是什么？斯宾诺莎自然观的幸福伦理思想提供了较为合理的解释，反映出人的幸福与自然的内在关联：遵循自然，与自然融合一致的心灵的安宁与平静，这才是真正意义上的幸福。倡导"敬畏生命"的伦理学家施韦泽（Albert Schweitzer）②认为，"斯宾诺莎要求对生命的更高体验"，"人的生命意义不在于行动，而仅仅是日益明确地理解其与宇宙的关系。只有当他不仅仅以自然的方式成为宇宙的一部分，而且自觉、自愿地奉献给宇宙、精神地投入于宇宙之中时，人才是幸福的"③。斯宾诺莎不仅伦理地思考，而且也"按照他的伦理学生活"。斯宾诺莎在一定程度上迎合了时代精神，但从根本上说，却远远超前于当时的人们，形成了关于伦理的宇宙概念，为现代生态伦理研究提供了极为重要的思想资源。

---

① 〔美〕赫舍尔：《人是谁》，隗仁莲译，贵州人民出版社，1994，第78页。
② 施韦泽，也译成"史怀泽"。本文引用的《文化哲学》一书的作者译作"施韦泽"。而在《敬畏生命》的诸多版本中，本文采用1995年版本，即〔法〕史怀泽著《敬畏生命》，陈泽环译，上海社会科学院出版社，1995。
③ 〔法〕施韦泽：《文化哲学》，陈泽环译，上海人民出版社，2008，第203页。

二 伦理拓展主义：人与自然伦理关系的现代语境

随着文艺复兴、宗教改革和启蒙运动思想的逐步深入，现代人反对专制制度，倡导人性，肯定人的价值，使人道主义道德价值观越来越深入人心。然而这种人道主义在反对神权、摆脱封建势力束缚的过程中，并没有吸收和借鉴斯宾诺莎自然观所包含的生态伦理意蕴，而是通过控制、奴役自然来实现所谓的"人道主义"，要求用人来代替神的中心地位。人道主义不再局限于维护人类的价值，超出社会的范畴，成为"一种有活力的宗教"，僭越和替代作为"本原性"的自然，通过作为意识形态的科技，为了人类的利益重新安排自然，"我们的任务就是要指出，这种给予和接受反过来支配了地球"①。在这种人道主义观念的主导和支配下，伦理关系仅限于人与人之间的社会伦理，自然只具有工具价值，而不在伦理关注的视野内。这正是现当代生态危机或环境污染问题的价值观根源。如果说，文艺复兴和宗教改革运动，倡导人性，提出"凡人的幸福"，到启蒙时期康德的"人是目的"的人道思想，要求"自由、平等和独立"，反抗中世纪神权把下层人民视同草芥、牲畜、工具，那么在"现代性"的全球化时代，自由民主的普世伦理已基本确立的前提下，在日益严重的生态危机威胁人类自身生存的历史境遇中，却单一地以人道主义作为前提的"人类中心主义是不可超越"的意识形态逻辑来解决现实问题，不仅言过其实，自欺欺人，而且太过于教条了。

人虽然需要相信人类自己的价值，关注人与人的伦理关系——这是人道主义的"现代性"心态，但也要承认和尊重自然的"内在价值"，才能真正关注人道主义的实质。史怀泽认为，人类并非从一开始就具有人道理想，它的实现是个历史过程。现时代人们把人道理解为人对他人的善行，这种伦理学是不完整的，也缺乏客观性的担保，因为它只局限于人对人的行为。实际上，伦理的含义不仅跟人有关，而且与存在于人的生存和活动范围之内的所有生

---

① 〔美〕戴维·埃伦费尔德:《人道主义的僭妄》，李云龙译，国际文化出版公司，1988，第5页。

命都有密切的内在关联。史怀泽明确指出，只有当人怀着敬畏之心，不仅关注人的生命意志，也关注人在内的所有生命，并认为它们都是一体的、神圣的时候，在自己的生命中切实感受和体验到其他生命，他才是伦理的。"人们承认，敬畏一切生命是自然的，完全符合人的本质。……这一切，是人类精神史中最重要的事件。"①对于每一个现代人而言，就是要去实行符合我们完整本性的伦理善行，不仅保存自己，也要有义务关注我们的伦理范围和内涵包括的所有生命，它显示为一种具有推动历史进步作用的积极力量，并开辟具有新的文化视野的真正人道时代。伦理拓展主义正是从人与人的伦理关系逐步拓展到人与其他生命、生物、土地和自然的伦理关系，使单向度的主体主义的人道主义跃升到生态理性的人道主义。

1. 动物解放论或权利论

从人与人的伦理关系拓展到人与自然的伦理关系，首先从动物解放论开始展开，它担负着打破以人为中心的人道主义道德体系的重要任务。因为，相对于树木、野草和荒野来说，动物具有感觉和意识能力而与人类相似，因此，论证动物解放论要比论证植物或无机物的权利容易得多。

动物解放论是一种从非人类本位出发，保护动物不被人类作为占有物来对待的社会思潮或社会运动。顾名思义，动物解放论就是将动物从人们对待动物的不平等的某种困境中解脱出来，其理论依据是边沁的功利主义（utilitarianism）。边沁的功利主义观点主张，快乐是内在的善，痛苦是内在的恶，通过一种程序可以测量快乐和痛苦，能够"达到最大善"的行为。边沁所理解的道德就是，凡是带来快乐的就是善，凡是带来痛苦的就是恶。以边沁功利主义为理论根据的动物解放论者认为，具有感觉能力的存在物相应地都具有趋乐避苦的本能，也就是体验愉快和避免痛苦的最基本的能力，也就具有这种道德资格。以动物能感觉到快乐和痛苦为出发点，以此为理论根据，来充分证明人类与动物之间存在伦理关系，因而人类社会应该平等地对

---

① 〔法〕史怀泽：《敬畏生命》，陈泽环译，上海社会科学院出版社，1995，第110页。

待动物，对动物给予道德上的身份和关怀，也就是要有道德理由充分善待动物。

动物解放论流派中最具代表性的是彼得·辛格所提出的"动物解放论"这一伦理思想。彼得·辛格《动物解放》这一代表作被认为是"动物解放的圣经""动物保护运动的圣经""素食主义的宣言"，为动物解放提供了道德根据。辛格以是否具有感知快乐和痛苦的能力对世界上的生命进行划界，主张只要是能够感知快乐和痛苦，也就是能够趋乐避苦的动物都理应纳入平等道德关怀的范围，具有得到人类社会善待的充分理由。虽然动物不具有人的语言、理性思维等特性，但与人一样拥有感受痛苦和享受快乐的能力，因而都应拥有人类应予关心的权益，人类要平等地关心动物的利益。在现代伦理观念中，许多哲学家把平等地关心利益的原则视为一个基本的道德原则，但没有充分地认识到，这个平等地关心利益的道德原则不只是适用于人类自己，也同样适用于有趋乐避苦的基本能力的任何物种。"如果一个存在物能够感受苦乐，那么拒绝关心它的苦乐就没有道德上的合理性。"[1] 只是采用智力、科技、语言、思维、理性或自我意识等这些只有人类特有的属性来划定"是否具有道德关怀的资格"这一界线，是一种非常武断的观念和做法。如果以牺牲动物的利益为前提而服务于人类及其利益的最大化，只是满足人类的特殊欲求，那么这与"性别和种族歧视"一样，人类实际上同样犯了相类似的错误。

辛格主张将哲学思考和道德关怀的对象适用于动物，停止对动物的杀戮，不能破坏动物的栖息地，不要在动物身上做实验。虽然人类脱离了动物界，形成自己特有的属性，但辛格认为仍然不妨碍人类把平等原则推广到动物身上，因为人类和动物物种的差别与性别和种族差异是同种性质的。虽然具有更复杂的头脑和更高的智力使我们生活在单一的生物流中，不同于其他生命形式，但人类生命和其余动物的生命是相联系的，智力和情感的差异是

---

① 〔澳大利亚〕P. 辛格:《所有的动物都是平等的》，江娅译，《哲学译丛》1994年第5期，第28页。

一个程度问题，尽管其程度之大最终构成了一个不同的类。然而，其他动物都是我们的远亲，因为在遥远的过去我们具有共同的祖先。例如一些家养的狗、猫和马，还有一些黑猩猩、大象和海豚，我们可以承认在智力和情感上与它们具有一定的亲和性。但是，对那些我们不能表示一点同情的动物不应仅仅视为与我们自己全然无关的"东西"。动物和人类都具有趋乐避苦的本性，"我们全都是同一生命树上的分枝"①，显现出我们人类既是理智的动物又是"灵性的"存在物。

与动物解放论的社会运动、实践问题密切相关，动物权利论是认知、理念、理论问题，动物解放的理论基础，主张动物也拥有与人类一样的"天赋价值"（或称内在价值）。康德的道义论就提出了"天赋价值"这一思想，认为由于自由和理性，人类具有一种天赋的"内在价值"，也称为尊严。这表明人人拥有平等的权利是我们尊重人的根据。如果我们不尊重一个具有内在价值、尊严的人，那么就会做出不符合道德的行为。动物权利论借鉴了康德的这一道义论伦理思想，将"天赋价值"引申为动物的权利，主张动物和人一样，也有不可侵犯的天赋的权利，力图使动物权利运动成为人权运动的一部分。雷根认为动物是生命的体验主体，与人一样拥有基本道德权利，理应拥有值得尊重的"天赋价值"。至于说岩石、河流、树木和冰川是否具有"天赋价值"，并不是很清楚，但只要能够确认动物拥有"天赋价值"就行了。当人类或社会承认动物有"天赋价值"，就意味着从道德上说人类就不能仅仅为了从动物身上获利，就任意剥夺任何动物的生命，侵害它们的身体和限制它们的自由。动物因具有"天赋价值"而享受权利，表明人类需要像尊重人一样，去尊重动物的"天赋价值"及其道德权利，不能完全把动物当作实现人类或社会的某种目的的手段或工具。雷根的天赋价值和道德权利的思想把动物纳入这一范畴，为动物解放思想和运动提供了与彼得·辛格的动物解放论不同的义务论视角的道德根据。诚然，动物与人存在某种差别，如在理性、智力、

----

① 〔英〕约翰·希克:《第五维度：灵性领域的探索》，王志成、思竹译，四川人民出版社，2000，第3页。

语言等方面，人拥有特殊的能力，但这并不应影响人类对动物权利的尊重。雷根相信权利论比其他道德世界观能更恰当地说明和解释动物的权利。

动物权利论具有"激进的"废除主义的含义，力图实现完全废除一项制度——"把动物应用于科学研究"，建议取消商业性的"动物饲养业"和"打猎和捕兽行为"。在我们今天看来，这些目标因其自身的不合理性，仍然带有不切实际的幻想成分，不可能完全实现。因为我们大多数的食物来源是动物，即使未来可能把动物作为权利主体来保护，也不可能完全取消以动物为食物来源，只能有一些伦理限制。尽管如此，不能否认动物权利论的理论价值和实践意义，它质疑了存在已久的人类中心主义倾向，特别是以人道主义为原则的现代社会，普遍存在以动物为资源，加工生产各种商品，如食物、服装等，造成大量的野生动物的灭绝。动物权利论扭转人类中心论在人类文化中的主宰地位，将权利保护的范围扩展到动物领域，这是人类社会发展的一大进步，也是文明程度的一个重要表征。动物权利论不只涉及人类如何对待动物的问题，也涉及人类如何对待自己与自然之间的关系，如何理解自己在自然界中所处的恰当位置。

动物解放论及动物权利论要求人们从道德上关心爱护动物，其理论贡献在于突破了人与人之间伦理关系的局限，让伦理思考和关怀的道德价值，突破主观主义的狭隘视界，从只关注人类的利益及其最大化扩展到更广阔的生命空间。人类道德关怀的视野扩展到动物，不仅有助于消除人类与动物之间的冷漠感，而且拉近了人类与动物的情感距离，丰富了人的内心世界，填平了横亘在人与动物之间的道德鸿沟，让人类有了更高的道德追求境界。当然，显而易见的问题是，动物解放论及动物权利论的理论缺陷也很明显。首先，尽管动物解放论及动物权利论扩展了人类的道德视野，但他们的理论目标仍然过于狭隘，忽视了动物物种得以生存的整个生态系统的生态价值和意义。其次，动物解放论及动物权利论强调保护动物不受伤害，禁止猎杀动物，这种一概而论的绝对主义倾向，明显带有一种强制的意味，需要循序渐进地保持中道。这种强人所难的观点，显然也是遭人非议最多之处。

2. 生命平等论

在现代伦理话语中，道德共同体局限于人类的范围，只有人类个体才享有权利。动物解放论尽管试图把人的道德视野拓展到动物的权利上，但一些有悖常识的结论，如不得杀生、素食主义等观念或行为，不仅在理论上不好解释，难以自洽，在实践活动中也无法具体操作。究其原因是基于"相互性"逻辑的现代伦理学，"动物解放主义在理论倾向上更接近于现代个体主义"①，因而，它对现代伦理学的挑战是极其有限的，无法找到论证保护动物道德合理性的有力根据和保障。由于动物解放论或动物权利主义不能突破个体主义的现代伦理，因而，人与自然的伦理关系探究不应是近现代个体主义伦理学（也是现代人本主义）范畴的简单延伸，而应建立在生命、生物或自然秩序的基础上，这在一定程度上能够解答人类与其他生命个体冲突的难题。

史怀泽对人与自然的关系问题提出的伦理的基本原则是"敬畏生命"，最早于1915年提出，1919年他第一次公开阐述这一理念，1923年他又在《文化哲学》一书中详细论述了"敬畏生命"的伦理思想。因其"敬畏生命"理论，史怀泽于1952年获得诺贝尔和平奖。史怀泽提出的"敬畏生命"理念也是从对动物的关注开始拓展延伸，不断提升的。史怀泽从小天性敏感善良，对小动物有一种天然的同情心。史怀泽在回忆自己生活中所经历的事情时写道："在小时候，我就感到有同情动物的必要。当时，我们的晚祷只为人类祈祷，这使尚未就学的我感到迷惑不解。为此，在母亲与我结束祈祷并互道晚安之后，我暗地里还用自己编的祷词为所有生物祈祷。"② 可见，年幼的史怀泽就深深确信，应该善待动物。随着年龄的增长和思想的成熟，史怀泽渐渐意识到，人类应当对动物承担起相应的道德责任和义务。史怀泽研读了大量的哲学伦理学著作，结果发现从来没有人认为，人们应该给予动物更多的重视。从已有的伦理、哲学著作中所了解的一切，无法帮助解释同情动物的问题。史怀泽认为在哲学伦理学中人们应该给予善待动物的要求一个恰当的伦

① 卢风、肖巍主编《应用伦理学概论》，中国人民大学出版社，2008，第221页。
② 〔法〕史怀泽：《敬畏生命》，陈泽环译，上海社会科学院出版社，1995，第1页。

理位置，从理论上论证动物保护运动的道德合理性，有必要探讨一种持续的、深刻的和有活力的伦理文化是怎样产生的。

在一个偶然的时机，史怀泽在思考一种新的文化如何产生的问题时极度疲乏和沮丧，看着夕阳下河流边的母河马和幼仔们这一情景，在脑海里突然闪现出"敬畏生命"这一概念。史怀泽很快意识到，他找到了令他伤透脑筋的问题的正确答案，就是人对人关系的社会伦理学是有局限性的，并不完整，因而，并不是具有真正意义的、完整的伦理学。"实际上，伦理与人对所有存在于他的范围之内的生命的行为有关。只有当人认为所有生命，包括人的生命和一切生物的生命都是神圣的时候，他才是伦理的。"① 这种伦理内涵的拓展，包括人类在内的一切生物或生命发生内在的联系，以"敬畏生命"伦理精神建立了一种精神关系，使人类以更好的方式生存于世。

史怀泽的"敬畏生命"理念，并不是凭空想象的产物，而是从幼儿开始长期理论思考和道德实践的成果。这一理念的基本伦理要求体现为这样一种表述：人们如敬畏自己的生命意志、爱护和尊重自己的生命那样，敬畏所有的生命意志，在自己的生命中真切地体验到其他生命。史怀泽认为，以人的感受性作为判断的尺度，在生物之间进行价值高低贵贱的等级之分，这是一个片面的尺度；一切生命都是平等的、神圣的，都值得敬畏和尊重，因而没有高低贵贱之分。只有对所有的生命给予保护、尊重、敬畏，像对待自己的生命一样尊重其他的生命意志，才是符合道德的，具有道德价值和意义。史怀泽认为，人类理应担负起对生命的责任和义务，建立在对生命统一性和世界和谐性认识的基础之上的，不同生命之间休戚与共、共存共荣的观念，这样才能够真正认识、理解和领悟到"敬畏生命"的伦理思想，真正地丰富伦理学的基本内涵。

史怀泽提出的"敬畏生命"的文化哲学理念，其理论的支点就是保护、促进、完善包括人在内的所有的生命。但是，史怀泽的具有始创性质的文化

---

① 〔法〕史怀泽：《敬畏生命》，陈泽环译，上海社会科学院出版社，1995，第 9 页。

哲学不是完全依靠社会的外在规范，用某种行为的道德规范的调控和约束来实现"敬畏生命"的伦理思想，而更多的是诉诸对生命的敬畏和信仰以及一种肯定世界和人生的内在的德性。因此，我们能够看到，史怀泽肯定世界和人生的"敬畏生命"思想，其伦理学实质是从基督教思想中获得信念，对一种精神信念的敬仰与追求，用博爱、仁慈把爱、同情奉献于所有存在物，要求人们在行动中放弃功利主义，不能只求自身的利益而损害其他存在的生命。虽然史怀泽的"敬畏生命"伦理思想还带有神秘主义色彩，但他对人与自然关系在伦理方面的探究所表现出来的人格力量和实践精神，对开拓伦理思维空间起到了重要的启迪作用。

美国海洋生物学家蕾切尔·卡森（也译作"卡逊"，本书译为"卡森"。——笔者注）十分崇拜史怀泽，他于 1962 年出版的《寂静的春天》就是题献给史怀泽的。有评论者说，"敬畏生命"的伦理原则"总是以这种或那种方式显现在蕾切尔·卡森所写的每一本书中"。卡森继承了史怀泽的"敬畏生命"的伦理思想，认为"生命是一个超出我们理解范围的神奇现象，我们即使在与它抗争时也应敬畏它"。卡森的思想力图使人们清醒地认识到，人类痴迷和陶醉于统治、控制和利用自然资源的这种日益增长的能力并不总是正确的，而是一柄双刃剑，需要"谦卑意识"和一种强调"与其他生物共享地球"的伦理。

卡森以对杀虫剂的破坏性效果的考察和分析而著称。卡森从 1945 年开始关注杀虫剂和剧毒农药 DDT，发现并考察了"杀虫剂"这个词隐含的内容，只有从人的角度来判断，一种生命才会成为一种"害虫"，使用 DDT 不仅杀死害虫还将益虫也杀死了，体现出其中所包含的人类中心主义的强制意味。而从生态学家看来，在自然界中，"害虫"作为"生命之网"（Web of Life）的一部分，同样拥有自己的"合法"地位。考虑到生命之网的整体性，DDT 等一类的化学药品不仅是杀虫剂，而且也是自然界中的生命的杀手即"生物灭除剂"。使用杀虫剂将影响土壤、山川与河流，乃至整个生态系统，最终会导致一个无鸟吟唱的"寂静的春天"。

进一步继承和发展了史怀泽的"敬畏生命"的伦理意蕴和文化哲学思想的美国环境伦理学的代表人物、哲学家保罗·泰勒主张在道德上有尊重自然生态系统的义务，形成了一套保护生物共同体利益的"尊重自然"的伦理学体系。泰勒在1968年出版的《尊重自然：一种环境伦理学理论》一书，表达了尊重自然的终极关切，建构了一套完整的伦理学体系，包括由尊重自然的伦理态度、生物中心主义世界观和环境伦理规范三部分组成的伦理学体系。这本书的核心内容可以具体表述为："一种行为是否正确，一种品质在道德上是否善良，将决于它们是否展现了尊重大自然这一终极性的道德态度。"这种伦理态度不同于一般的伦理规范。在泰勒的伦理思想中，人的生命、生存和发展要依赖于我们所生活的范围之内的其他生物，依赖于地球中的生物圈，因为人的生命只是地球生物圈共同体中的一个组成部分；但其他生物的生存却不依赖于人类。因此，人必须"尊重自然"，要求人们尊重自然界中所有的生命有机体。也就是说，将有生命的动植物等自然物看作自然界本身所具有的客观目的，具有不以人的意志、意识和理性而存在的固有价值，也就不是为了满足人类的生命、生存和发展所寻求的自身利益最大化的手段或可利用的资源。尊重自然是指向一个目标，突出强调自然作为生命有机体，是一个自我协调而又完整有序的活动系统。作为生命有机体中的人的生命并不比其他生命优越，只不过是地球生物共同体中的一个成员。"人的优越性的断言所表达的，不过是一种偏爱一个特定物种而歧视其他几十亿个物种的不合理的自私的偏见而已。"①鉴于此，现代人不能固守着遵循逻辑自洽性的主观主义思维方式，只是基于自己的利益、立场和偏爱系统来评判其他生命或生物是否优越，而需要客观地站在生态系统的道德价值立场来判断生命，"像山那样思考"。

诚然，人类与其他物种存在区别，但不能否认人类与其他动植物一起分享着地球上的资源。正如泰勒所说，生存于"地球生物共同体"中，需要尊重其他物种的内在价值和生存权利。这表明人和其他生物在生态系统中是平

① 徐嵩龄主编《环境伦理学进展：评论与阐释》，社会科学文献出版社，1999，第38页。

等的，都是这一共同体中的一个成员，起源于共同的相互联系的进化过程。人类的历史不过是在地球漫长的进化史中的沧海一粟。地球并不是为了人类的存在而产生出来的。在人类诞生以前，地球上的各种生物就已经存在，因而，各个物种之间的相互联系、相互作用及其适应和依赖的关系就已经存在。这不是人的主观臆断，而是可以通过科学的研究得到证明和解释的。人类出现以后，尽管生存方式与其他物种迥异，甚至自诩为"万物之灵"，但仍然只是这个既定的关系中"生命之网"上的一个结，不存在什么特殊的地位，因而，也就不应该把自身凌驾于万物之上。当然，泰勒也承认人有自己的利益，存在与其他物种的差异，为了自己的生存和发展，不可避免地给其他生物及自然界带来一定程度的伤害，但他主张与"敬畏生命"结合起来，体现出尊重自然生命的道德义务，并在此基础上维护自身的生命，追求人类的自由和幸福。在解决人追求自己的利益与其他生命、生物的福利或自然界的整体利益的冲突时，泰勒提出应遵循自我防御、对称、最小错误、分配正义、补偿正义五条优先原则。这五条原则清晰地表明，生存斗争被合理公正的道德所替代了。对每个生命都有同等的固有价值以应有的认识，来公平地解决人类与其他物种之间的冲突，为物种间的公正概念提供了较为系统的根据。

从以上对人与自然伦理关系的分析来看，与动物解放论或动物权利论相比，生命平等论经过了史怀泽、卡森、泰勒等人的发展和完善，不再局限于狭小的动物范围，而是进一步抛弃了生命等级的观念，道德视野更为宽阔和深远，更扩大了道德关怀的范围。但是，关于人与自然伦理关系的生命平等论所主张的道德范围仅仅关心动物、植物等个体的生命或生物，仍然过于狭窄。与生命平等论不完全相同，生态价值论除了关注生命或生物，更重视生命联合体、土地、生态系统或自然等等。生态价值论将道德价值的范畴从生命或生物个体拓展到生命联合体、土地乃至整个生态系统，揭示出它们自身所应有的不依赖于人的固有价值和生命的意义。

3. 生态价值论

享有国际声望的科学家和环境保护主义者，被称为"生态伦理之父"的奥尔多·利奥波德不是局限于生命本身、单纯从生命平等来看待人与自然的伦理关系，而以更为广阔的道德视野，从人与动植物等组成的土地伦理关系来看待人与其他生命、生物等自然存在的内在关系，切实地关注人的生命与其他生命共存于"只有一个地球"。利奥波德通过生态学的理论、知识、概念和范畴，明确从生态出发的伦理思路，概括出对待土地"像山那样思考"，突出整体论的生态思维，为人类社会在自然界中持续生存和发展奠定了重要的理论基石。利奥波德利用生态学的知识和理论，将之广泛应用于他的土地伦理思想体系中，提出了"一种处理人与土地，以及人与在土地上生长的动物和植物之间的伦理观"①。在以往人与人、人与社会的伦理体系中，特别是以经济主义、消费主义为圭臬的现代社会中，土地只是一种财富，就如同"俄底修斯的女奴"一样可以肆意支配和利用。人和土地之间的关系以经济为基础，就是利用和被利用、支配和被支配的单向度关系，只把土地看作一种资源，需要特权，并不需要尽直接的道德义务。对于这种伦理态度，土地只是人可资利用的材料，没有其他更丰富的伦理内涵。而作为一种"新的伦理"，土地伦理不再只是沿袭人与土地之间的统治、支配和利用的关系，而是拓展共同体的界限，丰富共同体的内涵，从"社会共同体"的狭隘视界扩大到包括动物、植物等在内的"土地共同体"，概括起来就是"土地"。这种"新的伦理"改变了对土地只利用却不尽道德义务的习性，宣布了土地在"生态共同体"中继续存在下去的权利，要继续存在于一种自然状态中的权利。

土地伦理表明人与在土地上生长的生物属于一个整体，它的一个基本的道德原则是保存和爱护土地的内在价值，"当一个事物有助于保护生物共同体的和谐、稳定和美丽的时候，它就是正确的，当它走向反面时，就是错误的。"②现代社会的人际伦理完全以人类追求利益的最大化为目标，以经济为价

---

① 〔美〕奥尔多·利奥波德:《沙乡年鉴》，侯文蕙译，吉林人民出版社，1997，第192页。
② 〔美〕奥尔多·利奥波德:《沙乡年鉴》，侯文蕙译，吉林人民出版社，1997，第213页。

值尺度，对自然按照人的主体价值进行评价和判断。与现代社会的人际伦理不同，土地伦理拓展了伦理的共同体界限，保持土地共同体的完整，并以此作为新的伦理理念、伦理价值尺度和道德原则。

土地伦理的理论任务就是拓展道德共同体的边界，从研究人与人、人与社会共同组成的"社会共同体"，进一步扩展到人与动植物等赖以生存的土地组成的"土地共同体"，即确立一种"人与土地"之间的具有整体意义的伦理关系。与此相应，伦理学的道德规范的范围也扩展到调节"人与大地"之间的整体的、综合的伦理关系。要把道德权利扩展到土地的伦理学，这是人类伦理发展史上的一大进步，人类从社会的征服者、权力的主宰者，转变为土地共同体中的成员，既要尊重共同体中的其他同伴，也要尊重共同体本身。众所周知，从人道主义价值观成为普世伦理的基本标准来看，现代社会伦理所认同的"共同体"就是局限于人与人之间组成的社会关系，并不把土地纳入"共同体"中。在这种社会背景中，自然遭到了人类的破坏，环境受到了污染，而在现实的环境治理中却无法从伦理中找到保护自然的伦理根据。"土地"的理论前提就是必须扩大共同体的范围，不能只是由人组成的，而是由人和自然所共同组成。如果突出强调人与自然界之间的特殊差别，直到过于放大拥有影响自然界的"巨大能动性"的技术能力，那么，具备特殊能力的现代人类文明既能给人类带来福音，也会给人类和其他生物带来毁灭性的伤害，因而急需"大地伦理"思想给予必要的道德约束，处理人类与自身及其他物种之间的关系，保持伦理的和谐。一方面，要承认土地共同体的伦理准则和继续存在下去的权利，这是我们人类赖以生存的基础。另一方面，要激发人类对土地共同体的尊敬和热爱，来处理人与自然、人与人之间的关系，"像山那样思考"。总之，大地伦理学所提倡的基本行为规范就是要保持土地共同体的和谐、稳定和平衡，维护和保持生物物种的多样性和土地的完整。

与土地伦理比较而言，深层生态学对人与自然伦理关系的表达更为清晰和明确。挪威著名哲学家、"深层生态学"提出者奈斯初步建构了深层生态学理论基础，拉开了深层生态学运动的序幕。美国生态学家塞申斯与德韦尔进一步发展了奈斯的"深层生态学"思想，《深层生态学》一书深化了生态学思想，该书的出现是生态哲学、生态运动从浅层走向深层的一个转折。随着深层生态学的发展，澳大利亚哲学家、生态学家福克斯进一步完善了深层生态学，弥补了学界对个体的道德价值缺乏的必要关注，使深层生态学加强对自身的学术批判，成为当代生态伦理学的重要的、独具特色的思想流派，在环境运动中有着相当程度的影响。

与深层生态学概念相对的是持人类中心主义立场的浅层生态学。浅层生态学运动是一种改良主义的环境运动。与浅层生态学的观点截然不同，深层生态学认为自然具有自己的价值，不依赖于人类的利益而存在。深层生态学的出发点和归宿是自然界的整体利益，主张生态危机不能仅仅局限于生态问题，而是归结为现代社会生活中的文化危机。这种文化危机正源于现代社会机制、行为模式及其"现代性"的道德价值观念。的确，人与自然之间的关系内化在人对待自然的道德态度中，并体现于人们的社会生活中。人要改变对于自然的控制，得先改变人们社会生活中的行为方式。因此，从深层生态学出发，必须根本改造现代社会的道德价值观念体系，使人类社会融于自然，使人与自然改变割裂、疏离的外在状态，而成为一个整体，才可能根本解决生态危机。

针对浅层生态学的改良主义运动，深层生态学从生态整体性出发，确立了强调自然界中的一切生命至少在原则上平等的"生态平等主义原则"和人彻底认同自然的"自我实现原则"这两条基本性原则。深层生态学确立了两条基本性原则：生态平等主义原则（exocentric equality）和自我实现原则（self-realization）。生态平等主义原则或称为"生物圈平等主义"，其基本含义就是生态系统中所有的生命都具有内在的价值，因而至少在原则上是平等的。这里的"生命"所指称的是整个生态系统，当然包括人类本身。在自然的整体生态系统中，人类不比其他物种高贵，当然也不比其他物种低级，只不过是地球上众多物种中的一种。"从原则上讲，每一种生命形式都拥有生存和发展的权利，当然，正如现实所示，我们为了吃饭而不得不杀死其他生命，但是，深层生态学的一个基本直觉是：若无充足理由，我们没有任何权利毁灭其他生命。"① 由此可以说，包括人类在内的生态系统中的一切存在物都具有同等的生存权利，其存在有助于保持地球生态系统的丰富性和多样性。

对于"自我实现原则"，一般意见是基于西方个人主义道德价值观，即那种追求自我满足和享乐的"自我实现"，追求自我的利益及其最大化的幸福，但深层生态学理解的"自我实现原则"是更加深层的自我实现：通过确认自然界中动植物等生命物种的价值与人类社会生存、发展中的创造价值之间的内在统一，具有相互一致性，以此来达到的"人类的真正的自我实现"。自我不是与对象分离的孤立的自我，自我实现是一个自我不断扩展、日益完善和成熟的过程，需要经历从人的生命中最原始的本我扩展到认同社会规范的自我，并上升到形而上学高度的生态自我三个阶段。与流行的人的自我实现不完全相同，深层生态学所理解的"自我"就是形上的自我即"大我"（ecological self），是人彻底认同自然的最理想状态。也就是说，"生态自我"并不仅仅指人类这一物种，更包含动植物、热带雨林、山川等等。因此，从这一意义上说，深层生态学视野中的"自我实现"，就是把自我认同的对象范围向外扩展，使人类认识到自己并不是与自然分离的独立的物种，而是更大的整体中的一部分。从本我扩大到社会的自我，并扩展到"生态自我"即"大我"，表达了一种与其他的生命"同命相连"的"普遍的、最大化的共生"。深层生态学的这两条原则坚决反对只从人类利益最大化出发的人类中心主义立场，彰显所有"生命"的平等性，更加重视人与自然的和谐。虽然对于深层生态学来说，不管是学术命名，还是内在思想，也存在无法自圆其说的矛盾，也保留一些人类中心主义残留，但它有利于把生态关怀与人对自身的关怀结合起来，凸显出人与万物的共

① 转引自何怀宏主编《生态伦理——精神资源与哲学基础》，河北大学出版社，2002，第499页。

生理念源自人本质需求的强大的驱动力。此外，深层生态学者还提出了一些具体的行动纲领，丰富了生态伦理研究的深层思考，使深层生态学理论由理想向现实迈进了一大步。

罗尔斯顿提出以自然价值论为出发点，不完全以现代人类的偏好为尺度，而是以整体生态系统所包含的客观价值为依据的生态伦理学体系，为现代人保护自然、维护生态系统提供了客观的道德理由。现代哲学伦理学的主流道德价值观从人出发，只关注人的利益及其效用最大化，而不承认独立于现代人类主观偏好的自然界的内在价值。与之不同，罗尔斯顿认为，从根本上说，作为自然界的内在价值的体现，荒野是一个自组织的生态系统。自然界中生态系统的创造性是一切价值的最终根源，只有在这一最基础领域的价值创造中，人类才能够找到自身价值的源泉。在罗尔斯顿看来，凡存在自发创造包括人类的创造的地方，就必然存在符合自然的内在价值。在大自然中，生态系统整体拥有自身价值的创造性，是生命支持系统最重要的组成部分，使得大自然朝着多样性的方向发展，变得更加和谐、美丽和丰富。如罗尔斯顿所说，尽管现代人类异常强大，但如果没有人类，自然仍能运行，继续存在和发展，如果不依靠大自然作为生命的支撑，人类就无法生存，无法获得生存资源和精神源泉，那么，我们人类完全依靠自己是不可能真正地生存的。因此，现代道德体系不能固守僵化的思维模式和既定的生活模式，需要突破人类价值视野的局限，为新的伦理观念的变革和生态文明建设提供坚实的理论基础。因为"旧伦理学仅强调一个物种（人）的福利；新的伦理学除了人的福利还必须关注构成地球上进化着的生命的几百万物种的福利"[1]。这种新的伦理拓展往往处于社会伦理的转变过程中，需要伦理思想的论争和观念的改变。作为一种新的伦理拓展，生态伦理就承担这一历史使命，在伦理观念、思维方式、生活习惯等方面进行变革、创新，实现人的本真存在的维度。

---

[1]〔美〕罗尔斯顿：《存在生态伦理学吗？》，转引自邱仁宗《国外自然科学哲学问题》，中国社会科学出版社，1994，第250页。

罗尔斯顿指出，如果一个人只追求人类自身的利益，并将这种利益最大化，那么他的生存境界并未超出其他存在物的价值视野。他认为，生态伦理就是人类道德境界的新的试金石，不只把道德用作追求、维护和捍卫人类自身利益的工具，还应该用它来维护所有完美的生命形式。罗尔斯顿强调，人类应当是一种完美的道德监督者，要以更为宽广的胸怀尊重、关注和维护动物、植物等自然存在，乃至整个生态系统。"如果接受了这个事实，我们将会有一种更强的生态伦理信念，因为这样的话，要人们将生态系统的卓异最大化的指令就是要我们使自己的行动跟宇宙运行的方式相吻合。如果能把'对'跟自然的过程相联系，那我们就终于确立起了一种真正的自然主义的伦理。"[1] 在生态伦理的思想观念中，人类把遵循自然规律、维护整体的生态系统作为应尽的道德义务，在生态共同体中，既扮演好"生态公民"的角色，自觉具有生态道德意识，又要承担起生态系统中"国王"的角色，起到对生态系统的维护和管理的作用，增强生态系统的自组织的循环能力和保护。

总之，生态伦理确立人与自然的伦理关系，遵循生态价值论，将道德价值的关怀从动物、植物等部分存在扩展到整个自然界的生态系统中，赋予整个生态系统以道德的资格和意义。生态伦理思想就是希望人类从更高的道德视野，用更细致的道德关怀，去关注自然，维护生态，为生态保护提供更为广阔的伦理视野和新的伦理学依据。

以上是西方伦理学家对人与自然伦理关系的论述，对我国思想界产生较大影响，特别是 20 世纪 70 年代末改革开放以来，中国社会主义市场经济的确立和发展使人们的物质生活水平得到极大提高，随之而来的是严重的环境污染和生态破坏，促使思想界开始探讨和论述人与自然的伦理关系。余谋昌先生第一次引进西方生态伦理学观念，详细阐述"人与自然协调的价值取向""自然价值论"等基本思想。刘湘溶"人与自然之间的道德话语"思想、

---

[1] 〔美〕霍尔姆斯·罗尔斯顿：《哲学走向荒野》，刘耳、叶平译，吉林人民出版社，2000，第 34 页。

叶平"人与自然关系协同进化论"、李培超"自然的伦理尊严"、卢风"作为存在之大全的自然"等观点，承认人与自然之间存在一种伦理关系，论证了这一伦理关系产生和确立的理论依据和建构的可能。与西方极度现代化的历史发展语境不同，中国社会处于从传统向现代的转型过程中，人们亟须发展生产力，提高人们的物质生活水平，又要避免由西方文化所预置的"现代性的后果"，面临远比西方社会更为复杂的问题。由此，也就更加需要深度的理论思考和高超的实践智慧。因此，关于人与自然伦理关系的思考，既要吸收西方文化伦理的研究成果，又要结合中国社会生活的具体情境，从中国传统伦理思想中寻找思想资源。西方关于人与自然伦理关系的思考尽管比较深入，但也无法摆脱西方文化对待自然的自古至今一以贯之的主客而分的思想传统。西方文化需要与东方文化融合，如与中国传统伦理文化中的"天人合一"，从印度产生和发展的佛教"众生平等"思想融合，才能够使其对人与自然的伦理思考更为合理和全面。

第二节　对环境危机与生态危机差异的伦理思考

目前，国外思想家关于人与自然伦理关系建构的理论依据，主要来自西方自然伦理思想与东方传统生态智慧的结合、后现代主义"生态伦理"思想研究，如罗尔斯顿生态智慧的"东方转向"、格里芬的生态后现代主义等。国内思想家关于人与自然伦理关系建构的理论依据，主要来自从国内外传统伦理、后现代主义生态哲学中探寻的诸种思想和精神资源，如佘正荣的"中国生态伦理传统的生态智慧论"、肖显静的"后现代主义的伦理道德的导引"等。但是，"人与自然伦理关系"仍然受到较大的质疑，主要原因在于"现代性"道德话语体系只强调人与人的伦理关系，认为人与自然的关系就是控制、支配和利用的主奴关系，无法容纳人与自然的伦理关系，又不得不应对这一反抗现代道德价值体系的新的思想。现代道德价值体系不是完全拒斥人与自然的伦理关系，而是瓦解这一新的理论或思想，造成这一思想的内在冲突和矛盾，最终将被吸收为现代道德价值体系的组成部分。其实，"人与自然的伦理关系"这一思想就是生态伦理，在关注和保护自然中，体现出人生存的价值和意义，并没有分割成人与自然的对立。而在实际的理论探讨和演进中，作为生态伦理的核心观念，人与自然伦理关系常常被遮蔽，"自然"与"环境"这两个概念相互混淆，致使在生态伦理与环境伦理的相互交替使用中，要么，屏蔽了人与自然伦理关系探究中生态伦理的独特意蕴，将之还原为现代道德价值体系中的人类中心主义，要么使"人与自然伦理关系"演变成人类中心主义的对立面，即生态中心主义。本文论述的目的是揭示出作为整体的生态伦理思想，但由于在理论的探讨中，生态伦理已分化为人类中心主义与生态中心主义的冲突、对立，甚至走向无法统一的僵化局面。因此，本文不是以生态伦理为出发点，而是以人与自然的伦理关系为核心，展开、论述和突出生态伦理的整体性和超越性，为从工业文明向生态文明的转变提供比较完整的理论及合理的解释。要解开人与自然伦理关系探究中的此种困境，就需要区分自然与环境以及生态伦理与环境伦理的关系。在此，从探讨环境或生态危机这一现实的问题谈起。

一 环境危机与生态危机的差异

无疑，伦理关系及其秩序，不论是美德伦理、信念伦理还是规范伦理等均具有社会规范整合与调节功能。一般而言，和谐有序的社会生活有赖于良好的伦理作为社会关系的道德调节手段，需要道德心灵秩序的自然展开。同时，人们对伦理道德规范的自觉遵循和道德心灵秩序的完善，又要以稳定、和谐、有序的常态社会秩序为前提。但是，在现实的社会生活中，人类发展的社会秩序总是由于内外的经济、政治、文化、精神、心理等种种因素，处于有序和无序的杂糅状态，常常处于不断的转化和流转中，使伦理关系及其秩序呈现较大的波动性，也对伦理道德等规范的建构和实施提出了严峻的考验。

前现代社会，由于伦理秩序中的个体就像社会结构链条上的一环，每个人按照内在的德性生活，安分守己是最基本的道德要求。传统伦理范式是在一种完善的自然世界观和社会历史观指导下的道德人生结构。在人类传统道德意识结构中，人要想认识自己，不能孤立地看待自己，而是首先正确认识世界整体及各种关系，也就是在自然和社会共同体中，才可能正确认识和了解人自身，保持心性秩序的稳定性。

相对前现代的传统社会而言，现代文明创造了古代社会难以想象的前所未有的安全和机会，也带来空前的潜在威胁人类自身生存的环境或生态危机。这种危机缓慢持久而不剧烈，常常被人们所忽视，但它与经济危机、信仰危机等形成综合性与连锁性效应，使我们越来越处于一个具有极大不确定性的世界之中，变成了一个"危险不断扩大、日益失去控制的世界"①。诚然，前现代社会中也存在各种各样的灾难或灾祸所带来的社会秩序的"非常态化"，一旦天灾人祸结束，人们依然回到原来的心性伦理秩序中。换句话说，前现代社会中危机和灾难虽然存在于社会生活中，但并不能真正地改变传统伦理秩序和道德思维方式。与前现代社会中的"天灾人祸"根本不同，现代社会意义上的环境或生态危机造成社会秩序的不稳定、不可靠、不安全的"非常态化"，使层出不穷的社会道德难题和风险变成伦理思考的主题。人们通常认为核武器是人类最大的威胁，而实际上环境或生态危机是一种隐性的悬在人类头顶的"达摩克利斯之剑"②，成为现代人类社会在21世纪的"世纪难题"。英国社会学家安东尼·吉登斯认为在较长一段历史时期中核武器冲突的可能性并不是人类所面临的唯一具有严重后果的风险，"生态灾难的厄运虽不如严

---

① 〔英〕弗兰克·富里迪:《恐惧的政治》，方军、吕静莲译，江苏人民出版社，2007，第57页。

② "达摩克利斯之剑"（The Sword of Damocles）或称"悬顶之剑"，源自古希腊传说，意指令人处于一种危机状态，隐含着时刻存在的危险。

重军事冲突那么近，但是它可能造成的后果同样让人不寒而栗。各种长远而严重的不可逆转的环境破坏已经发生了，其中可能包括那些到目前为止我们尚未意识到的现象。"①相对于人类面临最大威胁的核战争，生态灾难似乎是不太明显的威胁，但其实，它是人对自然看不见的隐性暴力，深层影响甚至决定人对人的支配。因此，从更深层次的意义上讲，在环境或生态危机这一威胁人自身生存的残酷事实面前，急需调整相应的道德要求和准则，促进和推动人类伦理基本范式上的内在转变或根本变革，才能使社会和谐有序地发展和完善。

然而，全球性的环境或生态危机本是一个值得深思熟虑的"生存还是毁灭"的严肃问题，实际上这一问题远未得到应有的理解、关注和重视，一个经常被忽视却极为重要的原因就是未深入思考环境或生态危机本身，甚至没有厘清环境危机和生态危机的区别。人们经常把"环境危机"和"生态危机"两个高度重合的概念交替使用，认为二者并无实质性的差别。人们常常对之一概而论，认为环境危机和生态危机是一体的，似乎没有什么根本的差异：它们都是生态系统的能量、物质循环被严重打破所造成的。而追根究底，所谓"环境或生态危机"，"这虽然从表面上看，似乎没有什么值得大惊小怪的，但如果我们深入到这些概念背后的思想背景，我们就会发现，这种表面上的差异，实际上掩藏着巨大的观念差异"，"指示着我们在人与自然关系的理解与处理上已经发生了翻天覆地的变化"。②从根本上讲，所谓"环境或生态危机"并不是同一个问题，而是两个相互关联却存在差异的理论层面、伦理内涵和实践指向。

从初步情况来看，就一定的环境而言，一般的"环境危机"比较容易被人发现，也可以通过环境监测为人们所认识，而深层的环境问题就触及"生态"层面。从这一角度来说，"生态危机"是就生态系统而言的，并不容易被

---

① 〔英〕安东尼·吉登斯：《现代性的后果》，田禾译，译林出版社，2000，第151页。

② 吴先伍：《现代性境域中的生态危机——人与自然冲突的观念论根源》，安徽师范大学出版社，2010，第172页。

人们发现、认识和理解。我们人类生存于其中的生态系统也不是固定不变的，生态系统的代谢功能发生着生态学上的循环，保持生命所需的物质循环再生，具有一定的自我修复、调节和复原的能力。美国著名的环境科学家巴里·康芒纳认为，生态危机发生的原因是："在这种摆动系统中总存在着一种危险，即整个系统在这种摆动中的幅度超出于平衡点，以致这个系统不能再恢复它的正常水准时，整个系统就将崩溃。"①因此，与环境危机相比较，生态危机的影响程度不太被人们所重视，更为复杂，更深远、更严重，也更难以为人们所观察、监测和认知。

通过进一步探讨能够认识到，环境危机和生态危机问题，不仅危机的范围不同，人们看待危机的立场、认识程度也不同。"环境危机"是人们从现代社会占据主流的人类中心主义的伦理视角来看待生态环境问题，凸显出浅生态学的"环境意识"，而"生态危机"是人们从一种整体主义的视角看待生态环境问题，凸显一种深生态学的"生态意识"。从不同的视角来看，环境危机和生态危机的差异折射出"环境"和"生态"是两个不同的概念。"环境"即环人之境，是相对于人类这个主体而言的一切直接物质条件或要素的总和，而"生态"是一个更大的甚至是更为根本的概念，是生物有机体与周围外部世界的关系。从这种横向维度区分，环境和生态的差别并不明显，如果从纵向的历史维度来思考，环境和生态的区别才能一目了然。

二　追思自然

在现代社会生活中"保护自然"往往成为一种宣传口号，无法体现出其中的真实意义，也就很难落到实处，而"保护环境"却受到现代人的高度重视、理解和认可。仔细分析就能够发现其中的细微差别，意味着非常不同的生活态度和道德价值取向。"自然"与"环境"这两个概念表面上似

---

① 〔美〕巴里·康芒纳：《封闭的循环——自然、人和技术》，侯文蕙译，吉林人民出版社，2000，第27页。

乎基本相同，但在现代社会生活及其道德价值观念的背后却掩盖了观念上的本质差别，体现了人对自然的两种截然不同态度和实践指向。保护自然是基于自然的内在价值的考量，而保护环境也需要考虑如何更为合理地利用自然资源，但其最终目的是以人的价值为中心，寻求自身利益的最大化。"人们错误地将自然等同于环境，以对待环境的方式对待自然，从而导致了人与自然关系的恶化，所以，为了重建人与自然的和谐，就有必要深入地探讨自然与环境之间的区别。"① 一般而言，"自然"与"环境"这两个概念的所指确有一定程度的重合，且大多数情况下都是混用的，但深究起来，二者的内涵并不完全相同，甚至具有本质上的差别，不同的内涵表现出人对待自然的截然不同的伦理态度和社会生活的行为方式。作为生态主义和生态政治领域中最权威的学者之一，安德鲁·多布森明确了环境与自然之间两种意识形态的不同，他指出，"环境主义与生态主义有着本质的差异，混淆它们的差异必将导致严重的知识性错误"②。因此，区分"自然"与"环境"这两个概念，并进而区分"生态伦理"与"环境伦理"、"生态保护"与"环境保护"，为环保理念的准确定位和构建生态文明建设的思想基础，提供了一种明确的思路。

在西方古希腊社会的前苏格拉底时期，集中关注宇宙、天体和自然等方面，重视自然哲学。泰勒斯把自然看作有生命的、能活动的和变化的宇宙物活论的思想，表明自然而然或从本源处生长出来的东西。阿那克西曼德比泰勒斯更进了一步，把宇宙的生成演化描绘成变化过程的一些阶段。赫拉克利特认为，自然包含宇宙本体论思想，进一步与逻各斯的概念联系起来，表明宇宙的进程并不是随意的，而是依据"定则"来进行的。毕达哥拉斯称"爱智慧的人"就在人生中做了最好的选择，用自己的全部时间和生命来关注和思考自然，并把这作为最好的、独特的生活方式。但是，人出于自然，却并

---

① 吴先伍：《从"自然"到"环境"——人与自然关系的反思》，《自然辩证法研究》2006 年第 9 期，第 5 页。

② Andrew Dobson, *Green Political Thought*, Third Edition, London: Routledge, 2000, p.2.

不等同于自然，人有自身作为人的特点。早期自然哲学家把主要精力放在对"宇宙的生成和自然的本原等问题"的研究上，忽略了人类实践活动的创造性、独特性。智者学派和苏格拉底放弃了对自然世界的穷理析微，开始把"人"作为哲学研究的核心问题，柏拉图构筑了在世界万物之外，相信作为其存在的根据、永恒的、普遍的"理念"世界。

苏格拉底、柏拉图对亚里士多德的影响是全面而深刻的。但亚里士多德并没有完全对"理念"做抽象的逻辑论证，而是对感觉经验和理性给予同样的重视，以科学调查的方式研究自然界。虽然苏格拉底之前关注的中心主题无疑就是自然，但这一时期的自然观少了些人文关怀。明确界定和更为合理解释自然，进行自然与人关系的深入而全面的探讨的，却是亚里士多德，他甚至是古希腊自然观的集大成者。他在《形而上学》一书中指出了七种自然的含义，但最独特的创造性的观点，只有最后一种，这一关于自然的含义和解释才是亚里士多德的独创，符合他的思想本意。"自然存在的运动的本原就是自然，它以某种方式内在于事物，或者是潜在地，或者是现实地"[①]。不管人与动物和植物存在何种差异，但在自然本性上都是自然界的一部分。在《物理学》这本书中，亚里士多德清晰而明确地表达了自然作为内在根据的思想。"所谓自然，就是一种由于自身而不是由于偶性地存在于事物之中的运动和静止的最初本原和原因"[②]。其实，从这一表述来看，亚里士多德所认识、理解和体认的"自然"，与古希腊早期自然哲学家的自然不同，突出强调"作为运动变化的内在根源的自然"。

亚里士多德的自然观概括出古希腊自然思想的基本特征，也是古希腊有关自然思想的全部成就。英国哲学家、历史学家柯林伍德对"自然的观念"的解释更为全面，他指出："希腊自然科学是建立在自然渗透或充满着心灵（mind）这个原理之上的。希腊思想家把自然中心灵的存在当作自然界规则和秩序的源泉，而正是后者的存在才使自然科学成为可能，他们把自然界看作

---

① 《亚里士多德全集》第7卷，中国人民大学出版社，1993，第116页。
② 《亚里士多德全集》第2卷，徐开来译，中国人民大学出版社，1991，第30页。

是一个运动体的世界。"① 由是观之，古希腊的总体的自然观将渗透或充满灵魂的自然界看作有魔力（magic）的活的世界，是一个具有自我运动的生命有机体。可见，自然的充满灵魂的活的秩序所遵循的"自然律"并不是外界强加的。

与自然万物都有内在根据和原因的古希腊时代的自然观相比，中世纪基督教神学认为自然界完全依赖于上帝而存在，其本身并没有灵魂，也就没有自身存在的内在根据。因而，《圣经》中说，人类应该"管理海里的鱼、空中的鸟，和地上各样行动的活物"。从基督教传统伦理文化中的"神义论"的创世说来解释，人似乎就是世间万物的主人，具有自我中心主义，能够处理、支配一切自然物，不必考虑自然是否具有内在价值。正是由于这种解释，现代一些思想家认为基督教的自然观在一定意义上是现代社会人与自然剧烈冲突的思想根源，支持了人对自然的支配和控制，使自然资源为人类的生存和发展服务。怀特、汤因比和帕斯莫尔等思想家都赞成这种人类中心主义源自中世纪基督教伦理的观点，论证了人对大自然的统治是绝对的、无条件的。由此观点出发，基督教的自然观为现代社会以人类为中心的世界观和价值观提供理论支持，证明人类剥夺大自然的道德合理性，割裂了人与自然之间的内在的有机联系，使自然万物失去了内在根据，成为满足于人类生存与发展的工具性客体。相对于其他宗教或文化对自然观的解释，特别是东方文化如中国传统伦理思想中儒道的"天人合一"，印度佛教的"众生平等""因缘和合"的自然观，中世纪基督教的自然观确实存在某种程度上的人类中心论倾向。但这类见解也不完全正确，因为这种解释忽略了一个基本事实——生态危机造成了人与自然之间的剧烈冲突，威胁人类自身的生存，这种境况并不是发生在漫长的中世纪时期，而发生在基督教自然观式微的现代社会中。这证明基督教思想和人类中心主义并不能完全画等号。

还有一种更为合理性的解释，由基督教创造教义传递出来的信念和价值

① 〔英〕柯林武德：《自然的观念》，吴国盛、柯映红译，华夏出版社，1999，第4页。

观引发生态学抗议，如以莫尔特曼和麦奎利等为代表的西方生态神学家，对上帝本质的解释以及主张上帝与世界的关系亟待纠正和转化，力图还原基督教思想的本来面目。在这种解释中，包括人本身的自然万物都是上帝创造的，具有相同的价值特性，这是当代基督教神学对神—人—自然的关系进行的神学和伦理的反思，成为重建人与自然关系的契机。人与自然同作为上帝的创造物，人类也并不拥有绝对优于非人类受造物的权利，与自然万物并不存在截然对立的关系。首先，尽管人类有其自身的特殊性，但与自然万物都是出自造物主上帝的创造，自然万物被赋予了生命之"灵"，拥有与人类这一物种相同的本性、存在的价值和尊严，在终极的意义上都是善的。其次，同样作为上帝的创造物，动植物等自然界存在具有神圣性，分有上帝的存在论意义，体现在上帝的持续关注上，给予自然界本身所具有的内在价值，赋予生产和繁衍的自然权利。自然界中的动物、植物等存在分有上帝的神圣价值和内在权利，作为受造物之一，人尽管自视甚高和绝对，但仍是一种有限的存在，因而应该受到限制。人类承担的角色莫过于"管理者"或"守护者"。

现代基督教生态神学家们认为，基督教的理论基础即创造教义，并在此基础上重新解释上帝观，重构上帝与受造物整体的内在关系，恢复自然的内在价值、地位和权利。通过分析和论证大自然拥有不依赖人的意志而存在的内在价值或固有价值，及其相应的"自然的权利"，应该受到得益于大自然得天独厚荫庇的人类必然的尊重与爱护，甚至人类应该像敬畏自己的生命一样，敬畏所有的生命，这是现代生态伦理产生、发展和理论建构的主要进路。通过基督教创造教义的解释，因自然万物作为上帝的创造物，自然的内在价值和"自然的权利"转化为基督教的神学用语，获得了与人类拥有同样的一种神圣性（sacredness），形成了一种融为一体、不可分割的关系，共同属于一个家园。从基督教创造教义重新解释的这种上帝观，现代社会以人为中心的道德价值观对自然的控制、利用即"自然的控制"，并不是继承了基督教思想的衣钵。而事实上，单一的"现代性"道德转化为意识形态，控制自然，进而压制人的自然属性这一重要维度，被现代人有意地淡忘和漠视，这恰恰背离或颠覆了基督教伦理的核心思想及其主旨，遮蔽或掩盖了自然值得尊重的神圣性的存在或意义维度。

三 从自然到环境

古希腊古典型社会"渗透或充满着心灵"的活的自然界和中世纪基督教思想中包含的"神圣性"的自然界，尽管它们之间存在一定的差异，却有着共同的特性。这两种自然观都凸显出自然有内在的根据和原因，作为运动变化的内在根源，乃是自然物之为自然物的本性；自然拥有自身的"魔力"，具有神秘的特性，而不是外在支配的机械式的存在。不论人类社会的生存，特别是经济、科技发展到何种程度，只要承认人并不是孤独的物种，而是自然界的一部分，和自然界的动物植物等生命或生物存在有机的内在联结，那么，自然概念的这两个特性就决定了，人并不是孤立的物种，而是融于自然之中的和谐存在，不能任意破坏、征服和利用自然资源，而不对自然负有相应的义务。如果否定人与自然之间在本性上是一体的，那么即便自诩为"最文明的社会"，存在"最具人性的社会"，都有为现实社会秩序做论证的意识形态之嫌，是值得令人怀疑、商榷和反思的。根据人类理性而重新安排的世界秩序，人脱离甚至是疏离自然界，作为所谓的"独立"的物种，现代人类诞生了。在传统伦理向现代社会的转变过程中，随着有机论自然观的衰微，机械论自然观的兴起，作为内在根据和本性，抑或是神秘的、"终极实在"实体的自然被人类用经验的或实证的方法加以认识的"物之集合"意义上的自然界所取代。进而，具有某种内在根据的自然演变成失去了生命冲动的、可以随意宰制的"物之集合"，成为用物理学的方法可测量的东西，除了支配物质运动的外界强加的力，这种理解中的自然，既没有灵魂，也没有生命，绝无任何内在的神秘性可言。在这种境遇中，自然就是"一架机器"，"一座大钟"，似乎任由人摆布和控制。

这种机械论的自然观是通过先验理性主义的支配，改变自然物具有内在根据的自然状态，完全被人的利益及其最大化的幸福所左右，完成"世界的祛魅"。将自然中的存在，依靠人的内在力量，改造成人的需要。但只有到了现代社会，人道脱离天道，完全考虑人的利益，并把这作为道德的前提和基础，不能完整地理解人类自身。自然物之为自然物的内在规定性受机械论自然观的"屏蔽"，呈现在现代人的道德价值视野中的是没有理智也没有生命的"自然律"。"自然界不再是一个有机体，而是一架机器：一架按其字面本来意义上的机器，一个被在它之外的理智设计好放在一起，并被驱动着朝一个明确目标去的物体各部分的排列。"① 随之，自然万物失去了"自然而然"的内在动力，不仅改变了自然的面貌，也使人自身失去了内在的精神动力，只追求外在的物质利益。在物质生活和精神生活中失去平衡的现代人，卸去了应有的道德责任，难以实现行为上的自我抑制（self-restraint），失去尊重自然的美德，难以担保与自然秩序的协调发展，与其他人的社会生活的内在和谐。

人类从外部支配和控制自然界，遮蔽了自然本性的客观存在，不仅改变人与自然的内在关系，塑造了新的"环境"观念，在改变人对自然的道德观念和态度时，也改变人自身的道德价值观和生活方式。在现代人对待自然的主客二分的机械论世界观中，自然就是外在的客体或具有工具价值，而人只需关注人类社会即可。殊不知，不管在何种社会生活中，人如何对待自然，就或直接或间接地、或深或浅地影响甚至在某种程度上决定人类社会的道德价值观。在一种认识、理解自然观念的本体论基础上，会相应地建构一种社会伦理，也就是说，必然形成一种人如何对待自然的伦理态度或生产生活的行为方式，深层影响社会生活的总体。简言之，人改变自然，也相应地会改变自己。格里芬认为，"现代思想的根本失误在于它对我们在很大程度上是一种'宗教性的'存在物这一点估计不足。我的意思是说，我们总是在寻求生活的意义（无论我们自己是否意识到了这一点），而且总是力图通过与我

---

① 〔英〕柯林武德：《自然的观念》，吴国盛、柯映红译，华夏出版社，1999，第6页。

们所理解的世界的终极本质保持一致来寻找这种意义。现代思想仅仅把宗教看成一种正在为我们所超越的暂时阶段，因而，它忽视了现代宇宙论能够在某种程度上创造出一种新人、一种新的人类存在方式这一事实。"[①] 正是在这种人疏离自然的社会生活中，人试图完全脱离自然界的内核，同时也越出社会的和个人的自然本性上的生活内核，潜移默化地将人类自我在世界中的位置中心化了，也使社会生活中的个人，只追求自己的利益及其最大化，却很少在真正意义上去关注他人。在这种每个人都具有的以自我为中心的道德心态中，自然被置于工具性的从属地位，尽管作为世界的方式存在，却演变成围绕人的自我生存和发展而展开的"世界图画"或称"世界图像"。

"世界图画"并不是一般意义上所说的"某物的画像"，而是指"存在者整体的图画"。海德格尔说，"世界图画"从本质上讲指的是存在者整体的图画，被人们所把握为一切存在者的根基是世界本身。现代世界图画的特点就是存在者在表象状态中成为存在的，是人为了获得对存在者整体的支配设立的一个场景，并且人有意识地为自己自行设立了一个主体地位，并以此立场来决定对其他存在者采取何种态度。"世界成为图画，人成为主体，现时代这两种决定性事件交相为用，同时也向现时代最根本性的事件投去了一束亮光，这个事件初看起来甚至有点荒诞不经：世界越广泛越有效地作为臣服者听命于人的摆布，主体越是作为主体出现，主体的姿态越横蛮急躁，人对世界的观察，人关于世界的学说，也就越成为关于人自己的学说，即成为人类学。"[②] 古希腊和中世纪，存在者是向外界自行开启和言说自身，或由上帝创造出来的，而到了现代社会，被摆置到人可以决定和支配的领域。也就是说，作为存在者全体的世界存在就是由自然生命力漫长发展和不断演化的产物，也是包括人本身的一切在者的生存根基，而作为"图画"的世界则被人类的

---

① 〔美〕大卫·雷·格里芬:《后现代精神》，王成兵译，中央编译出版社，1998，第213~214页。

② 〔德〕海德格尔:《人，诗意地安居：海德格尔语要》，郜元宝译，广西师范大学出版社，2000，第120页。

经验和理性所塑造，替代了世界本身。人自诩为"特殊的存在""道德价值的中心"，给任何存在物提供符合人的主观预设的价值尺度，勾画出它们必须遵循的路线。

由于人"以自我为中心"的道德意识的膨胀，"自然"演变成展现人类活动的一种舞台和道具，它的意义和价值已不再由作为内在根据的自然本性所决定，而是由"物之集合"的"环境"概念来替代和置换。因此，从严格意义上来分析，古希腊"渗透或充满着心灵"的"活的有机体"和中世纪伦理文化中与人类同根同源的自然概念并不具有现代意义上的"环境"（物之集合）的含义，因而也是无中心的，或者说自然就是本性（nature）。生活于自然中的人不会把自己作为中心来看待，而是在"伟大的存在之链"（great chain of being）或"生命之网"中占据恰当的合适位置。

雷蒙·威廉斯指出，与"自然"概念的悠久历史相比，对"环境"概念的理解是属于现代的历史范畴。在19世纪，才开始使用"环境"（environment）这个二元论的术语，它是体现出人类中心性的二元思维的产物，"其意涵为'周围的环境'（surroundings）"[①]。将人包容其中的自然是一个生命的有机体，这种对自然的描述意味着除了被人所利用的工具价值外，能从内部去直观审视和体验作为原初本性或内在根据的根源的自然，更能呈现自然的本真含义。而当"自然"概念转变成"物之集合"意义上的自然界，用"环境"概念来代替"自然"概念，人与自然的割裂就发生了。莫斯科维奇敏锐感受到两种观念的变化，不接受、不认可现代自然观的僵化的、非历史性的一种变体，即"环境"概念。"驯化的自然，所谓环境。谈到这个问题，人们往往相信并主张自然在人之外，在人周围并独立于人"[②]。现代话语语境中的"环境"概念，自然"本性"的内在根据这一含义已不再存在，其

[①] 〔英〕雷蒙·威廉斯：《关键词——文化与社会的词汇》，刘建基译，三联书店，2005，第140页。

[②] 〔法〕塞尔日·莫斯科维奇：《还自然之魅：对生态运动的思考》，庄晨燕、邱寅晨译，三联书店，2005，第295页。

意义的重心由"本性"的自然向外在支配的机械式的"事物的总和""物质的集合"转移。

从基于内在根据的"自然"本性转移到"物之集合"的"环境",折射出人对自然态度和相应的行为方式的根本转变,越来越演变成脱离、疏离自然本性的道德价值观或生活方式。其一,"环境"概念脱离自然本性的内核,意味着自然本身的价值被忽略、否定和漠视,趋于价值的边缘化或外在的客体化,服从人的主体化(中心化),成为围绕该中心存在的物质集合;其二,由此带来的"环境"概念意味着自然内在本性的物化或内在根据的外化,即我们当前所表述的自然内在价值的祛魅。[①] 当人把自然、宇宙或上帝视为"终极实在"(ultimate reality),人才能够有充分的理由和伦理动能"敬畏自然","认识自己",体认人类自身并不是世界的价值中心,而是有限的存在。当"环境"概念成为理性的先入为主的先验模式,现代人在成功地料理自身生活的同时,俨然把自己当作世界得以存在的价值中心,理所应当地支配和控制自然的环境价值。

将"自然"与"环境"这两个概念,表面上等同视之,实质上是取消了自然伦理的独特价值。所谓"安稳良心"的现代人不必关注自然本身所具有的内在价值,而只是集中所有的精力和力量追求自己利益的最大化,为人类社会的生存和发展提供必要的生存条件、环境及广泛的活动空间。超越人之上的整体也会被定性为"环境法西斯主义"(environmental fascism)。一切都要还原为以人的利益为中心的价值主题。即使人们的内心也希望体验到原生态的自然世界——毕竟它是人内心的原始的动力,渴望走进荒野,找到真实的自己,理解和体认到人对待自然休戚与共、同舟共济的情感体验,然而,被压抑的内心的真实体验也往往被误认为或当作不切实际的想象或虚构的假设,"剥离了自然与生活、生存之间的联系,将自然看作是某种精神追求的象征,在客观上贬低和丑化了那些出于现实生活和生存的需要对于自然的现实

---

① 参见吴先伍《从"自然"到"环境"——人与自然关系的反思》,《自然辩证法研究》2006年第9期,第6~7页。

理解"①。在意识形态化的"现代性"道德生活中，越来越被人割裂、疏离的自然不过是作为"物之集合"，围绕在人类周围的外部物化的"环境"，成为满足人类追求自我利益的最大化，"豁出生存，搞发展"的资源库。造成更深远的后果是，在疏离自然的社会生活中，以原子化生存方式孤独存在的现代人类无法走出窠臼中的自我，难以领悟、想象和体验到人类社会生活的"自然本性"或"内在根据"的真实维度，乃至遗忘了人寻求生存与发展的原始动机，堕入对难以满足的"一个未来的幻觉"的拼命追逐。

为应对环境问题和生态危机，追求可行性的伦理方案，目前的"环境正义"研究，从社会现实的角度关注环境问题，寻求人与人、人与社会、国家与国家之间关于环境保护中权利与义务的平等问题。应该说，环境正义是环境伦理发展应对环境保护的实际问题所做出的一个现实选择和趋势。然而。理论仅限于此，并不能解决根本问题。放眼人类未来的可持续发展、和谐社会的构建以及生态文明的建设，如果不区分"自然"与"环境"这两个概念，无法深入以人与自然的伦理关系为核心的生态伦理中，那么，也就不能限制和制约住一切问题都诉诸人类利益的"人道主义的僭妄"，无法根本解决人类权力的滥用问题。就此而言，仅用现代意义的"物之集合"的"环境"概念来代替和置换"自然"概念，其实质是，遮蔽了基于自身内在本性或根据的"自然"，掩盖了作为同一个概念来交替使用的理论误区，凸显不出人与自然之间伦理关系的生态伦理意蕴及其根本的理论意义和实践指向。"环境"是由"现代性"道德价值观念及其主客二分思维定式产生出来的一个概念，遮蔽了人与自然之间关系的真相，并且同样也把人类生物学与自然界其他事物分割开来了。需要把作为内在根据的自然本性从"物之集合"意义上的环境观念中重新找回来，确立更为根本的、原初的自然概念，并重新发现了它与人类之间的内在的、有机的联系，不再"把自然界当作一种威胁、一种可以据为

---

① 王韬洋:《有差异的主体与不一样的环境"想象"——"环境正义"视角中的环境伦理命题分析》,《哲学研究》2003 年第 3 期, 第 32 页。

已有的资源、一种取之不尽的能源、一个机动的场所和一个竞技场"①。正是人类以一种工具主义的态度和方式，对自然界富于感情的、精神性的、宗教性的反应中性化，把自然变成围绕着人这一中心汇集起来的"物之集合"，变成了"环境"，才使人类肆无忌惮、毫无愧疚地毁灭自然的生态系统，把人的生存之基连根拔起，成了遨游在空中的"浮城"。

四 环境进入伦理

从"自然"到"环境"的概念发展史中，作为本性、内在根据的自然，偏离其本来的含义，逐渐演变成作为物质的固定、僵化的环境。"环境"这一概念也可以称为"自然"，却不意味着自在的自然或生命的有机体，而是由人类来赋予的人为的创造物。的确，自然拥有物质化的含义，但这不是自然本质的原初含义。被环境所替代的自然更适合于表达自然概念所内含的物质化的含义。将自然的复杂性简化为物质化的环境，自然在原则上彻底地与其环境和观察者相互分离，环境和观察者被剥夺了存在的权利，成为客观的、僵化、无组织、死气沉沉的东西，它只会在外界规律的支配下运动。法国哲学家、社会学家埃德加·莫兰（Edgar Morin）指出，复杂的自然被简化为作为物质的环境，"物理的各种概念不再描写形式、生物、存在，但却变得伶牙俐齿，可以把一切当客体操纵。它们不具有人形，但却以人类为中心，因为它们帮助人统治自然"②。人用环境概念解释自然，不仅使自然成为易于被测量、操作和操纵的物理世界，也相应地折射出人类创造自然、人定胜天的信念，彰显康德式"人为自然立法"的人类中心主义伦理宣言。即是说，从现代意义的环境概念产生、确立并替代自然，就伴随着人类中心主义

① 〔英〕马丁·阿尔布劳：《全球时代——超越现代性之外的国家和社会》，高湘泽、冯玲译，商务印书馆，2001，第212页。
② 〔法〕埃德加·莫兰：《方法：天然之天性》，吴泓缈等译，北京大学出版社，2002，第396页。

伦理观。环境完全是一个现代的概念，相应地，人类中心主义伦理同样也具有"现代性"特征。

在目前的学术界，人们通常把人类中心主义与主客二分思维方式相联系，却没有进一步具体分析和重视环境与自然的区别，而是泛泛地谈论人类中心主义伦理。甚至有学者把人类中心主义不自觉地泛化成超历史的价值观念，是人类主体性活动不可超越的实践本性，认为它"是人类生存与发展的必要条件和永恒的支点。失去了这个支点，人类所建立起来的生活大厦顷刻就会崩塌，人类也将不复存在"[①]。诚然，具有自我意识、拥有道德价值的人类，的确不能完全彻底摆脱自我中心性，如英国著名史学家阿诺德·汤因比所说："谈到自我中心的错觉，这本是一种自然现象，害这种病的人并不限于我们西方人。"[②]这是人类与自然万物区分的重要标志，也可以说是人类存在的前提条件，这在近现代人的价值观中体现得尤为明显。霍布斯把获得自身生存的自然权利看作每一个人按照自己所愿意的方式、运用自己的力量保全自己天性或生命的自由。当一个人做自我保全的欲望没有碰到外在的阻力时就是一个自由人。斯宾诺莎认为人性的本质首先是保存自己的生命，追求于己有利的东西是人的最基本的自然权利。

必要的自我中心性对人类社会不仅有利，而且能促进社会的发展和进步。如果把人类中心主义泛化成超历史的价值观，就抹杀了人类历史的总体性、连续性和因果关系。比较而言，无论古希腊、中世纪的哲学还是东方哲学中的儒释道思想，都能使人体验到一种最可信的和最深刻的终极实体。斯特伦指出："终极实体意味着一个人所能认识到的、最富有理解性的源泉和必然性。它是人们所能认识到的最高价值，并构成人们赖以生活的支柱和动力。……即认为最圆满的生活必定会激发最高尚的情感，并以这样的情感去

① 刘福森、李力新:《人道主义，还是自然主义？——为人类中心主义辩护》，《哲学研究》1995年第12期，第61页。
② 〔英〕阿诺德·汤因比:《历史研究》(上卷)，曹未风译，上海人民出版社，1959，第46页。

为最终领悟的实体（上帝的意志、佛性、道）服务。"① 尽管这个终极实体表现在各种存在形态的差异之中，极难给出一个统一的规范明确的定义，但它并不是虚幻的、无意义的"摆设"，而是对人类自我中心性的揭示、治疗和限制。纵观以往，人类社会发展的客观现实中都会存在不和谐与困扰的基本难题，究其根源在于个人的欲望和自私自利。当人执迷于自私自利无法超越自我利益时，忽视自然的平衡与万物的相互作用，在与他人的交往中，与自然界打交道时，甚至在面对个人生活之自然发展时，就会做出极不合适的选择。而这些不合适的选择，则会导致心理的、社会的，乃至生理上的失衡。总之，自私自利破坏了真正的自我认同，导致失调和不和谐，它们都是些不自然的状态。各种道德文化传统中的终极实在在最深刻的层次上使人们从自私自利的心序混乱中实现根本转变，体验、理解和领悟到作为一切存在根据的终极实体本身所具有的至善的力量，使人们的心灵得到升华，获得内在超越性的精神力量。"在这种构成生命的终极源泉中确立了自己的存在。人们是在实现自身本质的过程中，使自己的精神变得充实和圆满"②。当人们生活于某种存在中认识、领悟和体验到终极境界时，就会超越意识形态的现实逻辑，寻求生活的真谛，使自己自觉按照终极实在的生活模式去生活。

虽然，终极实体不完全等同于自然，却与自然有着千丝万缕的内在关联，影响和制约人类的道德价值观，向人们显示道德之路的终极实体的本质所在。古希腊人的自然哲学显露出人是大地和所有存在物的"看守者"，深刻揭示了人类世界与自然世界的共存，乃是人类存在的真实维度和不可遗忘的意义维度。中世纪基督教的"上帝创世说"中，人与自然都是上帝的创造物，共同分有了一种神圣性，没有存在价值的两分。中国传统伦理的儒释道思想中与前两者有着诸多相似之处："天人合一"的整体观，尊重生命的共同原则，强调人与自然和谐的价值取向。

当环境概念替代具有终极实体意义的自然，在话语体系中潜移默化地

① 〔美〕斯特伦:《人与神——宗教生活的理解》，金泽等译，上海人民出版社，1991，第3页。
② 〔美〕斯特伦:《人与神——宗教生活的理解》，金泽等译，上海人民出版社，1991，第3页。

驱逐出自然概念，使"自然的退隐"冰封于自然史的历史遗骸中；它不仅成为物的集合的场所，更创造世界图景本身，具有一套宰制性的世界观，乃至决定了现代社会对人和自然关系的权威解释，为控制和支配自然确立了一种不言自明的合法性。如吴国盛所解释的："真正的'支配'对象只能是缺乏自主性、唯有被动性的东西，当自然界被认为充满了神性和灵气的时候，真正的支配是不可能的。只有在自然被物化、被沦为被创造之物、丧失了独立性之后，它才可能在效用的意义上被充分支配。自然的物化抹掉了一切神性和诗意的光辉，被齐一化了。"① 抑或说，在环境概念支配的语境中，它去掉了自然的"内核"，使自然无法确切地表达出原初含义，只流于表面，起到语言文化传播中语词的形式化功能，套用麦金太尔的话来说就是，自然的"所作所为具有意义所必要的语境亦已丧失，甚或无可挽回了"②。至此，人与自然的话语体系已经演变成在环境概念的支配下的"自然的控制"（威廉·莱斯语）。

因此，环境并不是简单地指围绕人类周围的大气、水、土壤、植物、动物、微生物等内容的物质因素，而是在它产生之初冲破作为终极实体的宇宙等级秩序结构（终极实体在西方文化中称为"善的理念""上帝"等，在中国文化中称为"天人合一""道"等），力图进入以人的目的为中心的伦理秩序和社会规范中，通过科学技术的手段组装成的作为物质集合的"塑胶的自然"。"它是塑胶的，因为它能够以人们认为合适的任何方式被塑造和使用。这种模式假定自然的唯一限度是人类加给它的限度。因此，自然完全听从人类的摆布。"③ 通过环境概念实现对自然的控制，目的是满足人类在宇宙中居支配地位的欲望。英国著名社会学家马丁·阿尔布劳指出，环境的重要性，"这的确可说是现代社会理论的一个突出标志。在现代阶段的早期，它的头等关

① 吴国盛：《自然的退隐》，东北林业大学出版社，1996，第147页。
② 〔美〕A. 麦金太尔：《追寻美德：伦理理论研究》，宋继杰译，译林出版社，2003，第1页。
③ 〔美〕托马斯·A. 香农：《生命伦理学导论》，肖巍译，黑龙江人民出版社，2005，第14页。

怀属于人类中心论的关怀，即在社会秩序中用人取代上帝。"①环境概念的世界观解释并没有维持人与自然之间的平衡，相反，世界的一切依赖于人类的经验或实证方法重新安排，不只是自然，国家、社会、人伦关系在人类中心主义伦理中都被置于从属的、手段的或工具性的地位。

第三节　从环境伦理到生态伦理转换

通常情况下认为，"环境进入伦理"基于现代世界所遭遇的环境问题，是克服西方现代二元论的深层动机。"人们正在探索、寻找超越自然与道德二元论的可能路径，而'环境进入伦理'则无疑属于现代人对道德主观性进行深度反省与重新检视的总体进程的一部分，而且是其中最为显著的部分。"②"环境进入伦理"思想的确彰显了伦理世界观的道德哲学意义，但联系上文所论述的内容，如果没有对这一话题进行前提性思考，不区分"自然"与"环境"两个概念的差异，就无法分出人类中心主义和生态中心主义、环境伦理与生态伦理的不同层次，容易造成讨论视域的混乱和问题的僵持。在不同历史境遇中"环境进入伦理"思想针对不同的历史主题，学理探究的作用是不一样的，甚至有较大的差异。

一　"环境进入伦理"：以人道主义为前提的人类中心主义

实际上，"环境进入伦理"思想并不是最先基于生态环境恶化而出现的人

---

① 〔英〕马丁·阿尔布劳：《全球时代：超越现代性之外的国家和社会》，高湘泽、冯玲译，商务印书馆，2001，第210页。
② 田海平：《"环境进入伦理"与道德世界观的转变》，《南京工业大学学报》（社会科学版）2008年第4期，第8页。

类中心主义伦理，从环境作为现代概念的确立，人道主义就已经为现代社会的道德主题奠定了基本的伦理基调。前文已经指出，环境概念已经替代自然，成为现代世界观的权威解释。但它的解释并不是从完整世界观及人类道德意识结构来考量，寻求人与自然、人与社会的平衡，而是具有极强的人类主体建构的现代社会伦理价值特征，即"人道主义"。从某种意义上说，"人道主义"是从传统社会向现代社会转型后的思想成果和实践经验，象征着人类文明进步的程度和社会发展的伦理标志。简言之，具有进步意义的"人道主义"就是关于人的本质、价值、特性等的学说和理论。从人道主义摆脱神权政治观的束缚形成的最初含义，演变为至今普世性的人道主义伦理，经历了一系列的内容丰富、思想发展的过程。

在西方文化中，人道主义的思想萌芽最初可追溯到古希腊罗马时期。但真正重视和研究人，是从文艺复兴时期的人文主义思想家开始的，他们提出"人道主义"概念，该概念逐渐作为一种思潮绵延不绝，发展至今。文艺复兴时期的人道主义思想家，借着复兴古希腊文化，来反对中世纪的基督教神权政治，开始强调人的本质、价值、特性和尊严，呼吁人的自由、平等的人道主义的基本要求。在文艺复兴时期，人道主义要求走出神的束缚，走向人的价值。这一时期的人道主义包含两个基本特点，确立了人独立存在的主体资格。其一，考察和研究人，明确把人确立为一个核心主题。其二，充分地、具体地宣扬人性。文艺复兴的人道主义虽然从理论上没有彻底推倒神学和封建专制主义的统治，却已开始凸显人的理性、意志自由和满足自己欲望和追求享乐的本性。

与文艺复兴时期的人道主义相比，启蒙运动时期的人道主义思想家们深信，人只要从屈服于神和封建专制的压制转而面向、认识和利用自然，就能从愚昧无知和封建迷信中解放出来，获得巨大力量，从而推动社会进步！法国启蒙思想家卢梭认为，人生来就具有自保和自爱的本性，具有自由和平等的天性等，"这种人人共有的自由，是人的本性的结果。人的第一条法则是维护自己的生存，人最先关怀的是他自己；人一达到理性的年龄，单凭自己来判别适于自保的手段，就立即从而成为自己的主宰"①。比这种带有自然神论的人道主义思想更为彻底的是法国真正的无神论人道主义，例如其代表霍尔巴赫公开否认上帝的存在，承认物质的存在是不容置疑的。

尽管启蒙运动之后的人道主义思想得到发展和提升，但在社会意识形态上却很难挣脱启蒙运动的人道主义，因为它基本奠定了现代社会的人道主义思想的解释框架。从历史的总体性上看，启蒙运动的人道主义具有进步意义，成为现代社会处理人际关系的基本准则。在现代社会生活中，人与人是"同类"，因而每一个人都应该平等地对待他人，这是现代伦理学的核心原则，也是一切具体的伦理原则建立的基础。在这种人道主义的理解中，人与自然之间没有伦理关系，只有支配和被支配的关系，即单纯的目的和手段的关系。

第一，把人当人看。"人是人""人是人的最高本质"打破了中世纪由上帝确立人存在的根据，从人出发来解释人自身存在的根据，体现了人道主义对人是什么的基本看法。"人是人"这一简单的命题对于身处现代社会的我们而言，似乎不需要论证和解释，但在从中世纪的神权政治转向人义论伦理结构的历史背景下，人道主义的这一最简单也是最真实的观念，成了响彻时空的旋律，振聋发聩的内在呼声。要把人当成有血有肉的真实的人来看，而不是强迫人塑造成神。人道主义的根本要求就是人人平等。人人平等并不是指人与人之间没有差别，而是指在经济、政治、文化等各个方面人们处于同等的地位，享有相应的权利。通俗来说，也就是一般所说的，至少要有机会平等，进而从形式平等走向实质的平等。

在文艺复兴时期，人道主义者提出的"人人平等"这个响亮口号，既适应社会发展的客观需要，满足每个人渴望追求幸福的自然本性，也符合人们摆脱封建等级的束缚、实现自由平等的真实愿望和表达，能够解放社会生产力，为社会的发展创造必要的条件。人道主义将人的自由、平等、尊严、权

---

① 〔法〕卢梭:《社会契约论》，何兆武译，商务印书馆，1975，第9页。

利等作为基于人的本性而展开并具有的普遍伦理价值，具有鲜明的人文性，对"人"倾注了满腔热忱和充满未来的希望。

第二，一切为了人。人道主义价值观的主要内容就是回答"人的活动的目的是什么"这一核心问题。对这一问题，人道主义的基本回答是"为了人的解放""为了人的幸福""为了人的尊严""人是目的"等等。这是人道主义的核心价值观。作为处理同类关系的准则，人道主义强调重视人的价值和尊严，关心人的幸福、发展和自由。这是实现人自身发展及人类社会发展的需要。

中世纪后的文艺复兴时期，人道主义价值观反对宗教神学，要求提高人的地位、重视人的价值、维护人的尊严、肯定人的现实幸福生活、尊重人的自由意志、相信人的能力和智慧等等。随着资本主义经济实力的增长，人道主义者为了反对封建主义和宗教神秘主义，提倡资产阶级革命，强调人的权利和价值，提出以"自由、平等、博爱"为中心内容的人道主义价值观。人道主义价值观不仅批判教会特权，而且以人为中心或以人为本，主张人生来自由平等，强调只有符合人性的社会政治理论及其社会制度，才具有道德合理性。卢梭认为，人的生命是高贵的，绝不可能成为工具，即人自身就是目的，而不是达到其他某种目的的手段。

人道主义的伦理核心理念之一就是关心人、理解人、尊重人，"以人为本"，使人达到"充分的存在"，这就是最一般意义上的人道主义关怀。"以人为本"是人道主义关怀的思想本质，人道主义关怀是以人为本的主要内容。在当今提倡和谐社会的背景下来看人道主义，我们能够发现，和谐社会与人道主义有许多相同的地方。究其爱护人的生命、关怀人的幸福、尊重人格权利、人格价值、人格尊严的根本要义而言，人道主义无疑是构建和谐社会与和谐世界的理论依据、思想基础和精神内核。和谐社会与和谐世界的伦理价值理想与终极目的，就是要消除人与人之间的不公正的关系，消除等级、歧视、分配不公等社会现象，充分体现每一个公民的心声，实现人尽其才、物尽其用。

第三，尊重人，爱人。以人为中心的世界，把人当人看，"关心人""尊重人""爱人"是人道主义提出的以人类和谐发展为目的的普世观的实践要求，捍卫人基本的安全、自由和追求幸福的权利，是处理人与人之间社会伦理关系的基本道德准则。尊重人、爱人、关心人等基本的道德准则并不是抽象的形上思辨，而是在处理人与人社会伦理关系的道德实践中具有可行性。在人际伦理的社会生活中，合理的人道主义要求尊重人，关心人的利益和价值，并非针对我们自己，而是针对整个人类。

17～18 世纪资产阶级革命时期，为了反对封建主义和宗教神秘主义，人道主义者提出了"自由、平等、博爱"的口号。19 世纪，德国的人道主义代表人物费尔巴哈，强调以人为哲学的最高对象和基本核心，彻底地批判、否定了思辨哲学，把人看成人和自然的统一体，形成以人本主义作为基础、出发点和中心来解释世界的哲学学说和思想体系。费尔巴哈主张人与人之间的社会伦理关系应建立在"爱"的基础上，以爱的情感取代宗教，以对人的爱取代对神的爱，为了人的缘故而爱人。费尔巴哈主张"无神的爱的宗教"，以新"宗教"取代信仰上帝的宗教。他指出："对人的爱，绝不会是派生的爱；它必须成为起源的爱。只有这样，爱才成为一种真正的、神圣的、可靠的威力。如果人的本质就是人所认为的至高本质，那么，在实践上，最高的和首要的基则，也必须是人对人的爱。"[①]"博爱"就是爱生命，爱他人，爱人类，爱我们赖以生存的世界。人类社会的发展与历史的进步需要消除社会歧视、偏见和愚昧陈腐观念等导致的不平等、不公正现象，建立团结友爱、互助合作的新型人际关系。这样的社会才是一个充满爱的社会，一个最终实现人的自由和全面发展的和谐社会。

概言之，人道主义在文化道德理想中的信念极大地促进和推动了近现代社会的发展，确立了它在现代文化中的主导作用。无疑，人道主义是全人类和平与发展的共同主题和世界上各个国家、民族文化和人类共生文化的时代新声，也是现代文明进步的共同产物与共同的精神财富，更是全人类跨越国

---

① 〔德〕费尔巴哈：《费尔巴哈哲学著作选集》（下卷），荣震华、王太庆、刘磊译，商务印书馆，1984，第 315 页。

界、超越时代的共同价值观、基本道德准则与普世伦理的道德情怀。但人道主义思想经过几百年的发展，它不能沦为一种口号，也应是实实在在地对人的生存处境的一种真实的表达。在处理人与自然的关系上，如果缺少了自然的根基，毫无节制地彰显人道主义，只会导致"人道主义的僭妄"，它的初衷试图消除宗教，其结果却把自身变成了宗教。"人道主义是一种有活力的宗教。它也许不再发展了，但仍要长存下去。它是我们时代的主导宗教，是几乎所有'发达'世界的人民和其他想要分享这类发达的人民的生活的一部分。"① 它一开始实行了"两分法：人对自然"，在人类社会共同体中起到一定的效果，但在"人作为自然的一部分"这一事实存在中，"两分法是否十分普遍，却令人怀疑"②。在这种人道主义伦理体系中，人们心中已没有自然存在的自身理由。

在现代社会，人道主义信念不是个别人的信念，而是现代公众的基本信念：如何控制和重新设计环境问题。在现代环境概念产生和普及之后，"自然"常被看作外在于人的独立系统，是"物之集合"。现在人类能够动员巨大的、受到精确指引的动力去反对自然力，使人类在控制环境方面近乎全能的信念得到了加强。新环境设计最突出的特点或最大的优势就在于，人类绕过了偶然的和无法预料的进化过程，使环境成为人能够控制、支配和利用的资源场所。"它是人作为环境创造者的能力的活证明。"③ 诚然，作为人类社会共同体内部的基本道德原则，人道主义发挥了重要的理论价值和实践意义，如"凡人的幸福"、"人就是最高目的"、"人的价值和尊严"或"永远把人当作目的而不只是当作手段"等等。但如果没有自然作为人类社会的根基，人类社会内部的人道主义也无法获得根本保证。因为现代社会伦理体系中"控制

---

① 〔美〕戴维·埃伦费尔德：《人道主义的僭妄》，李云龙译，国际文化出版公司，1988，第1页。

② 〔美〕戴维·埃伦费尔德：《人道主义的僭妄》，李云龙译，国际文化出版公司，1988，第8页。

③ 〔美〕戴维·埃伦费尔德：《人道主义的僭妄》，李云龙译，国际文化出版公司，1988，第42页。

自然"内在地包含着人对人的控制，正是为了控制自然的斗争，导致了社会冲突的不断加剧。威廉·莱斯认为在这样的自然观念的支配下，所出现的后果除了人与自然的冲突，还内在地包含了人际伦理中的社会冲突。[①] 其一，人类与自然之间以及人与人之间，为了满足需要所存在的生存斗争从局部扩大到全球范围，既破坏自然，也威胁人类的生存与发展。其二，人受制于非理性的物质需要和欲望，在全球化的恶性竞争中，越来越缺乏自主性，成了制造的工具的奴仆，被非理性的欲望所支配。其三，面对环境问题，原本期待用新技术彻底解决社会冲突，结果却加剧了人与自然的冲突，最终又陷入人与人之间的政治控制。其四，这种对人性的政治控制，激化了社会冲突，又部分地依赖于增长着的对自然的控制。

因此，在现代社会的意识形态中占支配地位的人道主义面对全球生态环境危机，并未质疑自身理论前提的合理性，而是把人的利益及其最大化当作道德价值的中心，并将之普遍化到人类共同体之外的人与自然之间的关系中，认为自然界中的万事万物都应绝对地、无条件地服务于人类对利益最大化的追求，听任人类自由意志的摆布。在人类中心主义者看来，我们之所以要保护自然生态，解决环境污染问题，并不是真正地考虑和重视自然本身的内在价值或"自然的权利"，而无非是为了人类自身的所谓生存、发展和幸福，更清楚的表达就是人类通过追求自身利益的最大化，来体现人的价值的优越性。持有人类中心主义观点的人往往并不认为环境污染对人类生存、发展和幸福生活的追求有什么根本性的威胁，并把这当作人类社会追求"现代性"所理应付出的代价，而且认为环境破坏只是会降低人们的生活质量而已。现代人把自我的利益作为中心，对待自然，只是采取工具价值的态度，把自然当作经济发展的旅游休闲娱乐场所或资源库，没有深切地认知和体验超越于人的利弊性之上的自然价值，认为只要合理开发、利用就能够体现出对环境的保护。尽管人类中心主义者也希望看到清澈的江河湖海、蔚蓝的天空、鸟语花

---

① 〔加〕威廉·莱斯：《自然的控制》，岳长岭、李建华译，重庆出版社，1993，第140~141页。

香的令人赏心悦目的世界，但他们关注的核心并不是自然本身的内在价值或"自然的权利"，而是人类如何获得最大的福利。如卢风所说："人类在追求自己所最看重的东西时是永不知足的，所以现代人并不只是追求幸福而已，他们追求'幸福的最大化'或'最大多数人的最大幸福'，这'最大化'是处于历史过程中的最大化，表现于经济活动中，就是无止境地追求经济增长。"①至于说，这种无止境的经济增长对人类追求的幸福生活是否具有真正的意义，能否真正满足现代人永不知足的内心欲求，这些至关重要的根本性问题无法进入人类中心主义者的心灵深处。简单地说，在人类中心主义者看来，关心环境，就是关心与人的利益相关的环境，而之所以关心各种动植物的生存和权利，只是因为它们对人类有用而已。

二 环境伦理与生态伦理的差异

"环境进入伦理"的人道主义面对生态环境恶化状态的人类中心主义伦理姿态就是环境伦理。以往在绝大多数情况下，在较为普遍的学术氛围中，人们已经习惯将"生态伦理"与"环境伦理"混淆起来，把这两个概念交叉替代性地使用，相提并论。其实，这是忽略甚至漠视它们之间的本质区别。通过自然与环境概念的区分，以及"环境进入伦理"所形成的以人道主义为前提的人类中心主义伦理观分析，环境伦理和生态伦理是两个并不相同甚至存在差异与冲突的概念。事实上，"环境伦理"的概念是讨论人类如何对待生活世界之外部环境的行为规范总和及其伦理态度和意义问题，并没有真正触及和深入探索自然的伦理内核和生态的科学伦理含义。在"环境伦理"这一"现代性"道德伦理话语中，"环境"概念作为由外在支配的"物之集合"总是相对于人类生存于其中的生活世界而言的。将"自然"归之于"环境"范畴，当"环境进入伦理"，所形成的是以"人是目的"为思想前提的自我中心

① 卢风:《论"苏格拉底式智慧"》,《自然辩证法研究》2003年第1期,第3页。

主义的"现代性"道德世界观，对于生态危机和文化危机的关注，充其量不过是对外部环境（物之集合）问题的积极关注和重视，掩盖了对人至关重要的自然之维，而"自然"的真实含义却隐匿于哲学反思的视野之外。这种缺少"自然"的沉思，浮于"自然"的表面含义，既是生态危机的价值观根源，也是导致人与自然伦理关系难以进入人们的理论视野，无法进入自然、感受自然的存在论根源。通俗来讲，疏离自然的现代人即使身处原生态的自然界中，他的内心世界也充满世俗社会中的功利，难以理解自然的神韵。

换言之，即便谈论到自然概念，涉及自然的价值，由于没有超出环境概念的范畴及人类中心主义框架，那么，所谓的"自然"的含义及其所指代的内容仍然是"物之集合"，无法触及自然概念本身的内涵。"生态伦理学很难得到辩护，它必定最终滑入人类中心主义为之设立的陷阱之中：保护自然只是为了保护人，因为损害自然最终要损害人的利益"，因而"环境保护运动只能是一种人类自我拯救的权宜之计，而不具有终极的理由和意义"①。要解决保护自然的理论根据和实践难题，就要突破镶嵌在"现代性"道德架构中的"环境伦理"，在超越意识形态的主流观念中，除了从"环境"的现代创造和解释中重新找回"自然"的真实含义，还要更为深入地论证、揭示和阐发生态伦理的深层意蕴。

由于自然概念发展为环境概念的"物之集合"，越来越脱离自然本性的含义，现代人已经习惯于把"生态伦理"与"环境伦理"等量齐观，同等看待，这从表面看并没有什么，似乎只是现代社会伦理的一部分，而实质上却掩藏和遮蔽了巨大的观念差异，即"生态伦理、环境伦理问题的实质还是一个人的问题，是一个代内及代际关系的伦理问题"②。这里的"环境伦理"表面上是人与自然之间关系的调整，但这种调整的实质含义最终必须还原为社会共同体中人与人之间关系的调整。"可见，环境伦理归根结底应注重协调人与人之间的关系，因为环境保护归根结底必须落实于人的行动。所以，环境伦

① 吴国盛：《追思自然》，《读书》1997年第1期，第6页。
② 甘绍平：《生态伦理与以人为本》，《学习时报》2003年7月21日，第5版。

理不过就是社会伦理的延展，把原有的基本社会道德规范加以推广，把清洁环境和生态平衡作为一种重要的工具价值加以重视，就达到了环境伦理的目的。"[1] 换言之，环境伦理是在现代道德价值观基础上的创造，从外延上拓展了现代伦理的范围，而在内涵上却依然表达着现代伦理话语的主流道德价值观。对人类生活的"环境"概念以"物之集合"的现代含义，做简单外部性的解释，考虑如何利用自然（环境或"物之集合"）为人类的欲望满足服务，却无法理解和体验到人与自然之间的内在的伦理关系。

与"环境伦理"不同，生态伦理是人与人之间的社会伦理关系延伸到人与自然之间伦理关系的存在论视野中，使伦理学发生心灵的和良知的变革，最终触及现代社会生活。因此，生态伦理的核心是人与自然的伦理关系，它不是现代社会伦理的简单延伸，不是镶嵌在人类中心主义的框架之内，而是人类心灵与自然秩序关系的一次变革，意味着一场"伦理学革命"（卢风语）的开始。作为"生态伦理"的科学基础，"生态学"一词指的是"生活所在地"或"住所"。"应和现代的特点相称，而把生态学定义为研究自然界的构造和功能的科学，这里需要指出人类是自然界的一部份。"[2] 虽然德国生物学家、达尔文进化论的捍卫者和传播者海克尔（Ernst Haeckel）在 1866 年最早提出"生态学"（ecology）这个词，指生物体与其周围环境相互关系的科学；但实际上在有历史记载以来，古希腊时代亚里士多德对动物的不同类型的栖居地的描述，他的学生——雅典学派首领赛奥夫拉斯图斯提出类似今日植物群落的概念，都包含明确的生态学内容。15 世纪以后许多科学家，积累了许多宏观生态学的资料。19 世纪初，作为现代科学发展的重要阶段，现代生态学的轮廓开始出现。可见，环境是现代创造的概念，而生态是历史时期中的自然观念在现代文化中的复活。鉴于自然概念与生态概念的连续性，我们能够发现，生态伦理既是传统文化伦理中所包含的观念，也是现代社会基于现实问题的思想创造，承认自然本身所具有的内在价值和自然的权利，确立生

---

① 卢风:《应用伦理学——现代生活方式的哲学反思》，中央编译出版社，2004，第 127 页。

② 〔美〕E.P. 奥德姆:《生态学基础》，孙儒泳等译，人民教育出版社，1981，第 3 页。

态伦理的独特观念，强调人与自然之间的存在论意义和伦理价值。

如果不能够有充分的理论根据承认自然的"内在价值"（或固有价值），只能看到被现代人类支配和利用的资源性的工具价值，那么，这无异于否定或取消了不以人的理性、利益、意志等主观价值为转移的自然的客观价值，否定了人与自然之间的伦理关系存在的必要性和可能性，缺失了人与人之间伦理关系的存在论基础。现代人常常忽略或漠视一个根本性的存在论问题，即如果没有人与自然伦理关系作为道德世界观的价值担保，人与人的伦理关系就容易落入形式主义的理论窠臼，而这种伦理的实质内容的背后"乃是一种工具性道德，一种手段合理性技术，或者干脆说，一种现代化的行为技术伦理"①。现代社会生活中人依赖于工具，如手机、电脑、网络等现象，可以作为证明。要使人与人之间的伦理关系从形式上的合理性转变到具有实质性内容，凸显其真实存在的意义，只有通过生态伦理对"现代性"道德内涵的超越，并改变和丰富社会伦理，使现代人走出"一种人本主义的幻觉"。

从根本上说，人与自然的伦理关系就是生态伦理，既关注自然的内在价值和权利，同时又触及人自身的利益，致力于人与自然的内在和谐。由于在"现代性"道德及其伦理话语中生态伦理的自身特性无法得到彰显，更不能得到合理性的解释，甚至经常受到批评和质疑，如犯了"自然主义的谬误"，抑或是为整体而牺牲人类个体的"环境法西斯主义"。在这种境遇中，生态伦理的存在理由和价值，只有镶嵌在或附着于人类自我中心主义的"现代性"道德理论框架内，以限定的社会共同体为归依，才能得到现代人的普遍接受和认可。也许，这是生态伦理的理念遭遇社会生活中的现实所必经的过程。

把人与自然之间的伦理关系还原到单纯的社会共同体中，解释为人与人之间的伦理关系，最终又压缩为以原子化的孤立个体所组成的功利关系或契约关系，只受单一的自利动机及其利益的幸福最大化的支配——这种只承认

---

① 万俊人：《寻求普世伦理》，北京大学出版社，2009，第179页。

人类个体的存在价值，以个人自我为中心的现代社会伦理，既把社会当作个人实现自我价值的"竞技场"，也一并否认了自然整体的客观实在性及其内在价值，在表面上似乎把人类利益的幸福最大化当作价值选择的终极尺度，而实质却深陷个人自我中心主义的窠臼中难以超越。

然而，事实上，人是一种矛盾的存在。深层的传统文化伦理制约了人的自私自利，把人提升为文化的或精神存在的人。但在社会的政治运作中，这种深层传统文化伦理走向了极端，压制了个人的自我保存和自主创造性。作为"价值的颠覆"的"现代性"道德体系消解了传统文化伦理的深层底蕴，还原人为原子化的孤独个体，既扩展了自由平等的生存空间，也卸掉了负担，卸载了人生责任和必要的社会义务，同时让人失去了生存的意义。更为根本的是，这种所谓的"自由平等"的生存个体，也一并远离了人的自然本原，让人找不到生存的终极目标。从这一意义上说，人对自然的破坏所导致的生态危机，其实从更深层面来看，也是一种生存危机、意义危机。

从消极方面看，人是矛盾的存在，但从积极方面说，人是一个多层面的、立体的生命体。原子化的孤独个体只是现代文化观念的抽象的产物，并不代表真实的人的生命样态，尤其不能以纯粹的利害关系作为最终的考量标准，因为这种考量会压缩人的双重生命活动，包括自然的本身存在，即"被给予的自然生命"（自然本性）和人的"自我创生的自为生命"（超越本性），也就是高清海先生所说的为人和自然所共有的"种生命"和为人所独有的"类生命"。只有从人的双重生命观出发，坚持人的双重生命观，我们才能理解人之为人，真正把握人的本性。"从自然分化自身反更深入自然内里，如此种种的自我矛盾性质，进而把人把握为'人'。"[1] 存在系统原本具有开放性，在现实社会生活中，人的双重生命观常常被简化为单一本质的存在。在现代社会伦理话语中，人的双重生命观却被压缩为抽象的"类生命"，缺失了作为本能生命或自然给予的"种生命"。由此，无论是个体，还是人类，都需要把自然界

---

① 高清海：《"人"的双重生命观：种生命与类生命》，《江海学刊》2001年第1期，第82页。

作为具有相对于道德人生观的"种生命"这一前提，让人真实地"认识你自己"，关爱自己，同时在关注他者的过程中，丰富自己的内心，使生活更为充实。马克思指出："人不仅仅是自然存在物，而且是人的自然存在物，也就是说，是为自身而存在着的存在物，因而是类存在物。"① 因此，只是集中关注现代意义的"环境"概念，以环境科学为理论基础，"它的含义可以概括为：作用于人的一切外界事物和力量的综合"②。这种"环境"概念已失去自然本性的原初含义，基于"环境"概念的自然解释忽略了人存在的"自然存在物"前提。以这种"环境"概念进行的伦理思考，虽然表面上合于自然，实质上却遮蔽自然，阻碍人对自己人性的真实了解。

在现代伦理话语体系中，尽管环境伦理突出强调人与自然的区别就在于人具有自主自为性，这种解释符合现代主流道德价值观，但若从人类历史的发展过程及其客观规律来看，揭示"现代性"道德颠覆传统伦理文化所产生的前因后果，就能够比较清晰地显露出环境伦理的内在机理和思想盲点，即缺少人与自然相合的存在论向度。与环境伦理不同，生态伦理力图重建人与自然之间的伦理关系，并以此为基础建构超越"现代性"道德的社会伦理生活，拉近人对自然的伦理态度和心灵距离，拓展人的心灵的内在空间，无论主观遵守的生态规范，还是客观养成的生态美德，都能够扭转"现代性"伦理话语所包含的"人道主义的僭妄"，同时并不取消"现代性"伦理在人类历史发展中的道德合理性，并在此基础上重建生态伦理的道德合法性根据。"人与自然的关系之所以具有道德意义，归根到底是因为对这一关系的处理最终会对人的社会现实生活产生影响，触及人的利益"③。也就是说，环境伦理更倾向于关注和解决人与人之间的外在的物质利益关系，尽管也谈论自然或生态，但理论和口号多于实际的行动。而生态伦理的理论和实践，旨在真正建构人与自然的伦理关系，深入其思想内核及其情感联结点。与环境伦理更关注人

---

① 《马克思恩格斯全集》第 42 卷，人民出版社，1979，第 169 页。
② 柳劲松等：《环境生态学基础》，化学工业出版社，2003，第 1 页。
③ 刘湘溶：《人与自然的道德话语》，湖南师范大学出版社，2004，第 2 页。

与人之间的外部利益不同，生态伦理的重要理论使命就是探寻自然界是人类生命之源和价值之源，触及人的真实利益，改变现代人类因疏离自然的"不自由"的精神异化状态，使人与人之间的伦理关系由外在的伦理规范走向人内心的生态美德，自觉自愿地维护人与人、人与自然之间的内在和谐。

以人与自然伦理关系为核心的生态伦理是人类历史发展的必然规律。表面上看，自然与人性似乎相反，这一点在人疏离自然的现代社会中表现得尤为明显，但这只是人类历史发展的一个特殊阶段，不能普遍化为人类历史本身，因为从本质上讲，人性与自然相成，即基于自然的人性，才是真实可信的。从根本的意义上说，追根究底，人若不接近自然或亲近自然，只是疏离自然，就无法真实地全面了解人性，更不可能全面认识人类自己。

疏离自然的现代人的生活越来越淡忘了具有内在根据的自然本原、本性，眼中只有"物之集合"即"环境"，也就是自然的替代物。"人生反而把人生掩蔽住了"（席勒语）。其实，生态伦理就是让现代人回到自然，顺应自然，亲和自然，也足以帮助人了解人生的真义，帮助现代人找到"回家的路"。"事实上，'环境伦理'的概念的确容易让人产生这样一种印象：它是讨论人类如何对待自身生活世界之外部环境的行为规范总和或人—自关系的伦理意义问题。在这一概念中，'环境'总是相对于人类及其生活世界而言的"[①]。与带有人类中心主义特征的"环境伦理"概念相区别，"生态伦理"不应该停留在为人类制定生活世界的外部环境的道德规范或伦理态度上，而是首先应该确立、分析和阐明人类与自然伦理关系的存在论意义。在"生态伦理"的自然保护运动的态势下，人类不再是"原子化的个体"或"孤独的自我"，而是把自然世界重新纳入人类自身的"自我定义"之中，包括动植物等在内的"生态自我"。在这种生态伦理的语境及其道德实践中，人类能够消除与自然界之间的疏离感，深切地感受到自己真实地存在于自然世界中，认清自己生存的意义和价值，追求人幸福生活的真实意蕴。

---

① 万俊人：《生态伦理学三题》，《求索》2003 年第 4 期，第 151 页。

　　由上可知，生态伦理并不是许多批评者所指出的以抽象的、无人的"自然"概念作为"人与自然伦理关系"这一基本命题的理论基础，而是在更深层意义上认识人类自我的真实样态，揭示出生态或自然基础上的人类生活。以这一思想观点作为前提，生态伦理遭受"环境法西斯主义"的指责是容易理解的。生态伦理恰恰遵循"自然界是人类生命之源和价值之源"这一致思理路，指向了社会伦理之现代道德世界观的重新奠基，通过"'伦理的突破'超越'道德'与'自然'之二元论的努力使得道德世界观的转变呈现出一个基本趋势：它不再是脱离现实生活世界的抽象的形式建构和概念思辩，也不再致力于通过道德论证提供自以为是的道德真理，道德世界观向生活世界的回归以及那种使'道德的善'成为'生活的善'的伦理方式昭示着伦理学范式的变革"①。面对现代人类的社会生活遭遇日益尖锐的生态危机或环境污染等诸多伦理难题，生态伦理研究致力于探析支撑人类生存的生态体系，寻求地球生命的支撑系统和基础领域中人的生存问题，这不是对人类文明持续发展的外在限制，而是现代人类"可持续发展之道"的重要内涵。

　　现代人类社会的快速发展，必然带来层出不穷的危机，如经济危机、金融危机、文化危机、信仰危机、人性危机等，但其问题的实质均或多或少源于人的存在的深层根基中失去了自然作为伦理的客观担保，使伦理局限于社会共同体中，重形式的权利保护，轻心灵的内在沟通。出于实用性的考虑，道德规范只不过是"游戏规则"，对生态伦理的探索基本上都是派生意义上的，是现代社会主流伦理的简单延伸，因为这样的现实思路是实用性的现代人较为熟悉的。在这种情况下，现代人没有人之外的力量来保障道德的权威性和有效性，人们的关系基本上局限于人与人之间的契约。但生态伦理研究的理论前沿和实践指向并不是一般观念中局限于社会共同体中的"派生意义上"的生态伦理，而是为现代道德世界观奠基的"根本意义上的再评价"。在此评价中，作为伦理学之创造性的反映，良知必须向前进化，需要一个胆

---

　　① 田海平：《"环境进入伦理"与道德世界观的转变》，《南京工业大学学报》(社会科学版) 2008 年第 4 期，第 8 页。

大而谨慎的由科学家和伦理学家组成的共同体来共同努力，既勘定生态系统，也厘定适用于它的伦理规则。罗尔斯顿指出，在实际中无论派生意义上还是根本意义上的生态伦理，其效果都是相同的，然而，将此伦理视为根本意义上的生态伦理对于超越性的现代人有强烈的吸引力。"人们走向派生意义上的生态伦理还可能是迫于对他们周围这个世界的恐惧，但他们走向根本意义上的生态伦理只能是出于对自然的爱。"① 从这种生态伦理的考量出发，唯有出于对自然的尊重，"对自然的爱"，伦理地亲近自然，拓展新的伦理文化的视野，重新发现人类与其他的生命同病相怜，使人类生存的根基深扎于大地，人类的"生活的善"才有可靠的真实根基。

---

① 〔美〕霍尔姆斯·罗尔斯顿：《哲学走向荒野》，刘耳、叶平译，吉林人民出版社，2000，第35页。

第二章 生态伦理：超越"现代性"道德的必要性

　　相对于人与自然的关系，现代人应该更重视人与人之间关系的社会共同体。这当然可以理解，物以类聚，人以群分，烘托出人类社会生活的群体特征。但对于脱离自然内核、疏离自然的社会化大生产的现代社会而言，这种理解就显得过于片面和无知了。纵观人类社会的发展和历史的进程，人与自然的关系是人类社会生存的前提，人类文明的基础。尽管我们直接地依赖于社会生活和文化环境，但追本溯源，文明的转型，特别是从工业文明转向生态文明，重要的问题是需要对自然有一个清晰的认识、理解、态度。人类一直在致力于建构和谐的人类社会并为之做出努力，却常常忽视甚至漠视人与自然的关系，特别是人与自然的伦理关系，它对人类社会关系的和谐发展具有潜移默化的积极作用。前现代社会不论是西方伦理传统还是东方文化，都在不同程度上通过自然世界观来考察人类社会的伦理建构，现代社会却突出人的内在价值，从人自身出发建构现代社会伦理，尽管取得了前所未有的成就，但也造成意想不到的"现代性后果"：在疏离自然的社会文化生活建构中，人与人之间的情感疏离，使现代人成为无法逃避的"孤独的个体"（克尔凯郭尔语）。

第一节　生态伦理的"两难处境"

在树立生态环境保护的理念中，以人与自然的道德关系为前提的生态伦理，就是要改变人与自然、人与人的疏离，在建构人与自然的伦理关系中，以人与自然的和谐为基础，促进人与人之间伦理关系的内在和谐，找到真实的自己。在牵涉生态保护的理念到具体的理论探讨中，生态伦理如何面对现代道德价值观的拷问，决定了不同的理论走向和实践探索之路。

一　作为生态中心主义的生态伦理

在现代社会把人类的利益作为价值原点和道德评价依据的人类中心主义支配下，"生态伦理"① 显得极为不合时宜，它的道德理由无法得到合理的解释。一种似乎能够被人们所接受的解释方式是，既然出现了生态环境危机，生态伦理可镶嵌在人类中心主义的框架之内，其必须以社会伦理为归依，是对现代社会伦理范围的拓展而已，并不意味着什么伦理学革命或道德革命。这种解释其实已经把生态伦理和环境伦理等同了，取消了生态伦理产生的特殊意义。

1. 生态伦理之于应用伦理

在现代文明中，在人道主义框架之内，社会伦理只能在社会共同体中展

---

① 在第一章中，对生态伦理是以"人与自然伦理关系"为主题来展开和论述的。原因在于，目前的"生态伦理"与"环境伦理"相混淆，凸显不出生态伦理的根本意义和历史意蕴。第二章开始对"自然"与"环境"两个概念进行历史考察，辨析出"生态伦理"与"环境伦理"并不是同一的，而是两个相异的范畴，进而，使"生态伦理"从现代意识形态中剥离出来，显露出它与"现代性"道德之间的内在张力。因而，在确认"生态伦理"与"环境伦理"的差异后，从这一章开始不再特别强调"人与自然伦理关系"这一主题，而是扩展到生态伦理的思想探究、整合和超越。

开讨论。对于发生在现代社会中的环境污染和生态危机，目前生态伦理的理论回应，对人与自然关系的伦理思考，常常在人道主义的视野中，依附于人类中心主义的理论框架，局限于现代社会伦理的话语中。现代西方社会伦理话语主要依赖于目的论（功利主义）和义务论两个伦理学传统，它们奠定了规范伦理学的理论基础。其一，以实际功效或利益作为道德标准的古典功利主义传统，主要代表思想家是边沁、密尔等，将效用最大化，并以此确立社会的公正体系；其二，以康德的义务论为代表的"人是目的"的道义论，具有重视人的尊严、价值和平等的现代意识。

功利主义伦理原则包含非人类中心主义的思想萌芽，体现在以边沁、辛格为代表的动物解放论者的观点中，但这一萌芽被"人道主义的僭越"的历史洪流淹没。而"以人自身为目的"的康德伦理思想在某种程度上包含人类中心主义的萌芽，尽管这并不是他的本意，他只是渴望在社会共同体中实现自由和平等，但这一萌芽已被现代文明确立为现代社会的基本标准，渗透在现代大众文化深层的功利主义伦理道德观中。正因如此，当代社会伦理的核心是仅仅把人类生存和发展的需要作为人类实践的终极价值尺度的人类中心主义，只需追求自己的利益，不需要关注他者的生存。面对全球范围内日益凸显的生态危机，重视理论反思和实践智慧的伦理学家们从象牙塔的书斋中抽身，重新反思和重估人类社会的生存与自然的价值之间的关系，理论进路之一就是在人类中心主义框架内的环境伦理。从严格意义上讲，"环境伦理"的内涵就是将现代社会的道德价值观延伸到人与自然的伦理关系，但这种语境下的所谓"人与自然的伦理关系"已不具有实质意义，只是对现代社会伦理的一种修饰。

在这种所谓"环境伦理"探究中，自然和自然物仅仅具有为人类的生存和发展而存在的工具价值，而绝不会触及自然的内在价值。自然界中的一切仅在可为人类所利用的意义上方有价值，只是人类可以利用的自然"资源"，合理地被开发和受到保护。在科学技术的帮助下，人类中心主义者能够充分地认识到节约资源的重要性，力图谋求代际公平，给后代人的生存和发展留下必要的自然资源。代际公平指每一代人在利用自然资源、谋求自身生存与发展上的权利均等，当代人不能只考虑自己的生存和发展，也应该关注后代人的利益。代际公平理论中提出了一个重要的"托管"的概念，如美国学者魏伊丝提出了"行星托管"的概念，系统阐述了代际公平理念，认为人类的每一代人与后一代人存在伦理关系，要考虑后代人的生存利益。作为"地球权益的托管人"，在开发、利用和保护自然资源方面，每代人之间都应拥有平等的权利以及相应的道德义务。我们作为一个类的整体，不仅要关注自己同时代的人，也不能忽视后一代人的利益，这不仅是道德上的利他，也是为了我们种类的延续。代际公平理念是一种将现代人类利益与跨世代人类利益结合考虑的新思维，包含保存选择原则、保存质量原则、保存接触和使用原则等三项基本原则。这些原则促成代际正义的实现，如罗尔斯所说："不同世代的人和同时代的人一样相互之间有种种义务和责任。现时代的人不能随心所欲地行动，而应受制于原初状态中将选择的用以确定不同时代的人们之间的正义的原则。"[1] 在处理涉及后代人利益的行为时，当代人必须遵循一定的基本正义原则，这对于实现代际正义有着重要的作用。

尽管如此，代际公平仍然是人类共同体内部的公平，如可持续发展公平原则在空间维度要求的代内公平，并未超出现代社会伦理的范围：只需让人们理性地认识和理解保护周围的环境对人类社会的生存和发展具有至关重要性，并就人类应如何对待环境提供道德行为规范就够了，没有必要进一步深入生态伦理的价值核心；所以保护环境，维护生态平衡，维护自身的生存环境，归根结底必须参照人与人之间的社会伦理规范。在这种观念中，生态伦理归根结底只是关于人的伦理，即社会伦理。

因此，环境伦理是现代人道主义在面对生态环境危机时的一种伦理应对方式，但由于它并没有反思批判自身理论前提的合理性，未超出"现代性"的社会伦理学阈限，遮蔽并堵塞了人类通向自然的伦理之路。与环境伦理不

---

[1] 〔美〕约翰·罗尔斯:《正义论》，何怀宏等译，中国社会科学出版社，1988，第283页。

同，基于人与自然伦理关系的生态伦理在应对生态环境危机时，持不同的观点和看法，因为这种伦理建构并不是附着在人类中心主义框架之内的，不是对现代社会伦理之学科范围的简单延伸，而是对其内涵的拓展。为了突出生态价值的存在论意义和现时代的价值，生态伦理的理论建构和道德实践，急需突破、扩展机械论自然观和主客二元对立的认识论和伦理思想，进入更为广阔的理论空间和思想视野。生态伦理并不是现代主流道德价值观的简单延续或翻版，而是针对现实问题所做出的未来可能的道德理想设计。学术研究需要为现实社会生活服务，但它也具有理论的前瞻性或超前性，为未来社会提供可能性的想象空间，以理论的可能性为未来的行动、生活和实践提供坐标。

由于现实的复杂性和学术研究的前瞻性，生态伦理与环境伦理相区别的最突出特点在于，其具有应用伦理学所具有的批判性，试图扭转现代主流核心道德价值观，改变现代社会生活方式中的流弊，使社会生活达成基本的道德共识。应用伦理学不是以往发现社会道德生活的原理或者规律的理论伦理学，它把伦理学原则应用于个人的行为、制度的设计以及各种事件，而是转变生活方式，其直接的目的是从抽象的理论思辨转向为解决现实生活中的实际问题的伦理纷争，求得一个人的自我完善的"生活之道"、伦理社会和谐发展的基本共识和集体行为的自觉选择。应用伦理学是在对现实社会生活中的诸种问题进行哲学反思批判基础上所形成的社会道德价值观共识，但一些伦理观倾向于把应用伦理学的目标和任务主要归结为伦理程序，即一套中立的对话程序，似乎要求应用伦理学对各种哲学和宗教信仰保持中立。这种观点固然有其道德合理性，映衬出现代民主制度和民主精神，然而，这也极大忽视甚至否定了应用伦理学的批判性。如果认为应用伦理学唯一的根本任务就是提供一个开放的商谈平台，通过对话商谈而达成"重叠共识"，形成规则，那么伦理学就退回到专注于对种种道德语词的逻辑分析的元伦理学。因而，应用伦理学的根本目的不只为达成共识，形成原则，更重要的作用在于昭示一种正当的生活方式，因而它不可能对一切信仰都保持中立，而是出于某种哲学观点，反思现实社会生活，去参与对话商谈。因此，应用伦理学的发展并不能退回到专注语言分析的元伦理学①，而是回到实践研究、"问题论"的转向和重建。

回顾应用伦理学的产生，能够清楚地看到它产生的直接理由恰恰是在20世纪西方伦理学中曾一直居于主导地位的元伦理学已走到尽头，伦理学研究发生根本转向。有感于传统伦理学因概念上不够明晰引起混乱这一弊病，元伦理学企图创造一种科学的伦理学，专注于对道德言说的语言分析或逻辑分析，在追求道德客观性的同时，也逐渐脱离生活实际，成为一种"学院式"的理论，背离了对人类实践和道德的正确理解。任何伦理学不应该是思辨抽象或形式化的，而应该基于人类实践活动，既要遵循客观的规律，又要受一定价值理想的导引。正如马克思所说的，人类实践既有一种真理的尺度，又要符合一种价值的尺度。事实上，真理尺度和价值尺度是人类实践活动的两大基本尺度。人若只是被动地服从现实，就不可能从自然界中提升出人的伦理价值。就社会改造而言，若只是服从社会现实，那便不会有任何人类历史的发展和进步。应用伦理学就是在元伦理学的终结处，重新开启了实践伦理对现实社会生活的反思和批判，力求引导人们确立一种更为合理的道德价值观。"从这个意义上来看，应用伦理学的使命其实在于针对现代文明的危机和道德悖论，从智者的角度和高度，通过某些合理性的程序和途径，提供经过论证的、较为权威可行的、有效的问题解决方案。"② 质疑元伦理学所建立起的应用伦理学是一种实践性极强的学科，进行理论的探讨是为了更好地实践和生活，让人不仅成为社会中的人，也要成为完善的人，因而不能完全遵循"现实的逻辑"——"凡是现实的、流行的就是合理的"。现代社会生活的时尚、潮流并不是中立的、客观的，而是受一定价值观、道德观指导的。在这种时尚潮流中，人们常常以流行的价值观、道德观为标准，却从不质疑自己的价值观、道德观的合理性，缺乏对"意义"和"价值"的深层追问。哲学家并不引导现实生活的潮流，理应具有更深的层次，因为哲学是智慧之学，进行

① 卢风、肖巍编著《应用伦理学导论》，当代中国出版社，2002，第7~15页。
② 黄晓红：《论应用伦理学的问题意识》，《哲学动态》2008年第3期，第45页。

以自身为对象的思维活动和实践活动，带着深沉的理论反思和厚重的实践智慧，如"密涅瓦的猫头鹰"，有更深刻的体察和追求。与哲学思辨的形上反思和批判不同，应用伦理学将这一智慧用来直面现实社会，探究现代社会伦理观念中人与人、人与自然的理性反思、情感联结及其实践智慧。这也是应用伦理学在当代社会伦理生活中得以勃兴、发展并深入人们社会生活的内在根源，因此可以准确地说，直面现实社会生活的哲学反思和批判性的实践智慧是应用伦理学应对现代社会纷繁复杂、多元交叉的社会现实问题的思想方法和逻辑起点。辛格说："哲学应该质疑一个时代所取的基本假定。针对大多数人视为理所当然的想法，进行批判的、谨慎的透彻思考，我认为乃是哲学的主要任务，而哲学能成为一种值得从事的活动，原因也即在此。"①其实，任何一个社会，尤其是充满机遇、诱惑、创造与不确定性、风险性并存的现代社会，既然是由带有欲望特征的人类社会组成，就无法避免地会遭遇极为复杂的现实状况，不论是源于自由主义的政治权力的博弈，还是源于经济主义、消费主义的渴求无节制的物质享受和消遣的时代，都需要理论的反思与实践智慧。

应用伦理学必须介入现实社会生活，影响社会公众，提升人们的道德价值观，而不是待在学斋中孤芳自赏。因此，应用伦理学针对有争议的道德问题，必须通过对话、商谈，达成基本的道德共识。与经济学、社会学、政治学、语言学不同，应用伦理学隶属哲学伦理学，不能承认凡共识都是正确的，而恰恰应通过反思习以为常的共识，以便达成更具合理性的道德共识。生活在现代社会，抱持"现代性"道德思想，对当今社会现实的接受多于批判。而对"现代性"道德持批判态度者，立场、观点不同，不会对现实生活歌功颂德。

鉴于此，应用伦理学需要进行双向批判和反思，既要反思、批判现实社会生活及其相应的道德价值观，又要经常反省自己的思想出发点，防止思想

①〔英〕彼得·辛格:《动物解放》，孟祥森、钱永祥译，光明日报出版社，2000，第285~286页。

的绝对、僵化和实践的误导，以此使自身的理论始终处于人类活动的实践检验中。伦理学的道德自觉不能像政治权力的强制教唆那样"逼人从善"，却可以道德的方式引导人们，在自愿选择的前提下，遵从自然的心灵导向，培养与自然为善、与人协调的道德行为。虽无法做到让每个人如智者般"逆流而上"，不盲目跟从，但可以吸收智者的思想，重新认识自己，自觉认识并反思自己的行为。应用伦理学研究所寻求的不是抽象思辨的绝对精神，而是探寻理想的人类"生活之道"。

2. 生态中心主义的整体主义理念

生态伦理理念是人类处理自身与自然界之间关系时所遵循的一系列道德规范及生态美德，目的是影响和触及人类的道德价值观、生活方式以实现更好地生存与发展。然而，当理念遭遇现实问题，在将这种理念如何落实到实践行为的过程中，就需要做出合理的解释和论证，才能有效地应对现代社会生活的实际问题。我们知道，生态伦理不仅仅是对现代社会伦理范围的拓展，而是属于应用伦理学学科，以批判和反思现代社会现实问题的哲学智慧，寻求更为合理的道德价值观的伦理。因而，生态伦理首先试图消除现代社会伦理的弊端，要求突破人类中心主义的本体论和认识论，转向生态中心主义，也即"伦理拓展主义的颠覆"（李培超语）。一般情况而言，生态伦理是总体性的：人类对自然给予道德关怀，不仅关注、理解自然的内在价值，而且在此过程中能够深切体认到自己的真实需要、价值和意义。但在反抗人类中心主义道德价值观的宰制和压抑中，生态伦理是作为生态中心主义而在场的。

其实，生态中心主义的内涵在第一章中的西方伦理拓展主义——人与自然伦理关系的纵深探究已经提到，但那是以"生态价值论"内涵来探讨人与自然伦理关系。这里谈到的所谓"生态中心主义"是作为人类中心主义的对立面而存在的，呈现生态伦理范畴的另一种面向。"现代性"道德框架中的人类中心主义伦理观念并不是完全错误的道德观念，毕竟只要人存在，都或多或少具有自我中心性，在现代社会更是如此。完全批驳和否定人类中心主义似乎就是否定了现代伦理的核心价值。但通过对现代伦理从浅层到深层的探讨，我们不难发现，人具有自我中心性，但并不意味着要漠视自然界的内在价值，只是现代意义上的人类中心主义伦理夸大了人的占有性主体作用，突出强调人对自然的主宰地位和控制，遮蔽了人与自然之间更为丰富的多重关系，特别是可能存在的道德关系，作为人类肆意控制、支配和掠夺自然资源的意识形态根据。正是这种道德价值观主导人类改造和征服自然的活动，给人带来高度发达的物质文明，也让人付出了惨重的环境代价，造成生态破坏及一系列的深远影响，如经济危机、精神危机、信仰危机、文化危机等。正是出于对环境问题和生态危机及其一系列的深层危机所做出的哲学伦理学反思，确认自然内在价值的生态中心主义伦理观应运而生。

利奥波德是现代生态伦理学的创立者和奠基人，他提出了"土地伦理学"，被生态伦理的研究者认为是第一次系统地阐述了"生态中心主义"的生态伦理观。罗尔斯顿坚持并发展了利奥波德的以土地共同体为理论基础的"土地伦理学"及其整体主义思想。作为深层生态学的创始人，阿伦·奈斯认为存在以反对污染和资源枯竭为特征的浅层生态运动与致力于破除以人的利益为中心的深层生态运动，并进而提出"深层生态学"这一概念，在超越人类中心主义的浅层方案的基础上，建立起以深层生态学为主旨的生态中心主义思想体系。在具体的伦理规范和原则上，尽管这些生态中心主义思想之间存在一些差异，但都以整体论为哲学基础，用现代生态学的整体论来观察人、社会与自然之间的关系，具体表现如下。

其一，生态中心主义是具有客观性与先在性的一种生态的自然观，突出强调包括人类在内的自然界是一个系统整体。虽然人与万物存在较大差异，人更是把自己作为世界的价值中心，但是在自然界的生态系统中，人类和其他物种一样都在自然世界之中，人与自然存在不可分割的密切联系。

生态中心主义奠基于人与自然之间的伦理关系，以现代生态学作为其生态伦理学的理论基础及其道德实践，认同自然界本身的某些自组织合目的性、有机性、整体性和复杂性，并把人看成自然整体中的一个成员，而不是支配和控制的主宰者。持有现代人类中心主义信念的澳大利亚哲学家帕斯莫尔提出人对自然的道德责任仍然是人对人的责任，也就是说，归根结底出于对人自身的代内伦理和为未来后代负责任的代际伦理；人对自然义务的根据就是"不得危害他人"的传统的人际伦理。在 1974 年，帕斯莫尔发表了《人对自然的责任》一书，批评了以利奥波德的"大地伦理"为代表的生态中心主义，指出人是地球上唯一的理性动物，人把自然改造为更符合人的目的、理解和美感的状态，只不过这种改造不是肆无忌惮地对自然的掠夺，而是尽量按照自然界的素材的本来面目赋予其属人的目的和形式。也就是说，人为了自身的利益，改造自然是合理的，只是需要"保全"自然，即保护和节约自然资源。

罗尔斯顿反对帕斯莫尔的观点，因为这种观点只是基于人类利益的道德考量。帕斯莫尔的人类中心主义观念仍然局限于社会伦理的范围内，假定一个具有道德约束力的共同体的成员必须承认彼此负有的义务，如果能够产生义务的唯一共属关系（Communal Belonging）是这种社会意义上的（包括互相承认彼此的利益），那么，人类共同体就是唯一的道德"母体"了，而问题也就以这种方式解决了。因此，人类并不赊欠非人类存在物任何东西，遑论生态系统了。但是，利奥波德却想重新解答这些哲学家认为已经解决了的问题。利奥波德采取的是这两个极端之间的中间路线。他认为，生态系统是一个"生物共同体"。利奥波德还进一步从实然走向应然，主张一种大地伦理学，提倡对生态系统的义务。人类中心主义的自然伦理观念中，对于一堆偶然杂陈在一起的事物，我们不负有任何责任。作为一种武断的信条，这种责任将比对物种的义务更为荒谬。"那么，利奥波德的生物共同体观念又如何呢？对共同体的义务可能比对个体的义务更为重要；对共同体的义务，也许是叠加起来的或间接的对个体的义务，或者是当人类与某个超越了个体的、生养万物的力量接触时所产生的义务。"① 利奥波德创立的"土地伦理学"表明，自然的生态系统是由土壤、山川、大气层等部分组成，包括自诩为"万

---

① 〔美〕罗尔斯顿：《环境伦理学——大自然的价值以及人对大自然的义务》，杨通进译，中国社会科学出版社，2000，第 217 页。

物之灵"的人类也是相互依赖的共同体中的一名成员，具有其特定的功能，相互配合与协调，呈现着完整、稳定和美丽的生命共同体。罗尔斯顿认为，在生态系统的形成及其演化历史中，具有多样性的自然界存在一种"建构上的整体性"，而人类只是众多物种中的后来者、一个成员或伙伴，"生态价值"（ecological values）对人的价值体验施加着积极的影响。但它们似乎仍是独立于此时此地的人而存在在那里的。大自然是一个进化的生态系统，人类只是一个后来的加入者；地球生态系统的主要价值（good）在人类出现以前早已各就其位。大自然是一个客观的价值承载者。人类不过是利用和花费了自然所给予的价值而已。① 生态保护运动已使反思"现代性"道德价值的人能够自觉地认识到，现代文化虽然具有优越性，但它从客观上依然受制于生态系统，人在重建的以人为中心的环境中自由选择，不管其自由选择的范围有多大，从未能跳出大自然的"如来佛手掌"。不管人们的自由选择是什么，重建的生存环境多么富丽堂皇，但人仍然是"生态系统的栖息者"，需要诗意地栖居于自然中。早期的伦理学关注生态系统比较少，是因为它们对生态系统中所发生的一切所知甚少，影响的力量也非常小，但随着人口的剧烈增长，科学技术的高度发展，人的欲望不断升级，现代人类极大地改变了赖以生存的生命支撑系统。这种改变既给人们带来帮助也使他们受到前所未有的伤害，衍生出了许多伦理问题。诚然，在自然观念的历史演化过程中，人类的诞生也许是一件最有价值的事情，人类似乎可以冠之以"万物之灵"，但如果引以为豪地认为人类的出现才使得自然变得有价值，赋予了存在的意义，那么就未免对"生态学"知识太缺乏了解了。

与罗尔斯顿的自然价值论相比较，深层生态学是把"自我"与"自然"融为一体，体验这种休戚与共的关系并发现人类在保护地球中所起的积极作用。在深层生态学的视野中，现代人类的"自我实现"就不再是人的潜力充分发挥后所能感到最大的满足，而是指实现与周围的所有生命形式紧密联系

---

① 〔美〕罗尔斯顿：《环境伦理学——大自然的价值以及人对大自然的义务》，杨通进译，中国社会科学出版社，2000，第4~5页。

的"生态自我",是具有生态意识的"自我"或曰大写的"自我"(Self)。人类的自我并不是抽象的存在,自我实现是不断自我超越、自我完善的过程,从主观的道德走向客观的伦理。在一般的状态下,人出生以后,往往"透过他人了解自己",在社会共同体中,寻找对自己的认同。但这也会让人脱离自然,甚至疏离自然,忘记了还有自然伦理。随着自我认同范围的扩展,我们会逐渐缩小与其他生物存在的疏离感,开始超越整个人类,与非人类世界形成整体,成为自然整体或地球生物圈中的一部分。在"生态自我"的概念和体验中,自我与他者之间的界限或边界正在溶解。作为"生态自我"的人,不仅和自然之间相互包含,更与自然相互交融、心灵交相辉映,形成生命共同体。可见,生态中心主义揭示了"自然"是一个进化发展的生态系统,是一个完整、稳定、美丽的生态共同体,而人类只是自然生态系统中的普通成员和后来者,从而使人类清醒地意识到人类生命的本源和在自然界中的恰当位置,反对和摒弃人类中心主义对"上帝"等终极实在的僭越。

其二,生态中心主义在自然价值观上不仅承认人具有"内在价值",与人同为生态共同体中的其他自然存在物也具有内在价值,并且,着重强调生态系统的系统价值。

其实,人类从诞生开始,就具有理性的自我意识,就追求自己的利益并将之最大化,自我中心主义的倾向必然伴随人类。但前现代社会中的传统文化,无论是西方古希腊、中世纪的,还是中国"天人合一"的儒释道伦理思想,都包含对人类中心主义倾向的抑制作用,从道德上保持着人、社会、自然之间的内在和谐。但随着历史的演变和时代的变迁,只有在对传统文化伦理价值进行颠覆,形成单纯以人类为中心的"现代性"道德体系中,人疏离自然、社会,也疏离了自身,成为原子化的孤独的、空虚的个体。鉴于此,人类中心论认为只有具有理性的人才是唯一具有内在价值的存在物,其他的大自然的价值只是人的情感投射的产物,只具有工具价值而无依赖自身客观的内在价值。与人类中心主义伦理价值观对立,生态中心主义突破甚至于颠覆这种主观主义的主流道德价值观,摆脱主观的人本主义幻觉,开始论证自然界本身就客观存在的内在价值和系统价值，多层面、综合地解释了自然的价值。

罗尔斯顿指出，每一个有生命的个体都具有内在价值，如他所说："凡存在自发创造的地方，就存在着价值。""生命是在永恒的由生到死的过程中繁茂地生长着的。每一种生命体都以其独特的方式表示其对生命的珍视，根本不管它们周围是否有人类存在。实际上，我们人类也是自然史的一部分。"① 在物种层面：个体生命顺应环境不是绝对的，而是相对的，通过自我更新，演变成新的物种，由携带同一基因的个体生命之流保持下来，继续生命，作为一种同一性基因而具有价值。"物种存在于与它不可分离的生存环境中。物种一方面要保护自己不受环境的伤害，但同时又与环境发生相互作用。物种与生态群落是综合在一起的两个互补的过程……个体与物种都不是孤立地存在，都是整个合在一个系统中的。我们希望保存的不是简单的物种，而是在生态系中的物种。我们需要加以正确评价的不仅是它们是什么样的物种，而且还有这物种是生活在什么样的生态系中。"② 从这一意义上说，保护自然，并不只是保护特殊物种，如某些植物或动物等等，还应着眼于整个生态系统，这样才符合生态价值。因为在整个生态系统中，系统价值具有最高价值，并不完全浓缩在个体身上，也不是部分价值的简单总和。"即使是最有价值的构成部分，它的价值也不可能高过整体的价值。客体性的生态系统过程是某种压倒一切的价值……因此，生态系统本身就是我们的道德义务的恰当对象，对生态系统的义务不能化约或归结为对生命个体的义务。"③。生态系统正是具有这样的包容性、创造性和整体性，使它具有自身的客观价值，并且成为自然万物（包括人类自身）的价值源泉。深层生态学比起罗尔斯顿的自然价值论，

① 〔美〕霍尔姆斯·罗尔斯顿：《哲学走向荒野》，刘耳、叶平译，吉林人民出版社，2000，中文版序"一个走向荒野的哲学家"，第9~10页。
② 〔美〕霍尔姆斯·罗尔斯顿：《哲学走向荒野》，刘耳、叶平译，吉林人民出版社，2000，第392页。
③ 〔美〕罗尔斯顿：《环境伦理学——大自然的价值以及人对大自然的义务》，杨通进译，中国社会科学出版社，2000，译者前言，第13页。

思想更为激进。深层生态学认为，生物圈中的一切存在物，作为不可分割的整体，它们在内在价值上都是平等的。这平等的固有价值不是通过分析、证明和论证得来的，而是能够被直觉体验到的东西。

其三，生态中心主义是人类道德关怀对象扩展至整个生态系统并对之负有直接的、终极的道德责任和义务的一种生态伦理观。

生态中心主义认为，人当然要对人自身负有义务，但作为一个道德的物种，还应考虑和重视那些由生物和非生物构成的生态系统，因为它们是土地共同体，人类理应对它们负有直接的道德义务。以整体主义生态世界观为指导思想，利奥波德认为，人类对待土地的伦理观念，应遵循伙伴的关系，而不是支配的关系。他认为，虽然一种土地伦理具有整体主义的道德价值观和伦理态度，并不能完全阻止具有主体意识的现代人对"土地资源"的无限制的利用、管理和支配，使它们服从人类的生存和发展的需要，但这种拓展的伦理却宣布了土地共同体要继续存在下去的权利，要有继续存在于一种自然状态中的权利。"简言之，土地伦理是要把人类在共同体中以征服者的面目出现的角色，变成这个共同体中的平等的一员和公民。它暗含着对每个成员的尊敬，也包括对这个共同体本身的尊敬。在人类历史上，我们已经知道（我希望我们已经知道），征服者最终都将祸及自身。"① 土地伦理学所追求和渴望的"最高的善"就是生物共同体的完整、稳定和美丽。人类尊重"共同体"，不仅是尊重人与人之间的社会共同体，也应该尊重包括人类社会生存和发展在内的自然共同体。尊重自然共同体是人类的创造、人性完善的前提。理由很简单，自然共同体并不是外在于人的可资利用的自然资源，更不是人类主观设计的产物，而是人类生存的道德价值的源头。尊重共同体，用利奥波德的思想来说，就是主动地去尊重"土地共同体"，有责任、有义务保护与维持大自然的和谐、稳定、美丽。一方面，要认识到自然界并不是"物之集合"或靠外力支配的一架机器，而是有机地相互依存的自然共同体（或生态共同

---

① 〔美〕奥尔多·利奥波德:《沙乡年鉴》，侯文蕙译，吉林人民出版社，1997，第194页。

体、生命共同体）；另一方面，又要让现代人形成对自然内在价值的尊重和敬畏，从而激发对自然的真诚热爱。"土地"并不是外在于人的资源，而是一个包括人类在内的生命共同体，只有以谦恭和善良的姿态对待土地，才会带着热爱和尊重来使用它。人类是把土地理解为外在的对象、资源或环境，还是理解为包含人自身在内的共同体，其伦理态度是截然不同的，因而，也带来不同的生活方式和实践。

深层生态学强调人与自然是一体的，"自我与大自然不可分"，形成包含自然界在内的"生态自我"。所谓深层生态学的"深"应该被理解为一种对问题进行追问的程度，由浅层走向深层。阿伦·奈斯认为，人的"自我实现"（self-realization）是最高原则，既是深层生态学的核心思想和理论基点，也是深层生态运动的理论思考与实践活动所追求和渴望的最高境界和终极目标。奈斯指出，人的"自我实现"不是实现主观主义价值的自我满足，而是与人的生命源头的自然存在密切相关的"自我实现"。"我认为，最大限度的自我实现就需要最大限度的多样性和共生。多样性是一条基本原则。"① 只有使生物圈保持丰富的多样性，人的"自我实现"才能越彻底和越完善。由此，从生态系统价值而非人类个体的主观意识的观点看，人的真正的"自我实现"，也就是达到"生态自我"的阶段，意味着所有生命包括人类自身的最大展现，即人的自我与自然存在物是一体的。抑或说，让人的自我利益与自然界中的存在形成必要的内在的关联，表明人的自我利益与生态系统的利益在根本上是一致的，这种样式的生态伦理不仅是面对现实的，也是对人类自身的终极关切。罗尔斯顿发现，在人际伦理学中，人们认为，一个人的世界观在逻辑上是（或多或少）独立于道德观的，表明他们的道德观与其形上信念并无直接联系。罗尔斯顿认为，尽管人们的一般观念在人际伦理学中是如何的真实（尽管仍有争论），但在生态伦理学中却不是这样，这样的伦理价值观与我们

① Arne Naess, "The Deep Ecological Movement: Some Philosophical Aspects", in George Sessions, *Deep Ecology For The 21st Century,* Shambhala, 1995, pp.64-84. 转引自雷毅《阿伦·奈斯的深层生态学思想》，《世界哲学》2010 年第 4 期，第 23 页。

生存于其中的自然或宇宙的观念保持一致。生态伦理的义务观念并不是人类主观臆断强加的，而是从对自然本质的信仰和评价理论中推导出来的。基于事实判断的道德价值评价，才会有根有据，否则，就会陷入人类自身的主观主义思维的逻辑"魔圈"。

应该认识到，对自然的描述性陈述预设了规范性陈述，以此作为一种看不见的行为规则，具有某种规范性含义，对人的行为和生活具有道德负荷的约束力。虽然人们并未明确意识到或清晰地理解对自然的描述中所包含的道德含意或道德负荷，但他们在社会的实践活动或具体行为中已经遵循了这些隐含的道德指令。反之，陈述所具有的规范性功能和道德负荷就存在于对自然的描述性的陈述之中，隐含于不言而喻的假设，成为道德上应该与否的伦理原则或标准而起作用。通过考察和分析自然描述方式的演变，如从"大自然是母亲"，到"自然是一架机器"的这种转变的自然描述中，我们能够看到有关对待自然或生态的伦理态度和文化宰制。从自然的有机论到机械论的转变直接影响和决定人们的社会实践活动和行为方式。因此，我们可以判断，关于自然的实在的"是"的存在模式，是"活的有机体"，抑或是"自然之钟"，蕴含着某种"应该"如何对待自然的不同伦理态度或道德行为模式，是顺应自然，还是控制、支配和利用自然资源。"这里存在着一个先验的假设：人们应当保护价值——生命、创造性、生物共同体——不管它们出现在什么地方……大自然中那些有价值的事物，绝不仅仅是由人带进和强加给生态系统的；它们是被人发现存在在那里的。"① 基于"价值中推导出义务"的生态伦理考量，表明人类需要对那些动物和植物等负有直接的义务，也要对创造着各种生命的生态系统价值负有相应的具有根源意义的道德责任和义务。如果以为，所有的价值都是从我们的气质中推导出来的，或没有任何价值来自我们在自然系统中所处的位置，那就大错就错了。而真实的事实是：大自然是生命的源泉，是万物的真正创造者。"大自然既是推动价值产生的力量，也是

---

① 〔美〕罗尔斯顿：《环境伦理学——大自然的价值以及人对大自然的义务》，杨通进译，中国社会科学出版社，2000，第313~314页。

价值产生的源泉。作为主体，我们必须具有创造力，但是，我们在那些给我们提供灵感的客体身上也能发现这种创造力……大自然的这种教育要素不仅没有贬损它的价值，反而扩大了它的价值维度。自我可以选择从什么地方开始接受大自然的价值接力棒——但只有与大自然相互配合并沿着大自然所指导的跑道继续前进。意识自我可以开辟新的道路，但我们仍是沿着我们周围的自然线路前进的，意识只是现存线路的追踪者。"① 所以，与现代社会伦理不同的生态伦理学要突破旧伦理学的界限，把道德共同体的范围，不仅在外延上，而且在内涵上，从动物、植物等生物或生命，扩展到整个生态系统，保护人类赖以生存的自然，也有利于自己的身心和谐！

二 生态伦理面临的"两难处境"

走向"伦理拓展主义的颠覆"，走出人类中心主义，生态中心主义认为人不能离开自然而独立生存，而是自然演化发展的产物。也就是说，人类应与自然互为调适，协同进化。勇于对现代社会伦理中具有支配和宰制地位的人类中心主义进行道德价值的颠覆，表明作为生态中心主义的生态伦理不是现代伦理学话语向外的简单延伸，而是伦理观念的变革，意味着一场道德良知的思想觉醒和生活方式的转变。"这场革命应实现两个目标：（1）在认识和实践中将道德共同体由人类社会扩及生物界或整个生态系统；（2）在伦理学理论上突破和超越人类中心主义。"② 也就是说，生态伦理不能附着在所谓"超越历史"的人类中心主义的意识形态框架内，也不能镶嵌在长期占据主导地位的伦理学框架内，而是必须在生态中心主义的思想中超越，即必须根本改变伦理学基本前提，才能建构合理的生态伦理学体系，为生态文明建设提供具有整体意识的道德价值观。

---

① 〔美〕罗尔斯顿：《环境伦理学——大自然的价值以及人对大自然的义务》，杨通进译，中国社会科学出版社，2000，第290~291页。
② 卢风：《应用伦理学——现代生活方式的哲学反思》，中央编译出版社，2004，第129页。

生态中心主义的道德价值观的确立，反思人类中心主义对传统伦理文化进行彻底的道德价值的"颠覆"，体现出人类中心主义在面对生态危机时理论的捉襟见肘。生态中心主义对人类中心主义批判的理论根据，概而言之，有以下几点：第一，主客二分的思维模式。从农业文明向工业文明转型后，人类摆脱了对自然的附属关系，依靠人的理性的自我意识的膨胀外化为经济、科技等确立了人在世界中的价值中心和主体地位。福兮祸之所伏，在对待自然的态度和处理人与自然的关系上，单向度地张扬人的价值中心和主体地位，使人的物质生活得到极大改善，人的价值和尊严得到提升，但也掩盖了对自然的客观认识，也越来越无法理解人类自己。以人与自然主客二分的机械思维模式为前提的人类中心主义形成人对自然的片面性认识以及实践上的简单处理，即人对自然的强暴、破坏乃至毁灭，也危及人类自身的生存和幸福追求。第二，理性主义崇拜。理性主义（Rationalism）是在以理性作为知识来源的理论基础上的一种哲学方法，承认人的理性可以作为知识来源。其实，理性是人类社会生活中的基本认识能力，但把这种人类特殊的能力泛化为认识宇宙的基本标准，僭越终极实在的位置，就会带来一系列的问题。在这种理性主义的道德价值观中，人有自我意识和理性，因而具有内在价值或固有价值，成为创造历史的主体和世界价值的中心，而其他自然存在因没有意识、理性和观念，只能是一种没有内在价值的客体，因而只有为人的主体价值而存在的工具价值。从这种理性主义的道德价值观出发，人类中心主义只需要关注和重视人类社会即可，不必考量自然的内在价值。在人类中心主义理论视野中，人类社会制定和确立伦理规范和道德原则的唯一的理论根据就是人追求自己的利益，并将之作为幸福的最大化；一切满足人的需要和对利益最大化的追求就是社会发展的终极目标。可见，理性主义的膨胀使得自然的内在价值成为现代道德价值观的理论盲点，挥舞着理性的旗帜，在控制自然的同时，也压制和贬斥其他民族和文化，使世界多元文化压缩成"单一的现代性"。第三，利己主义的伦理学方法。利己与利他是伦理学争论的一个焦点，关涉社会原动力的探源。不管人们对利己主义批评有多剧烈，但在具体的生存和发展的伦理探析中，利己确是构筑在个性独立的基础之上的现代文化特征。从生态中心主义批判人类中心主义的理论根据来看，人类中心主义和利己主义是同一个问题的两个角度，遵循的是同一逻辑。受追求个人利益最大化的支配，一个行为主体，无论作为个体，还是整体，都把自利看作行为主体所有行为的唯一动机，只应选择那种对他有利的规则。但这并不符合真实的状况，人既有利己的动机，又有利他的倾向。只有利他，不考虑利己，人很难生存。如果只有利己，不考虑他人——这是大多数人对利己的初步理解，人很难生存得更好。所以，把利己主义作为唯一的道德动机，并不合理。

基于反思和批判人类中心主义，具有整体意识、生态智慧的生态中心主义主张拓展现代人类的道德价值视野，不仅人具有内在价值和权利，自然存在也具有内在价值和权利，人要保护动物、植物及山川河流等。更准确地说，生态中心主义的自然观是辩证有机论，并以此作为本体论根据，思考人与自然、人与社会的伦理关系。因此，生态中心主义生态伦理建构不能局限于或限制在社会共同体的道德价值观内，因而也就不仅仅是对现代社会伦理范围的外在拓展，还是对其内涵的提升和超越。在生态中心主义的理论反思和批判的视野中，人类中心主义不是奠定于历史中的"永恒精神"，而只是以现代社会伦理对传统伦理的"价值的颠覆"框架为前提，确立笛卡尔以来的机械论世界观及其"主客二分"的思维定式所形成的"现代性"道德之价值核心。在这种机械论世界观的道德秩序中，受到科学技术的工具理性的制约和限制，自然的观念发生了变化，不再作为宇宙秩序的总体或超越层面的终极实在，而是被"挖空"了内容，抽去了作为根据的内在本性，除了是被控制和可支配的对象外，不再具有实质的内容。

"价值的颠覆"是西方近现代从传统社会向现代社会价值观转型过程中的基本思维定式。从文艺复兴、宗教改革运动表达了人文主义的诉求，开始追求"凡人的幸福"，经启蒙运动，发展到全球"现代性"时代"不可超越"或作为"永恒支点"的"人类中心主义"都明确表达了人的价值与尊严。目前，以（西方）"现代性"道德价值为建设纲领、追求目标和行动指南，既给世界带来了福音，也使一切古老的神圣秩序受到全面的质疑，承受着拷问、审判与决断。传统伦理文化已被认为是无用的累赘，至于实质性的传统，即维持已被接受的东西的传统，则得不到多少支持。

然而，如果说，主张"凡人的幸福"的人道主义信念开始反抗中世纪的神权政治对人性的压制，肯定了人的价值和尊严，启蒙运动以"人是目的"为圭臬，对抗封建社会的统治者把下层人民视为草芥，要求自由和平等的伦理价值，而面对日益深重的生态危机，仍然过于突出和强调"不可超越"或"永恒支点"的人类中心主义，未免言过其实，充满了意识形态的自我欺骗的意味了。因为，目前现代人的生存状况是，每个人都追求自我利益的最大化，这种对自我的过度关注和重视，不仅伤害自己，也破坏人赖以生存的自然界中的生态平衡。"人类受到自身力量的威胁，而且通过这种对自身本性的威胁，人类也威胁大自然本身。这是对'自然本性的威胁，对存在的威胁'"①。现代人重视自己的利益，却常常伤害自己，这种"出于自我利益的自我损害"，正是源于置换了传统伦理范式的评价标准，以个人的利弊为道德标准，塑造了一种全新的价值偏爱系统，重视有用价值、工具价值，否认群体和自然的内在价值。

其实，传统伦理范式，无论是西方古希腊的德性论还是中世纪的基督教伦理思想的信念伦理，并不是现代人所主观臆断的那样一无是处，毫无意义，而是被代代相传的人类行为、思想和想象的产物，不能被随意抛弃和否定。希尔斯在《论传统》中，旨在从西方文明的整体进程出发，展现西方传统文化发展的生发流变过程。"传统是社会结构的一个向度，目前社会科学领域里流行的非历史概念使得这一向度消失或者被掩盖了。"② 传统伦理文化就是在一种整合意义的世界观指导下的道德意识和人生结构，使人免于精神的失落，

---

① 〔法〕斯蒂格勒：《技术与时间：爱比米修斯的过失》，裴程译，译林出版社，1999，第108页。

② 〔美〕E.希尔斯：《论传统》，傅铿、吕乐译，上海人民出版社，1991，第9页。

信仰的缺失，不会永无休止地沉沦于各种欲望之中。在古希腊哲学中，充满灵魂的宇宙论与人类的社会生活存在密切的联系，影响着社会生活的至善幸福，对道德人生与社会伦理始终具有存在论意义或前提性质。人不是凭空产生，而是由宇宙或自然演化而来，因而就不能脱离这一存在论前提。这种伦理观念的基本思想突出强调人对于灵魂生活的珍爱，要活得高贵，但不能等同于现代社会生活中的"孤立的个人"或机械生活中的"原子化的个体"。深谙古希腊哲学，特别是对亚里士多德思想进行深入研究的麦金太尔指出古希腊社会伦理的基本特征："对于是否履行了那处在我的位置上的任何人对他人都应负有的责任，我是有责任的，而且这种责任性只因死亡而告终。一直到死我都必须做我不得不做的事。而且这种责任性是具体的。正是对特定的个人，为着特定的个人并与特定的个人一起，我必须做我所应当做的事情；而且，正是对于这同一些和其他的个人（他们乃是同一地方性共同体的成员），我才负有责任。"[1] 从根本上说，古希腊的古典型的社会生活乃是一个具有共享图式的群体系统，如亚里士多德所说的"人是天生的社会动物"，包含明确的自然人性思想和潜在的自然人观念，开创了以自然人性为前提的城邦伦理。在这种伦理体系中，每一个人只有归属于特定的群体系统，在这种城邦共同体中，才能清晰地明白自己应该承担的社会角色，并以此种方式识别自己的既定位置，力图真实地"认识你自己"，知道自己该做什么和不该做什么。换言之，在社会秩序中，一个人如果没有承担的角色这样一种既定的位置，不仅他人无从认识和了解他，也无从真正地回应他，无人知道他究竟是谁，甚至就连他自己也不会知道他究竟是谁。

中世纪基督教伦理思想中关于人与自然关系的传统解释，并不完全是人无条件地支配、控制和利用自然，对自然拥有无上的统治权力，而是在很大程度上包含人类世界与自然世界共存的自我解释的真实维度之一。实际上，上帝创造自然，并不是纯粹占有、支配和利用自然，当然也不是让自然的价

---

[1] 〔美〕A. 麦金太尔：《追寻美德：伦理理论研究》，宋继杰译，译林出版社，2003，第159页。

值完全从属于人类世界，而是"它必须根据神圣的公义标准，而不能根据与人类利欲有关的价值观来处理"①。把世界中的万事万物解释为上帝的创造物，恰恰不能把它们归结为据为己有的人类世界。如果说上帝创造世界，那么，人类无权提出要求破坏世界。

正是《圣经》的这种世界形象，使人类虽然在宇宙中有特殊地位——这是人主观认为的而不是实际的客观样式，但仍与动植物等自然存在同为共同体中的一员，是上帝的子嗣。因此，基督教神学的伦理智慧就包含摆脱人类中心主义世界观的思想元素。在现代道德价值观中，人类有能力利用、支配和控制自然，甚至有学者把这种支配自然的观念归结为中世纪的基督教的人类中心主义观念。这种解释有其合理性，但并不完全正确。由以上的对传统伦理范式的阐释，可以判断出，从基督教的思想来看，支配和利用自然，的确具有自我中心性的倾向，但并不是没有限度地对创造万物计划的上帝构成颠覆和僭越，而是表明作为上帝的创造物，尽管人有其特殊的地位，但他与自然是同根同源的，具有相同的价值特性；共同分有和获得了同一种神圣性，没有存在价值的两分和区别。由此可见，我们不应该赞成那些全盘接受当前尚有争议的宇宙理论的神学家的解释，因为他们把这些理论作为他们自己宗教宇宙论的基础从而圣化它们。这样做，只会使特殊的基督教的创造信仰消解为把当前还有争议的世界观普遍提升到宗教高度的做法。

传统伦理文化最基本的概念是从过去延传至今或相传至今的持续性的信仰、行为和制度或一种方式，在逻辑上并不必然具有强制性、规范性。"传统如此重要，其影响如此之大，以致人们不可能完全将它忽略掉……不能以他们经常用来解释成人行为的'利害关系'或'权力欲'，去解释人类是如何获得这种系统的。"②然而，现代社会伦理并没有借鉴传统伦理范式中的积极意义，而是将其当作一个对立的"他者"进行分析，在传统与现代之间造成一

---

① 〔德〕莫尔特曼：《创造中的上帝：生态创造论》，隋仁莲等译，三联书店，2002，第45页。
② 〔美〕E.希尔斯：《论传统》，傅铿、吕乐译，上海人民出版社，1991，第11页。

种抽象的对立。原本受传统伦理的理论滋养的现代理念却转化成"摆脱所有特殊历史束缚的激进化的现代意识"，相信社会无限进步、道德改良无限发展的现代信念。按照舍勒的分析，现代道德生活的基本特征是自我获取价值。[①]这种道德价值不是自然形成的，从突出强调"终极实在"的传统伦理文化到以个人为中心的"现代性"道德的总体性转变乃是一场"价值的颠覆"。通过对"价值的颠覆"的理论分析，舍勒揭示出颠覆了传统伦理价值等级秩序的客观性，突出和强调个人的主体性的权利，以利弊性作为衡量道德的标准。

本来只要有传统伦理文化中的群体存在，生活的种种形式本身就有一种自身价值——并不取决于利益评价的程度，不取决于个人之幸与不幸。在颠覆传统伦理文化所形成的现代社会中，群体的这一自身价值消失了。正如现代哲学把自然界的一切"形式"都解释为意识的纯主观综合（自笛卡尔以来），否认群体形式具有客观实在的意义，"随意"便取代了对群体形式的敬畏，使现代人的心灵和价值意识发生扭曲。"现代道德不仅从一种关系上，而且从整个系列的关系上推翻了这一自在地有效的价值序列，使其朝反面转化。"[②]在伦理文化观念的这种转变过程中，传统伦理文化的核心价值观念如美德、信仰或终极实在被彻底边缘化，成为在现代社会生活中没有任何意义和价值的"呓语"。这种"价值的颠覆"诚然使现代社会卸载了必要的道德负担，促进了现代社会的生产力的极大发展，但同时也产生了意想不到的"现代性的后果"，其中一个绝对不容忽视的具有根本意义的问题是，"人的垂直关系（人和天）被贬低，人的水平关系被抬高"[③]。具有"终极实在"的自然的价值被降低，甚至成为在万物价值序列中处于最低的层次，仅供人利用的资

---

① 舍勒所指出的"自我获取价值"指的是自我劳动和赢利的价值；道德上休戚与共的生活共同体的缺失和匮乏；把客观的价值秩序消解的价值的主体化或主观化；工具、有用或实用价值凌驾于生命价值之上。参见〔德〕马克斯·舍勒《价值的颠覆》，罗悌伦等译，三联书店，1997，第118~134页。

② 〔德〕马克斯·舍勒：《价值的颠覆》，罗悌伦等译，三联书店，1997，第137~138页。

③ 〔德〕孙志文：《现代人的焦虑和希望》，陈永禹译，三联书店，1994，第82页。

源库。人的价值和尊严被无限制地放大，伴随着人之主体地位的提升和感性欲望的无限膨胀，相应地，自然的内在价值不断退隐，直至化为人类眼中的"虚无"。从根源上讲，自然是人类应永远对之保持敬畏之情的无限存在，抑或说"化生万物、包孕万有的自然"，而在"世界的祛魅"所塑造的机械论世界观及其"现代性"道德境遇中，正是这种对传统伦理秩序的颠覆性的心性结构或主观主义的心态，造成现代人脱离了自然世界的支撑，与自然疏离，处于道德无担保状态。疏离自然的心态使"无根基的人"痴迷于进步，关注效用，永不知足。

"现代性"道德之"价值的颠覆"塑造、形成和建构了现代社会伦理的"一种倒错的道德意识结构"，奠定了人类中心主义的意识形态的合法性。随着技术理性的迅速发展和市场经济的急剧膨胀，在每个人追求自我利益的人类中心主义道德价值观念中，一切其他的存在如社会、国家和自然等都被置于工具性的从属地位。这种不稳定或紊乱的道德意识结构，尽管外化为辉煌的现代世界，但每个人都清楚地意识到自己内心的惶恐、焦虑和不安，面临一种非确定感和非安全感，进而呈现一种无根基的生存状态。

全球性的生态危机以及随之而来的文化危机，表明人、社会与自然之间的关系并不是那样机械化的外在关系，而是错综复杂的内在关系。对此，伦理学家们开始重新深入反思和建构新型的伦理关系，来应对面临的现实问题。现代社会伦理话语镶嵌在反思和批判传统政治伦理神权论所确立的人道主义价值观内，把人对利益的追求及其最大化作为目的，对人与自然关系的回应，意识形态化的人道主义的解答方式基本上是人类中心主义的：只有人具有内在价值，自然充其量是供人支配和利用的资源，只具有工具价值，而无内在价值。面对全球生态危机，一些伦理学研究就把社会伦理向外延展，开辟生态伦理或环境伦理，而不区分它们之间的差别；认为不管是关注人与自然伦理关系的"生态伦理"，还是重视人与人之间的关系的"环境伦理"，在现代伦理话语体系中都附着或依附于人类中心主义的道德框架，并不需要进行伦理学革命。在这种伦理话语体系中，人类中心主义虽然存在诸多疑问，但在主流的话语中似乎仍然是一个永恒的价值命题。这一被认为符合所谓“人类本性”的、“不可超越”的价值命题，在环境问题和生态危机日益严重的全球化的情况下，似乎无法被完全驳倒，很难得到深层的伦理限制和道德良知的制约。

持有人类中心主义的伦理观点的人认为，应该合理开发和利用自然，因而，需要重视和保护环境。但这种关注自然、保护环境，并不是对自然的内在价值和权利的保护，只是认识到自然对人类的重要性，而自然本身的内在价值或权利，似乎属于泛化的“人”和“自然界”的关系，因而不需要由浅层进入深层来探讨。无论是保护人类周围的生存环境，还是维护地球上的生态系统的平衡，追本溯源，必须还原或落实到社会生活中人的行为，这是根本的目的，所以，一言以蔽之，生态伦理就是关于人与人之间关系的人际伦理或社会伦理。从这种人类中心主义伦理观来看，生态伦理的实质并不是关注自然的内在价值和权利，而只不过是基于现代社会规范伦理的一部分，不应超出伦理规范的普遍化的形式。“生态伦理、环境伦理问题的实质还是一个人的问题，是一个代内及代际关系的伦理问题”①。从这种观点出发，所谓的“生态伦理”的实质就是凸显出人与人之间关系的环境伦理。

可见，生态中心主义对人类中心主义道德价值观的反思和批评，有一定的道德合理性，尽管人类的自我中心性凸显出人的主体性和价值，但更表现在人的物质利益上及其道德规范上，而对伦理中道德的隐性作用重视不够，看不到人的精神生活与自然的价值和权利的内在关联。从具有“终极实在”性质的传统伦理文化束缚中挣脱出来，卸载了历史文化的底蕴，以“价值的颠覆”之“现代性”道德为理论基石，在人与自然主客二分的思维模式下，人类中心主义者难以认识到人与自然之间的内在联结，无法体会到人对自然所具有的丰富的情感体验。“人们过去常常把自己看成一个较大秩序的一部分。在某种情况下，这是一个宇宙秩序，一个‘伟大的存在之链’，人类在自

---

① 甘绍平：《生态伦理与以人为本》，《学习时报》2003年7月21日，第5版。

己的位置上与天使、天体和我们的世人同侪共舞。"[1]在人类中心主义对自然的这种认识和理解中，赖以生存的自然界，不再被看成"伟大的存在之链"，而是被当作我们计划的原材料、工具或资源，即作为一个现代伦理话语中的环境概念，受外在支配而不具有内在价值的"物质之集合"，"或者说，环境概念是自然概念沿革变化的一个结果"[2]。将作为本源或根据的自然划归为"物之集合"的环境范畴，表面上作为同一个概念、同一种意义来交替使用，而实质上，环境的观念在理论和实践中起支配和决定作用，默认、支持甚至强化了人控制和利用自然资源的道德合理性和价值根据。在以人为中心的环境观念的支配下，人与自然的关系就归为人与人的关系，相应地，伦理学的范畴只局限于人与人的伦理关系，即社会伦理。

从现代意义上讲，人有权利追求自己的利益，甚至走到了极端，把人类的自我中心性看作正常的，并把这当成世界价值的中心，一种不可超越的普遍的道德规范，造成了"人道主义的僭妄"。但我们在追求自己的利益的同时，也应该"关心自己的心灵与自然的和谐"，后者是人生和社会的存在论基础。永不满足的现代人类应该学会知足常乐的生存智慧，否则，就不可能得到真正意义上的幸福，无法获得幸福感。现代人类应该自觉意识到自己的客观存在，反思和警醒对"自然的控制"的傲慢态度演化成"自然的报复"这一悲剧性后果，这并不是一般的历史事件，而是高悬人类头上，随时可能对人有致命危险的"达摩克利斯之剑"，时刻存在危险，心中敲起警钟。如果人约束自身的道德良知和伦理规范缺失自然伦理的强有力的客观"担保"，人类自身的生存和发展就会陷自我中心主义的框架，无法彻底走出束缚人类心灵的主观主义思维或主体主义幻觉的逻辑"魔圈"，从而患上失去自主的、一直困扰人的心灵至深的"本体性疾病"，陷入物质欲望的永无休止的增长。面对环境问题和生态危机，人类无论身处何时何地，都难以避开一个

---

① 〔加〕查尔斯·泰勒：《现代性之隐忧》，程炼译，中央编译出版社，2001，第3页。

② 吴先伍：《现代性境遇中的生态危机——人与自然冲突的观念论根源》，安徽人民出版社，2008，第180页。

不争的客观事实：人既脱离自然界，拥有自己特殊的理性、自我意识和自己的利益，诞生了人类这一特殊的物种，又是自然的一部分，需要回归到自然界中，找到真实的自己。"人必须去寻求生存矛盾的更好解决办法、寻求与自然、他人以及自身相统一的更高形式，正是这种必然性成了人的一切精神力量的源泉，它们产生了人所有的情欲、感受和焦虑。"[1] 只要人类产生，并寻求生存与发展，人类的文化伦理都不免具有某种程度的寻求利益最大化的自我中心性，人不但要活着，还要活得更好，只有在颠覆传统伦理而确立的"现代性"道德的世俗文化体系和伦理规范中人类中心主义伦理才日显突出，但即便如此，现代人类的文化伦理也并不必然导致人类沙文主义。因为人类的社会发展和历史演变清楚地表明，人类既有自利、利己或追求自我利益的生存本能，也有利他倾向，利己与利他（包括自然界中的动植物存在）是必然联系在一起的。居友说，人既有保护自己利益的利己本能，也有帮助他人的利他倾向，也就是利己与利他结合的双重本性。个体的生命不应该固守利己主义，应为他人扩散，在生命的繁殖、智力、情感、意志等方面向他人当中扩散，甚至有时会牺牲自己，放弃自我的生命。这种利他的倾向，向他人的扩散，也就是"生命活力"的扩散，并不是外在的强制，而是与其自然本性相一致的，是真正生命形成的条件。现代社会伦理的意识形态蛊惑人只有通过追求自己的利益最大化，才能实现幸福，只要不伤害他人即可。但这种利益的追求，即使表面不冲突，内心也充满着竞争关系，"他人就是潜在的敌人"。而且在对利益最大化的追求中，道德也成了外在规范，随时都有被利益冲破的危险。其实，这种利益的冲突并不符合自然的本性，而是现代社会伦理的意识形态人为的、僵化的、片面操作的结果，脱离了人的生命的道德本源。作为具有道德本性的人类，从最大程度上说，真正的生命的特征能使利己和利他结合，无缝衔接。对此，居友特别指出，"这种结合是哲学家论道德的基石"。"活生生的自然不会在这种呆板的、逻辑上不可变通的划

---

[1] 〔美〕埃利希·弗洛姆：《健全的社会》，欧阳谦译，中国文联出版公司，1988，第23页。

分面前止步。个体生命之所以要向他人扩散，是因为它很丰富，而它之所以丰富，正因为它是生命之故。"① 居友把这种作为本源的、向他人扩散的生命特征称为"道德生殖"。居友称利他主义是生命的一种自然倾向，更具有道德的本源性。生态中心主义的利他的范围无论在外延上还是在内涵上都更为广泛，强调人既要追求自己的利益以求保存，又要关心他人的社会伦理，还要有自然伦理观念作为道德担保，使道德普遍性的根源更为广泛和深刻，包括斯宾诺莎的"人的心灵与整个自然一致"、梭罗的"扩展共同体意识"、史怀泽的"敬畏生命"、卡森的"生命之网"、利奥波德的"土地共同体"、罗尔斯顿的"哲学走向荒野"、奈斯的"普遍的共生"等等。从这个角度来看，生态伦理并不是一般的伦理规范，从终极意义上说，它往往体现出社会伦理规范的内涵和实质的客观担保，是一种伦理真正成为一种伦理存在的"试金石"。判断一种伦理是否符合真正的伦理内涵，就要看这种伦理是否顺应了自然，尊重自然的内在价值和权利。

当然，任何人都不可能完全脱离人类社会，彻底回到自然状态中，成为孤立的抽象存在，因而，也不可能完全脱离生活在其中的时代精神。人毕竟首先生活在实际的生活状态中才可能超越现实的社会生活，走向理想的社会状态。从这个意义上说，我们这个时代的人类中心主义，尽管其伦理观念存在诸多问题，但它毕竟是相对于"神义论"的、终极实在意义的伦理传统而言的，具有一定的符合人性的实践意义。在人道主义已经根植于人心的现代伦理话语体系及其社会生活的基本信念支配下，把"人作为目的"的人类中心主义被现代人奉为圭臬，在某种程度上体现出历史时代的进步意义。"在人类的实践活动中，人类总是要以自我为中心的。这种人类中心主义主要表现为人类自身的利益（包括人类的长远利益和根本利益）是人类实践选择的唯一的、终极的价值尺度。"② 从这一观点来看，失去了对人类自身利益的维护这

① 〔法〕居友：《无义务无制裁的道德概论》，余涌译，中国社会科学出版社，1994，第202页。
② 刘福森、李力新：《人道主义，还是自然主义？——为人类中心主义辩护》，《哲学研究》1995年第12期，第61页。

个支点，难以继续实现人类的生存和发展这种社会目标。按照这个思想逻辑来推理，人类中心主义的确有其自身的道德合理性，难以给予彻底反驳，甚至于似乎是不可超越的。尽管人的实践活动是包含价值理想的，但也不可避免地要受到自然规律的制约，但是，反过来说，自然规律是人类实践活动的价值尺度，未必就是合理的。因为人除了做出符合自然规律的事情，还有其自身的特殊性的活动、观念和自我意识。也就是说，人从事改造自然的实践活动首先就是要维护自身的生存与发展，追求自己的利益和幸福，而不纯粹是为了尊重自然的内在价值和权利，促进自然界的完整、美丽与和谐。从这种角度来看，完全抛开对利益的追求，人类的确找不到对自然的直接义务和责任的理论根据。"生态伦理学在很大程度上是由于对人类整体利益的关注忧思而形成的，同时又把弘扬人类的整体利益为生态伦理学的出发点和归宿。因而可以说，人类的整体利益是生态伦理学的利益基础。"① 既然生态伦理是以人类的整体利益为基础，那么它的确不能抛开人的利益来谈论自然界的完整，因而也就必须为维护人类的整体利益做出强有力的道义上的辩护。

鉴于此，生态中心主义对人类中心主义的反思和批判有其历史的意义和价值，体现出生态中心主义生态伦理对自然的深层保护。但这种反思和批判也是有其理论限度的，并不应该把自身变成"绝对真理"的化身，否则就与人类中心主义遵循了同一个意识形态的逻辑统治。尽管就人的未然性和生成性而言，与现代社会生活中的主流的"现代性"道德具有颠覆性，生态中心主义具有历史存在的进步意义，理念上或在终极价值上确认保护人类周围的生存环境，尤其是维护地球生态系统的平衡观念、伦理基础及其理论的可靠性。这是一种世界观的转变，即从机械论世界观到辩证有机论世界观的转变，相应地，从环境伦理的外延拓展到生态伦理的内涵的转变，使保护自然的伦理基础更为牢固和稳定。

然而，在理论内容的对立、颠覆和冲突中，无论对人类中心主义的

---

① 刘湘溶：《论生态伦理学的利益基础》，《道德与文明》2001 年第 5 期，第 35 页。

生态批评貌似多么合理、完善，生态中心主义却以"伦理拓展主义的颠覆"为前提，以未来学基础对未来价值的确认，论证保护自然的形而上学（metaphysics），过分追求自由的境界，似乎也同样落入现代道德价值观对传统伦理文化进行"价值秩序的颠覆"这一固有思维模式，直到形成"颠覆的颠覆"这一"家族相似"范畴，滑入人类中心主义设下的"论辩陷阱"。在如何论证自然本身固有的"内在价值"和确信理应得到人类尊重的"自然的权利"，以及能否从描述性的"是"（地球生态系统）中推导出规范性的"应当"（切近的道德义务）等诸多问题上，具有道德价值变革意义上的生态中心主义却遭遇"现代性的哲学话语"这一现实问题的拷问，存在无法解释的理论困境和实践操作上的难题，更难以与人类中心主义形成理论兼容，遑论形成保护自然的整体合力。这种"两难处境"使保护自然的伦理研究陷入僵局，使保护自然的实践举步维艰。生态伦理研究现状的两重性明显。一方面，附着在基于"现代性"道德的人类中心主义框架内，依归于人与人之间的社会伦理，仅仅成了现代社会伦理范畴的简单延续或外延扩展，致使生态伦理的道德价值观并没有发生预想的结果，也就是没有发生实质性的改变或根本性的变革，仅仅成了思想论辩的"口实"，其实就是"一句美丽的空话"；另一方面，基于人的未然性和生成性考量下的生态中心主义，建构人与自然之间的伦理关系，敬畏我们赖以生存的自然生态系统，却被指责为"环境法西斯主义"，让人类个体为生态整体而牺牲自己，失去了人的"内在价值"，否定了现代伦理的道德合理性。

造成生态伦理研究的这种"两难处境"，除了一种新的道德观念必然产生的困境这一一般性特征外，一个不容忽视的重要因素是，作为一种具有整体价值的道德观，生态伦理的理论探究错把人类中心主义当成现代伦理的全部问题所在，却没有直面现代的道德价值观，尚未真正触及"现代性"道德的核心问题。正是由于与"现代性"道德问题尚未形成直接的、内在的关联，也就无法走出"颠覆的颠覆"这一"现代性"的道德思维模式或框架，使人类中心主义和生态中心主义在保护自然的理论论争中僵持不下，难以形成生态伦理研究的整体效应，也就无法对保护自然的实践起到理论支撑的作用。

第二节 生态伦理与"现代性"道德的关联

目前，生态伦理探究处于人类中心主义与生态中心主义"两难选择"的境遇中，这并不代表"生态伦理"所追求的人与自然、人与人和谐理念本身有问题，也不是说这种和谐理念仅仅限于思辨或沉思的形上的理论伦理学范畴，关键在于如何体现应对现代社会主流价值观所具有的道德合理性。有学者认为，生态中心主义对人类中心主义的颠覆，在直面生态危机问题的理论探究中存在符合生态道德的合理性，但理论自身过分追求不切实际的自由思想，导致生态伦理脱离现实，陷入抽象和思辨，缺乏"对现实的细致关注"，这是其陷入研究困境的一个主要因素，因而，亟须转向"环境正义"（environmental justice）的环境伦理探究。作为生态中心主义的生态伦理在转向"环境正义"的理论过程中显露出"人类""我们"等全称名词的普遍性和自然想象的超验主义的精神气质。"正是这一抽象化、普遍化的缺陷，使得环境伦理将环境问题这样一个极具社会现实性的问题局限在道德形上的层面，使环境伦理缺乏对具体现实问题的敏感，无法把握具体的、活生生的现实中人们对环境危机的解决、人与自然关系的缓解这些问题的不同见解。"[①]诚然，"环境正义"的重要思想和基本信念，从现代社会生活的现实角度，对环境问题的理解和分析，更为可行和实际，对当代生态伦理的研究偏重形上思考、反思和批判，无疑提供了另一种崭新的视角，强调同时代的人与人之间的环境利益分配。但是，生态伦理是形上的伦理思考和形下的实践智慧的结

①　王韬洋：《有差异的主体与不一样的环境"想象"——"环境正义"视角中的环境伦理命题分析》，《哲学研究》2003 年第 3 期，第 33 页。

合，二者缺一就构不成伦理的整体。因此，"环境正义"理论转向的环境伦理探究，如果没有伦理价值观层面的内在转变，忽略"环境"与"生态"两个概念之间的差异所延展出的伦理学变革视域①，那么，所谓的"环境正义"依然会演变成每个团体"利益博弈"的竞技场。

还有学者明确指出了"自然中心主义生态伦理观的理论困境"②，认为如果完全抛开人类为了自身生存的道德价值尺度，生态中心主义生态伦理观只是把自然生态系统保持得完整、稳定和美丽作为人类理论思考和实践活动的终极目的，必然遭遇道德价值观念上的冲突，在道德实践中更无法摆脱实际操作的伦理难题。否定人类中心主义的"不可超越"的命题，消除"是"与"应当"的差别，是造成生态中心主义生态伦理观难以成立的原因。在他们看来，用存在论之"是"解释价值论之"应当"，就意味着这种伦理学抛开人类利益，使人成了无意识的自然规律实现自身的有意识的工具。因此，批评者的这一观点进一步指出，人类保护生态或自然，并不是出于生态系统本身，而是基于对人类自身的终极关怀，考虑全局的、长远的生存利益。应当值得给予肯定的是，对生态中心主义的批评切中问题的要害，发现主张生态中心主义的伦理在颠覆人类中心主义价值观过程中忽视了人的实践本性。"从实践本性上看，人类的实践活动是一种主体性活动，而主体性活动是一种价值选

---

① 关于"环境正义"的理论探究中，一些学者也常常不区分"自然"与"环境"这两个概念。许多学者喜欢用"环境伦理学"（environmental ethics）、"环境哲学（environmental philosophy）去表示关于环境保护、尊重自然的伦理学和哲学探讨，但如果人们心目中只有"环境"，那还不足以纠正对待环境的错误行为。现代工业并不只是简单地污染了"环境"，还严重地破坏了地球的生态平衡，环境污染只是生态破坏的一个方面。生态学告诉我们：即使人类归根结底是自私的，也不应这样做，因为这样做会危及人类自身的生存。可见，生态学能更准确地描写人与自然之间的关系，因而，"生态伦理学"或"生态哲学"是表示对人与自然之关系的伦理学探究和哲学探究，为进一步深入地保护自然、关注环境，这一名称更为适合、恰当和准确。

② 刘福森：《自然中心主义生态伦理观的理论困境》，《中国社会科学》1997年第3期。"自然中心主义"这一概念的内涵基本上就是本文普遍所使用的"生态中心主义"概念。作为应用伦理学的一个分支，对于生态伦理探究而言，使用"生态中心主义"这一概念比"自然中心主义"概念更为恰当和准确。

择活动。价值选择的终极尺度是人类的生存与发展的需要。"① 人只有具备主体价值选择的实践本性，才可被称为人而不是物。但是实践本性不是抽象的、凝固不变的，而是具体的、历史的。从抽象的实践本性出发对生态中心主义的这种批评，并没有沿着生态中心主义"伦理拓展主义的颠覆"之道德合理性向前，而是退回到人类中心主义对"现代性"道德无反思、无批判的意识形态的原点，恰恰违背了人的实践本性或实践智慧。用批评者自己的话说："这种人类中心主义，作为人类的一种实践态度和人类生存的永恒支点，是不可超越的。"② 显然，这种观点是难以自治的。人类中心主义道德合理性的核心是人道主义，而对人道主义的过分强调，甚至扭曲了人道主义的基本思想或超出意识形态的必要限度，进而演变成意识形态性质的"我们时代的主导宗教"（戴维·埃伦费尔德语）。

改变一种固定化的价值观、思维模式及生活方式，的确非常困难，关乎人类社会发展的未来走向，影响每个人的生存或生活方式。尽管伦理价值观的变革异常艰难，但基于其在全球化大图景视野下人类社会的良序发展和历史嬗变中的进步意义，伦理价值观的变革尤为重要。从这一意义上说，生态中心主义对人类中心主义的"伦理拓展主义的颠覆"，在生态伦理探究中是必要的环节，却并不充分，也不完整。即便说作为生态中心主义的生态伦理确实存在"自然主义谬误""环境法西斯主义"等诸种理论困境，也不能以存在这种理论困境为理由完全否定生态中心主义的一些道德合理性，而应沿着"应用伦理学的双向反思"（卢风语），进一步补充、发展和完善生态伦理理论，通过论辩、对话、商谈耐心地等待，争取使自己的见解成为明天多数人的共识。从"应用伦理学的双向反思"思想来看，造成生态中心主义理论困境的一个重要原因就是生态中心主义对人类中心主义的颠覆，与被批判的对

① 刘福森、李力新：《人道主义，还是自然主义？——为人类中心主义辩护》，《哲学研究》1995 年第 12 期，第 60 页。

② 刘福森、李力新：《人道主义，还是自然主义？——为人类中心主义辩护》，《哲学研究》1995 年第 12 期，第 60 页。

象遵循同一个"价值的颠覆"思维模式，仍不能够透彻地反思和批判现代价值观的基石，遑论有效地以生态伦理的整合价值超越现代价值观，建构和实践从工业文明向生态文明的转型。

一　走出生态伦理的"两难处境"

　　基于"应用伦理学的双向反思"，生态中心主义对人类中心主义的颠覆，重蹈人类中心主义的"价值的颠覆"思维模式，因而也不能全然否定人类中心主义的道德价值合理性，否则也否定了自己的存在价值。

　　人类中心主义在全球生态危机的蔓延态势中作为被批评的对象或目标，在控制和支配自然的道德价值观中起到了推动作用。但其实，它并不完全是造成生态危机的始作俑者，而只是一直掩盖问题实质的"挡箭牌"抑或"替罪羊"。人类中心主义的最初原型和精神动力的"人道主义"精神与科学结成同盟，从文艺复兴开始，经过宗教改革、启蒙运动，试图共创一种可与神学意识形态支配下的封建专制统治相抗衡的新世界观。康德的道德世界观就是新世界观的典型代表。他认为，通过人的道德性实现人类理性超越感性限制达到自由境界的形而上学理想，建立一种以自由为基础、以道德法则为形式、以至善为根本目的的"道德世界观"。他的人道主义观点认为，"人，一般说来，每个有理性的东西，都自在地作为目的而实存着，他不单纯是这个或那个意志所随意使用的工具。在他的一切行为中，不论对于自己还是对其他有理性的东西，任何时候都必须被当作目的"[①]。许多持人类中心主义思想的人往往借助康德义务论主张的"人是目的"伦理思想，并片面地分析和解释了这一观点，作为确立自身理论的道德依据，把人类的价值拔高到了超越地球上一切其他生物的境地，把自然当作满足人类自身利益最大化幸福的手段或工具，必然会导致一种极端的或强势的

---

① 〔德〕康德:《道德形而上学原理》，苗力田译，上海人民出版社，2005，第47页。

人类中心主义，直至演变成对自然资源无限度挖掘和榨取地球而导致的生态危机。然而对康德作如此诊断并不符合事实依据，没有看到康德义务论伦理思想的时代背景和现实意义，掩盖了从人的"道德自律"层面来使用"人是目的"的这一特殊内涵——尽管这种内涵已泛化为人类中心主义的重要思想来源和理论根据。

实际上，"人是目的"的康德义务论伦理学命题并不是为了凸显人与自然之间的人类中心主义的，其根本目的的重要意义倒恰恰反映了人与人之间的社会伦理，保护人的基本权利免受侵害。正如李泽厚为康德的"人是目的"这一思想所做出的合理判断："康德打出这个纯理性的作为目的的'人'的旗号，实质上是向封建主义要求'独立'、'自由'、'平等'的呼声。当时统治阶级的君主、诸侯把下层人民视同草芥、牲畜、工具，如康德所指出，甚至为个人细小事务或爱好而可以随意发动战争，残杀人民，士兵完全被当作工具一般使用。"① 正是在这种人道主义的"以人为本"思想产生的历史背景下，作为对启蒙运动的经典总结，康德提出"人是目的"的义务论伦理思想，把人类从其统治者的自私自利的无限扩张计划之下拯救出来。在社会共同体生活的实践领域中，作为道德意义上的主体，基于义务的伦理思考，人自觉地放弃自私自利的欲望，遵循道德法则，才能够获得自我主宰的自由。在人与自然共处的"自然共同体"中，作为自然界中的一员，人必须遵守客观的自然规律，是不能把自己拔高到自然界之外的。康德并不赞成把人看成"自然的主人"这一妄自尊大的态度和行为，并批评了那种征服和主宰自然的观点和傲慢的态度。"人对自己是如此之自信，乃至仅仅把自己视为上帝的安排的唯一目的，仿佛除了人自己之外，上帝的安排就没有任何别的着眼点，以便在对世界的统治中确立各种准则似的。我们知道，大自然的整体是上帝的智慧及其安排的一个相称的对象。我们是大自然的一部分，但却想成为整体。"② 人作为自然存在者，与无机

---

① 李泽厚：《批判哲学的批判——康德述评》，人民出版社，1984，第 390 页。
② 李秋零主编《康德著作全集》第 1 卷，中国人民大学出版社，2003，第 445 页。

界、有机界及各种形式的生命都有着不可分割的联系，并没有充分的道德理由赋予人特殊的道德资格超出并凌驾于自然界。因而，康德指出："自然界远不是把他当作自己特殊的宠儿来接受并善待他胜过一切动物了……人永远只是自然目的链条上的一个环节：他虽然就某些目的而言是原则，这原则似乎是自然在自己的设计中通过他自己向自己提出而给他规定了的；但他毕竟也是在其他环节的机械作用中维持合目的性的手段。"[1] 由此可知，康德是清醒地认识到人不能妄自尊大地将人置于超越其他生物之上的地位，而应把人还原为大自然生物群体中的一员，处于生态系统中的合理位置。"康德自然观的生态伦理意蕴"揭示了"作为自然界的最终目的的人是作为道德目的或道德主体而存在的，他不是自然的主人，也没有权利为了自己的功利欲望和爱好而随意戕害自然，相反，他必须通过维护自然的目的而使自身的道德品质得到提升"[2]。由此可见，以人为目的、重视人的自然本性和现实的生活、追求完满的人的理想的启蒙人道主义是人类社会发展的文明结晶，并不必然导致人类中心主义成为生态危机的意识形态祸首，尽管人类中心主义的道德合法性必须仰赖于人道主义作为理论支撑，但它们并不是同一层面的观念。

毋宁说，随着人类道德理论的成熟，人类中心主义观念的意识形态特征与功能将逐步淡出历史，与生态中心主义观念形成生态伦理的整合价值，建立并优化生态伦理，是生态文明建设的必要前提。生态伦理不能局限在人类中心与生态中心的两难选择的思辨讨论中，而是要以价值整合的理论姿态和实践指向，为生态文明做启蒙的先导，成为生态文明建设的一个重要的组成部分。生态伦理从两难困境走向伦理的整合，促进生态文明建设，形成生态经济、生态政治和生态文化，并牢固树立生态文明观念。生态伦理思想的成熟和完善，"推动社会的生产方式、生活方式和思维方式的变革，成为建设生

[1] 〔德〕康德：《判断力批判》，邓晓芒译，人民出版社，2002，第286页。
[2] 张会永：《康德自然观的生态伦理意蕴及启示》，《马克思主义与现实》2009年第1期，第147页。

态文明的积极力量"①。从更深一层说，生态伦理学是一种新的道德启蒙，向只追求自己利益的现代人提出了承担全新责任的道德要求，使人的角色完成了一次深刻的转变，不再完全是自然的征服者，而更应该作为自然的调节者，需要道德力量的自愿自觉。"生态伦理学便是要为人类适应这种新的角色建构起系统的道德准则和行为规范。"②站在生态文明时代的制高点上，必须充分发挥生态伦理的"伦理学的深刻变革"的理论价值和启蒙意义，要求生态伦理摒弃人类中心主义与生态中心主义的对立，以整合价值的理论形态，增加道德向上的正能量。因此，生态中心主义对人类中心主义的颠覆并不是生态伦理概念的全部内容，尚未构成生态伦理的整合价值——仅是其理论建构和实践探索的必要环节，只有与人类中心主义联结，形成自然主义与人道主义的道德合力，使生态伦理的整合价值成为可能，尊重、顺应、保护自然的生态文明理念才能应运而生。

作为生态中心主义的生态伦理，如果不能吸收人类中心主义的道德合理性即人道主义理论自身的不可或缺的主题之一，就不能成为现代文明的延续或拓展，甚至会失去文明，回到茹毛饮血的时代，会落入"现代性"的伦理话语，走向意识形态的"中心"话语体系。"生态中心主义"的原初含义就是寻求人类支配和控制自然的现代伦理体系与遵循自然道德义务的生态价值论之间的平衡，但在应对现代人类中心主义观念所产生和确立的"生态伦理"价值时，却只能把阐发人与自然生态系统伦理关系的思想体系还原为人类中心主义的"中心"思维模式和话语体系，以现代社会伦理为归依。要使作为生态中心主义的生态伦理与人类中心主义形成整合价值——在确立生态系统内在价值基础上实现人类的价值取向与伦理诉求，必须突破和超越支撑人类中心主义伦理的普遍观念（价值系统）即"现代性"及其道德框架，否则，生态伦理陷入"两难选择"是其理论的必然结局。

① 余谋昌：《从生态伦理到生态文明》，《马克思主义与现实》2009年第2期，第112页。
② 雷毅：《生态伦理学：一种新的道德启蒙》，《科技日报》2001年6月4日，第2版。

二 "现代性"道德：一个并不完善的世界

要走出生态中心主义与人类中心主义的"两难选择"困境，不能仅依靠生态中心主义对人类中心主义的"价值的颠覆"，而应"从颠覆走向整合"：超越支撑人类中心主义伦理的"现代性"道德框架，使生态中心主义与人类中心主义实现价值整合。"摆脱二难推理，走出生态伦理的'两难选择'处境，不妨从对传统方式替换性彻底改变的'价值的颠覆'入手，揭示人类中心主义与生态中心主义的生态伦理观对立、冲突的价值观根源，以此寻求生态伦理整合价值的必要和可能。"① 生态中心主义对人类中心主义进行"价值的颠覆"，尽管确立了生态伦理的基本价值观念，却失去了人类中心主义之人道主义的道德合理性，也使自身缺乏道德合理性根据，一个重要的原因就是没有认识到人类中心主义并不是生态危机的罪魁祸首，也就不能将生态危机归为人道主义的僭妄，而应归罪于支撑、蛊惑人类中心主义信念的"现代性"道德框架。"在某种意义上，生态危机并非人道主义的僭妄，恰恰相反，是人道主义精神还不够深入的结果。'生态中心论'将矛头指向人道主义，不仅简化了矛盾，而且对人道主义有失公允。"② 因此，生态中心主义与人类中心主义的价值整合，应消除人类中心主义的"现代性"意识形态特性，进一步发展、完善生态价值论基础上的人道主义。

人类中心主义之所以被视为"人类实践选择的唯一的、终极的价值尺度"，就在于"现代性"道德框架支持并决定了人类中心主义信念的意识形态特性。持人类中心主义立场的学者全身心地拥抱"现代性"的人，持非人类中心主义立场的学者对"现代性"进行了批判性反思。"人类中心主义是现

① 张彭松：《生态伦理：从颠覆走向整合》，《自然辩证法研究》2014年第10期，第108页。
② 马凌：《生态伦理与人道主义——18世纪西方自然观的形成及其当代影响》，《唐都学刊》2004年第3期，第102页。

代性的思想支柱之一。"①不可否认，在很大程度上人们仍庆幸于生活在"现代性"道德框架中。应该说，"现代性"道德首先作为一种理性的文化精神，打破由精英阶层统治、把控和传播的文化壁垒和思想控制，促使市民阶层的世俗观念的生成和自由民主观念的普遍提升，这是完全合乎历史逻辑的。因为，从前现代传统社会的经验结构中挣脱出来，现代社会的理性存在方式的最根本特征就是个人自主的理性或精神获得了一种自觉性或反思性。"最为重要的是，在普世伦理的视域中，所谓'现代性'道德当然是一种较为先进和普泛的道德资源。如，作为一种方法的普遍伦理理性或道德推理；作为现代道德文明理想的基本价值理念系统（自由或人权、平等或公正、宽容或博爱）；以及作为一种文化理想的道德改善论追求。"②但同时，以"现代性"道德所创造的世界并不是"历史的终结"——自由与民主理念已无可匹敌，历史的演进过程已完成，而是一种有待批判反省的特殊性的甚至是（西方）地域性的道德文化。

　　那么，究竟什么是"现代性"道德呢？尽管"现代性"道德的概念有一些歧义，但仍然有迹可循。简言之，"现代性"道德作为现代社会伦理的话语体系，是指在全球化时代社会发展所追求的及现代人所珍视的道德价值目标。从现代社会生活来看，"现代性"道德的伦理价值观至少包括市场经济、民主政治和大众文化等三个方面。其实，在现代社会生活中，具体道德价值目标都包含在西方启蒙思想的设计之中，但它的社会发展及其"现代性的后果"却往往超出启蒙思想家们的理论预期，启蒙走向自身反面，倒退成了神话。以"现代性"道德为圭臬的现代社会在给人们提供生活便利，让人们完善自己的同时，也带来破坏自然、伤及人类自身的难以估量的负面效应，侵染现代人的生活世界，压制人的自由自觉的生活方式，束缚人的精神生活。如大卫·莱昂所说："现代性的成就在于开创了一种新的社会秩序，导致了一个前所未有的、并常常是不可逆转的大规模变迁。实际上，'现代性'成为第一个

① 卢风、刘湘溶主编《现代发展观与环境伦理》，河北大学出版社，2004，第12页。
② 万俊人：《寻求普世伦理》，北京大学出版社，2009，第149页。

获得全球性统治地位的社会组织模式。"① 当然，"现代性"道德在人类思想文化史上是一种极大的进步，但是，由于全球化时代受"现代性"意识形态的影响，甚至是全面控制，对之歌功颂德者比比皆是，而批判和反思者并不多见，尤其在国内的思想文化环境中更是如此。人们似乎都是站在道德价值中立的立场，以旁观者的姿态来思考的。然而，我们都置身于传统与现代之间，每个人都不能脱离这种语境来谈所谓的不涉及自身利益的客观的"现代性"道德。本章的理论研究目的就是打破对"现代性"道德的所谓的客观立场，从批判和反思的角度使"现代性"道德回归到绵延不断的文明历史中来考察。

1. 难以驾驭的市场经济

在现代社会生活中，市场经济是资源配置的基本手段。作为一种经济体系，市场经济，又称为自由市场经济或自由企业经济，这种经济体系不是像计划经济一般由国家所引导，而是在产品的生产及销售和服务方面完全由自由市场的自由价格机制所引导。对于现代社会生活而言，市场经济除了具有经济上的合理性，以最少的成本取得最佳的合同效益以外，还具有一定的道德合理性，具有原始分配的客观公正性，广为现代人所接受和认可。市场经济不只是一种原则或一种经济形态，它实际上更是一整套经济运行的基本规范或经济运作规范。这仅仅是在资源配置最优化的理论层面上说的，塑造了人类全新的公平正义的道德文化类型，在现实社会发展中，市场经济还有不容忽视的另一面，相对于人类追求的终极目的而言，起到消极的阻碍作用。即是说，追求效率的最大化，只追求物质财富，忽视精神生活，发展到极端，常常会具有双刃剑的作用，既能发挥积极的促进作用，也会使市场经济本身的道德合理性走向反面，成为一种反道德、反社会的"资本的逻辑"模式，陷入现代工业文明发展观的"走火入魔"状态。众所周知，只要是市场经济，就有一只"看不见的手"在指挥，虽有理性的算计，但参与其中的人谁都无法宏观地去分析观察，显现出市场的盲目性，因而也就无法避免陷入周期性

---

① 〔加〕大卫·莱昂:《后现代性》，郭为桂译，吉林人民出版社，2004，第48页。

危机。

交往关系是人与人之间相互作用的最普遍的形式。市场经济的发展把商品的价值普遍化为一般性交往媒介的至上位置，有可能成为"一切纽带的纽带"①，影响到交往规范和价值方面。对于现代社会生活中人们之间的交往关系而言，作为现代规范伦理得以建立的前提，市场经济体系及其制度要求社会道德规范适合现代经济发展自身存在的社会交往的不同领域。也就是说，市场经济中的人际交往随着经济的全球化和科技条件的辅助，不再局限于既定的时空区间，而是扩大了人与人之间的交往范围，特别是现代传媒技术的发展（手机、网络），让交往的效率和频率日益提高，但是，交往的质量和深度并不是随着交往范围的扩展而日益提升的，而是受制于哈贝马斯所说的社会生活中"社会权力"（social power），使自由交往的公共领域发生严重扭曲和变形。由于现代社会更多地受制于商业、金钱、权力和资本的外在驱动和支配，人与人之间的交往质量和深度不断下降，浮于表面，如"金钱交往""地位交往"，"侵蚀和影响着人们的心灵"，使人陷入互相猜疑、不信任和自我中心。换言之，人与人之间的交往关系的合理性被产出最大化的要求所遮蔽，取决于"代价—利益"的效益分析，成为判断某种活动所产生的有益效果的方式。

整个社会完全被市场经济所左右，把"自利"作为道德的标准，就会将人与人之间的天然联系挤压成"物化"的人际关系。以追求自己的利益（物质利益）最大化为道德价值的轴心，使现代社会伦理的交往关系成为机械式的、松散的、外在的关系，缺失了人与人之间最基本的情感维度。这种"物的依赖性关系"的人际交往和社会关系几乎由利益的大小来决定，使人们之间的交往大多处于浅层交往状态，表面上保持陌生的友好，而心底多处于防备，甚至是敌对的状态。由玛丽·哈伦执导，克里斯蒂安·贝尔主演的《美国精神病人》昭示着人们对物质的过分追求，这也必将导致人际关系中人心

---

① 《马克思恩格斯全集》第 42 卷，人民出版社，1986，第 153 页。

的冷漠与残酷。对于市场经济中人追求自我利益最大化的幸福追求，重占有、轻生存，遮蔽了获得未来社会发展终极意义的总体愿景，并把这种历史的总体性反思当作虚幻的"道德乌托邦"一并否弃。至此，人类历史积淀而成的伦理文化底蕴被压缩成或归结为"永恒的利益"，以对人类的利弊性为道德标准来判断人类的社会生活，决定人们追求幸福生活的指向。

在生存生活方式上，如果说人们在传统伦理社会生活中注重节制的道德德性而轻视对物质利益的追求，那么，现代人的生存生活方式则强化经济发展，为的是能够及时或提前消费和享乐。其实，现代人的经济主义、消费主义的生存生活方式并不是自主的，不能完全体现出自由自觉的本质存在，而是由市场经济的魔力、诱惑和鼓动所推动和刺激的结果，形成大量生产、大量消费、大量抛弃的固定化的生存模式。这是生态社会发展的最大阻碍。在现代社会中市场经济在人们心目中的价值已远远超出经济本身所容纳的范畴，几乎囊括了社会生活的全部和历史的总体性设计，致使其缺失内在的经济合理性。这种盲目的乐观主义确信，符合人性的最根本要求就是把人对物质利益的追求最大化，这成为推动社会进步和历史演进的唯一的决定性力量。由此，启蒙精神许诺的"人是目的"却反过来演变为"人的生存目的"，成了经济主义发展和消费主义意识形态的手段或工具，而原本仅具有手段或工具价值的金钱、利润、资本和物质财富等却转化成社会经济发展的终极目的，不再关注和重视"人的心灵与自然的和谐"的"持久的善"（斯宾诺莎语）。

毫无疑问，市场经济是迄今为止最优化的资源配置方式，对现代人类社会发展和历史进步起到积极的作用，影响现代社会生活的政治和伦理文化，但是，如果不经过社会制度制约，如社会主义制度的制约和先进文化观念的限制，特别是人类历史积淀中的文化传统中的宗教或道德制约，市场的成就会走向反面，可能会成为人类的灾难。从根本上说，经济、生产、交易和消费等都仅仅是满足人的基本生活，为人类展现自我意义和自我价值的外在条件（外在善），不能脱离人对幸福生活的终极目标。每个人都需要处理好幸福生活的外在和内在的关系。"人类终将回到人情意味，重视人的精神质量的生活方向，人不会永远是追求财富的奴隶，资本主义的市场经济创造的这套生活典范终究只是人类历史长河中一个值得反思的阶段，它不可能永垂不朽！"① 经济活动说到底是人的活动，是要由人来推动的，并为了人的生活而存在的。因而，人类的目标不是追求经济活动，而是需要通过经济活动，创造一个风险与共、同舟共济、相互体谅、共同成长的生命家园。

2. 刻板划一的政治管理

以工业社会的市场经济作为自己的经济基础的现代政治管理，从总体运行机制方面，由法治取代了人治。法治就是在现实政治生活中伴随着"现代性"而来的工具理性实践的典型表现形式，是现代社会的一个基本框架。在法治的框架内，工具理性力求使政治权力得到科学配置，在规范性和程序性的制度结构中进行，其基本理念就是追求政治管理效率的最大化。从这一意义上说，工具理性关注政治运作的能力系统，致力于提供一套有一定操作程序的技术、规则和制度等等，选择最佳方法和最优途径。众所周知，这种政治管理体制的一个重要方面就是它的非人格化和形式主义，使形式化的、非个人关系的因素能够消除非理性的统治形式，具有支配地位和作用。但是，在这种政治管理体制的非个人化和形式主义走向极端时，在一切关系中也会使人们之间似乎都摒弃价值判断和个人的好恶，保持某种道德中立态度，普遍缺乏内在的道德关切和支持。因此，在现代政治管理的官僚制的组织形式中，知识脱离了具体的生活实践的目标，演变成抽象的技能和理性的形式。曾经充满价值和意义的世界观却蜕化为无所谓好与坏、善与恶的"工具理性"性质的价值中立。自我进行选择和为了他者的道德良心让位于无感情色彩的盲目服从指令。

德国著名社会学家、哲学家韦伯对此不无悲观地指出，对工具理性追求的政治官僚体制支持普遍性和非人格化的文化体系存在于政治、经济和

---

① 黄万盛：《大同的世界如何可能》，《开放时代》2006年第4期，第60页。

文化等社会生活中。"我们现在已经完全被卷入了这样一种进化过程，现在最主要的问题不是怎样促进和加速这一过程，而是设法反抗这个机器，免于灵魂被分割标价出售，摆脱这种至高无上控制一切的官僚式生活方式，以保持人类中一部分人的自由。"①正是现代政治管理演变为政治官僚制的权力政治和技术化，即理性主义的操作化模式对社会生活进行全面控制和价值主宰，导致现代社会无孔不入的政治官僚体制思想。韦伯的悲观看法并不是危言耸听，而有着现实的可参考的事实例证，需要生活于当代的我们深思和探讨。

鲍曼是研究当代性与后现代性最著名的思想家之一。他认为，杀戮速度之快、残忍与恐怖史无前例、规模之空前的二战时期的"集中营大屠杀"，其方式、手段或策略，并不是前现代社会所能办到的，也不是德意志民族的反常规的行为，而是颠覆传统伦理社会的"现代性"道德及其所形成的现代社会本身所固有的可能结果。这种解释也许并不全面，但也不可否认，现代社会的科技异化，不再是解放的力量，似乎成为控制人自身的"铁笼"。从这一方面看，这种解释也具有一定的合理性。正是现代文明的工具理性的僭越、道德中立的冷漠、园艺式的社会管理等诸多本质要素和成果，促成设计者、执行者和受害者密切合作的社会集体行动，提供了大屠杀得以顺利进行的先决条件。因而，二战的集中营大屠杀严格上说属于"现代性事件"。鲍曼指出，现代政治管理的理性化是二战时期的集中营大屠杀能够发生并得以进行和实施的先决条件。现代政治管理的理性化对生活世界的浸染、渗透和支配，从排除所有其他的行为标准的"极端的理性"走向贬低道德支配作用的"极端的非理性"，看似悖谬，实则是"现代性"的理性设计的必然结果。"大屠杀在现代理性社会、在人类文明的高度发展阶段和人类文化成就的最高峰中酝酿和执行，在这个意义上来说，大屠杀是这一社会、文明和文化的一个问题。因此，在现代社会的意识中对历史记忆进行自我医治就不仅仅是对

---

① 转引自苏国勋《理性化及其限制——韦伯思想引论》，上海人民出版社，1988，第243页。

种族灭绝受害者的无意冒犯。它也是一个信号，标示出一种危险的、可能会造成自我毁灭的盲目性。"①在现代社会，人表面上是自主的，而实际上在某些方面却是缺乏自制的，甚至具有盲目性。鲍曼认为，对自我毁灭的盲目性的危险的解决之道，就是作为拥有道德良心的个体，每个人在任何情况下都应无条件地自觉承担道德责任。鲍曼提倡道德自治以及道德自我的解放，反对强制性道德，因而希望通过每个人的道德良知，要求每个人承担起对他者的道德责任。

现代政治管理的理性化的社会生活并不是真实生活的全部。比较而言，生活世界是更为原初的、经验的世界。个体生命存活的世界就是生活世界，是个体生命求得生存的意义和价值的整体世界。概言之，生活世界的基本含义是指人生活于其中的具体而现实的周围感性世界。体系合理化使得现代社会体系分化成市场机制和科层制度，使社会分工更加细致，使社会物质生产效率以及社会物质生活水平得到极大提高，但也侵蚀了非市场和非组织化的活动。随着技术、权利和媒体等现代社会体系的迅速发展，工具理性变得日益复杂，过度膨胀，导致"生活世界"与"系统"的严重分化，使得公民成了政治生活中的旁观者或路人，被动而消极。于是，生活世界中的文化传统传承、社会承担和个体承担等盛行的语言沟通方式退出人际交往，逐渐被淡忘了，消失于现代社会生活，而作为流通手段的媒介的货币和具有社会支配功能的权力等非语言的媒介，变成人际交往和沟通行为的媒介，造成"生活世界的殖民化"（哈贝马斯语）。"生活世界的殖民化"使人们越来越重视行为的效果和物质生活水平的提升，市场和科层制度不断扩张，致使原初的、前科学的生活世界不断萎缩。

作为一个"现代性事件"，二战的集中营大屠杀的警示是，以理性主义为圭臬的政治官僚制度对于工具理性的效率至上的追求过于刻板划一，这样就会让人类漠视对他者承担的道德责任，在道德上陷入盲目无知，削弱人们

————————
① 〔英〕鲍曼：《现代性与大屠杀》，杨渝东、史建华译，译林出版社，2002，第5页。

内心最原始的道德冲动。受到"现代性"道德的意识形态的激发和蛊惑，现代人不再愿意被文化伦理传统约束，而是无限度地任由自我发展，追求自己所谓的"幸福"（实质是虚假的幸福）。现代人缺乏自我约束，如果不能改弦更张，此类"机械的驯良之恶"（雅斯贝斯语）、作为"现代性"之验证的集中营大屠杀，未必没有重演的可能。为了避免集中营大屠杀式的悲剧，现代人更应做出深度的自我反省，重建尊重自然、关注他人的生活世界。

3. 压抑心灵的大众文化

"现代性"道德的进一步发展，不仅是经济、政治的现代化，也是文化的现代化，即精英文化的衰落与大众文化的兴起。随着市场经济及其相应的政治体制的确立和完善，在人类精神文化的历史发展中，文化不再是精英文化，而是进入人们日常生活的大众文化。这种文化形态顺应人类精神生活的发展，尊重大众的基本权利，凸显其人文本质、人文理性和人文精神。与传统意义上的大众文化不同，所谓大众文化是指在工业化技术、大众化媒体和消费社会语境下，广泛传播适应社会大众文化趣味、影响大众精神生活的文化范式和类型。

从积极方面看，与其他任何形式的传统文化艺术相比，大众文化无疑具有无法比拟的广泛性、平等性和普及性，是现代经济、政治及科学、民主高度发展的必然产物。大众文化在某种意义上作为现代社会的平民性、通俗性、娱乐性文化，具有某种意义上的进步性，斩断了长期以来在传统社会中存在的由少数人或精英阶层的人进行的文化垄断的社会根源，体现出人类社会大众的自由意识、思想解放达到某种高度，是人类社会走向自由、民主和平等的历史性标志。大众文化生活作为现代人特有的生存方式，克服了人们在现实中的茫然和孤独感以及生存的危机感，客观上也促进了社会经济的快速发展，直接拉动国民经济的增长。

的确，大众文化体现出现代自由平等的"现代性"道德特征，承诺文化发展的多元化，塑造自我反思、具有独立个性的现代人，符合现代意义上的道德价值。但是，揭开大众文化的表象，从实质上分析，我们必须意识到，现代社会中的大众文化并没有沿着健康的社会和健康的文化发展轨迹前进，而是通过市场经济"看不见的手"，在盲目追逐个体的商业利润刺激下，完全遵从经济利益的文化形式，以全球化的现代传媒为介质大批量生产当代文化形态，将时尚化运作方式的大众文化逻辑无限制地展开和普及，体现出文化的民主特征。可是，单向度的大众文化的极度发展会导致文化的单一性和同质性，如罗森贝格所认为的，大众文化的不足之处是单调、平淡、庸俗，替代了伦理传统积淀的悠久的思想深度和文化厚度。

作为一种特殊文化形式，基于规范现代社会的根本标识的"现代性"道德，大众文化赋予文化产品以新的意义和价值，具有精神产品和商业产品的二重性。与物质产品的生产和消费不同，大众文化通过创造者的精神生产来满足消费者的精神需求。从这个角度来讲，它也是一种精神产品，出现文化的增值和观念的衍生，满足人精神上的即时需求。与大众文化的精神产品性质相比，其商业产品性质更为根本，发挥着消遣性、娱乐性的功能。

在市场经济的支配条件下，"资本的逻辑"侵入文化领域，对精神文化生活的控制，使文化变质，由主动的自觉变为被动的服从，成为把文明的客观创造减弱为主观"体会"的一种伪文化。即从为人类创造精神财富准备了广阔的自由空间的审美活动变成由工业机械批量生产、复制和传播的，一种完全服从于利益需要的文化商品，注重经济效益，缺乏对精神领域的开拓。

大众文化与精英文化相比，确实能够在一定程度上满足人的感官的刺激，具有现实的娱乐与消遣特性，消解了文化的深度和精神领域不可替代的意义和价值。如果将这种基于"现代性"道德的特殊的大众文化形式普遍化为人类历史的总体性，反而可能会降低人类文化的真正标准，造成人性的精神层面的缺失，抑制了人的深层的情感体验的产生，在长远的历史中可能会加剧人们的异化。

关于文化理想，"人类生活中需要某种消遣。但是，问题在于假如把消遣当成文化，或者给予低级文化较高的精神地位和社会待遇，这种低级文化就会无限度地扩张侵蚀掉人类精神，使人类精神失去创造力而萎缩成自然反应"①。这种较低价值的文化颠覆了较高价值的文化，甚至成为文化本身，具有工业的总体化倾向，即可以按某种机械化的批量生产和再生产的文化模式向世界无限制地扩展和传播。这种文化本质上是对自身模式的不断重复、复制，或者说在不断地自我抄袭。一味地满足人性中最低的价值欲求，这的确是"现代性"道德的基本文化逻辑及信仰维度缺失的具体体现。

三　人与自然："现代性"道德价值观的盲点

以上从经济、政治和文化三个方面展开论述"现代性"道德的基本内容。尽管这种全方位的论述包含"现代性"道德的基本内容，但并不能深入地分析"现代性"道德的立体结构图式及其理论反思。在此，对"现代性"道德理论从横向分析走向纵深推进，揭示出"现代性"道德的维度及其生存之隐忧。从纵深方面看，个人主义和工具理性主义构成现代社会生活中的道德价值的核心即"现代性"道德的两个基本维度。这两个维度互为前提，共同构成现代社会的主流道德价值观，并逐渐演化成以个人自我利益为中心（人类中心主义）的意识形态。

无疑，从传统伦理的"神义论"的式微开始，人道主义启蒙做出了前现代社会无法比拟的历史功绩，创造了自由平等价值观，通过科学技术创造了巨大的物质财富，使人走上了依靠自己的力量，自主生存的发展道路，使人决定自己的命运，追求自己的幸福。但是，现代社会及其生存于其中的现代人自认为自由民主制度是全球具有普遍价值的有效性的制度，即历史终结于"现代性"道德，极大地满足每个人的欲求和幸福。但是，在这种人类似乎要取代全能上帝的欣欣向荣的繁荣景象背后，既显示出"现代性"内涵的丰富性和深刻性，又潜藏着"现代性"道德之隐忧——鲜为人知的充满危险的历史进程和社会思维。身处于现代社会生活中，笔者能够切身地体会到对现代

---

① 赵汀阳:《论可能生活》，三联书店，1994，第 177 页。

道德价值观歌功颂德的思想观念和行为比比皆是，而对之深入地理解、反思和批判并将之整合到自身生活和实践中的却很少见到。从根本上说，"现代性"道德是一项有待完成的规划，它虽然出了毛病，但并不可怕，可怕的是将其自诩为"完美的设计"。吉登斯也对"现代性"道德相当悲观，"在三大社会学思想之父中，马克斯·韦伯最为悲观，他把现代世界看成是一个自相矛盾的世界，人们要在其中取得任何物质的进步，都必须以摧毁个体创造性和自主性的官僚制的扩张为代价。然而，即使是韦伯，也没能预见到现代性更为黑暗的一面究竟有多严重"①。这黑暗的一面就是"现代性"的动力所具有的大规模毁灭地球上的自然资源的潜力。因此，我们必须清醒地意识到，"现代性"道德话语本身蕴涵着危险。只有找出病根来，隐忧才能转化为机遇，创造更为美好的未来。只有生活于社会生活中的现代人都能够对现实社会中的道德价值观进行"哲学的忧思"，人类才可能找到和寻求解决"现代性之隐忧"的理论路径和实践智慧。"现代性"道德价值观的盲点表现为以下两点。

其一，个人主义伦理的道德缺憾。在前现代社会中，个人的价值附着在社会的等级结构中。随着文艺复兴、宗教改革和启蒙运动突出强调了个人价值、权利和尊严，个人主义伦理在近现代社会的思想发展和道德实践中日趋成熟，成为"现代性"道德的基本维度之一。概言之，个人主义伦理思想以利己心规定个体人性的全部，从普遍的个体人性出发，将个人作为一切道德价值的最终根据，并以此解释一切社会现象。一般而言，每个人有表达自己真实利益的愿望和渴求。相对于前现代社会中封建等级制度对个体价值的压制，个人主义伦理有其自身的历史价值和意义。个人主义伦理的基本价值精神成为伦理基本精神之一，具体包括：个人的价值不再由社会、国家来安排，而是由自己创造的，并为自己负责；个人是家庭、社会、国家的价值之源；等等。②作为现代意识形态的总汇，个人主义在西方现代性的经济生活、政治生活、文化生活中都留下了深深的印迹，异常广泛地影响着全球时代人们的

① 〔英〕安东尼·吉登斯：《现代性的后果》，田禾译，译林出版社，2000，第7页。
② 高兆明：《伦理学理论与方法》，人民出版社，2005，第350页。

思想行为，渗透在人们社会生活的方方面面。

作为"现代性"道德的一个基本维度，被冠以现代文明最高成就之一的个人主义，在它为逃脱封建等级制度长期压迫，提供人类思想自由的呼吸空间和活动的范围，让每个独立自主的个人能够自由地追求属于自己的幸福与命运的同时，又让人以自我利益为中心，缺少对他人及社会的关心，使现代人的生活既平庸又狭窄，缺乏道德视野的拓展和生存意义的支撑。麦金太尔指出，现代道德观念主张情感主义，普遍认同纯粹个人主义的道德价值。"因此他们没有把社会秩序描述成个人必须在其中过道德生活的社会架构，而是把这个社会秩序仅仅描述为个人的意志和利益的总和。一种粗糙的道德心理学把道德规则理解为如何有效地达到私人目的的工具。"① 在这种样态的社会中，人们不能指望找到一套统一的道德概念，不能指望社会对道德词汇有共同的解说。

可见，从过于强烈的个人主义和人类中心主义到卸载掉道德价值与责任的不可承受之重，却也在个人自由的本体性承诺中陷入"荒谬"与"虚无"。"日益深刻地危及现代人类的自我人格认同和道德价值认同。人们在凸显个体自我或追求自我实现的同时，也失却了正确认识自我和生活意义的有效方式。忽视了历史、社会文化或道德'他者'的存在意义，自我的认识也失去了必要的参照和语境，使个体自我成了某种既不可（为他人所）进入，也难以进入他者的不可言说的封闭性'单子'状态。"② 在前现代的文化传统中，人们往往把自己看成较大秩序的一部分，这些秩序确实也存在某种对人的压抑，但从另一方面看，在限制人们的同时，也赋予世界和社会生活的行为以意义。"现代性"道德出于对超越个人的"宇宙秩序"的怀疑和主体价值的还原，带来了人性的解放，却也遮蔽了社会生活与自然之间相互联系的整体，使人很难看到真实的自己。这正是"现代性"道德发展的一个悖论。

其二，工具理性及其价值迷失。个人主义伦理原则之所以成为现代伦理文化的价值核心，就是以普遍理性主义的知识合法性和有效性为依托的，构

---

① 〔美〕麦金太尔：《伦理学简史》，龚群译，商务印书馆，2003，第344页。
② 万俊人：《寻求普世伦理》，北京大学出版社，2009，第77页。

建"现代性"道德的经验证实和逻辑证明的根本论理路径，表达了现代伦理话语的基本信念。脱离并颠覆传统伦理文化所形成和建构的"现代性"道德话语体系在不断发展和演变的过程中使理性发生了扭曲，控制冲动，只服从目的理性，如哈贝马斯所说，"它只要求理性是工具理性"①。现代社会中无论孤独的个体还是人类的整体，充分相信自己能够支配一切，不需要思辨、想象和乌托邦内在空间的可能性建构，只需仰赖工具理性，为自己创造丰富物质财富，就能够相应地解决人类自身的心灵困惑、道德难题和精神信仰。正如阿基米德"给我一个立足点和一根足够长的杠杆，我就可以撬动地球"，现代人也相信有了作为工具理性的手段，就能解决一切问题。殊不知，阿基米德只是用一种比喻表明了人类理性力量的伟大，解决了科学研究中的难题，并非是真的去撬动地球。而现代人在"人本主义的幻觉"中，迷信工具理性，无法真正地认识自己，忘记了自己的有限性。

然而，按西方"现代性"的设计，现代社会的发展和完善并没有智慧地运用工具理性，而是对无法言说的文化理想或道义论德性传统近乎疯狂地进行"价值的颠覆"，以至于工具理性越出了自身应有的界限而演变为主宰现代人生活和精神世界的"铁笼"。"铁笼依照理性的计划来设计，理性只了解手段，不清楚目标。制造铁笼的是拥有智慧的专家，对自己究竟在缔造还是在毁灭，是在创造生命还是在制造死亡这样的问题漠不关心。"②依附工具理性，不仅在某些方面解放人，也会按新方式奴役人，甚至这种奴役较之于前现代的封建统治和奴役更具有"隐性的暴力"。

实际上，工具理性本身无所谓善恶，仅仅是一种手段。工具理性有一定的适用条件和范围，需要某种目的的善恶评价，才具有意义和价值。因而，对作为工具理性的手段需要谨慎对待和处理，做正当、合理的道德考量，既要有

① 〔德〕于尔根·哈贝马斯：《现代性的哲学话语》，曹卫东等译，译林出版社，2004，第128页。
② 〔法〕塞尔日·莫斯科维奇：《还自然之魅：对生态运动的思考》，庄晨燕、邱寅晨译，三联书店，2005，第80~81页。

益于人，又要符合自然，使它置于什么条件、出于何种目的，才能有利于人与人、人与自然的内在和谐。但是，在"现代性"道德的意识形态的论证中，工具理性几乎具有了"最终解释权"的意味，再没有回旋余地，不需要做是否具有道德合法性的论争，抑或说，它就是自身的道德合法性根据。没有合理的道德约束，目的并不超越并约束手段。相反，正是手段使目的具有了合法性，能够产生、创造和激发任何目的。鲍曼指出，"能知（pouvoir）——能够，有能力——作为最终的、最后的目标，作为'纯粹的'目标，与其说是其他东西的工具，不如说是自身的工具，因而不需要通过指涉其他东西为自己申辩。我们能做什么并不重要，只要我们能做这件事就行"①。可见，随着工具理性的膨胀，僭越价值理性，在追求效率、技术和结果的控制中，缺失了价值指导的（工具）理性，失去了采取"肯定"或"否定"立场的批判能力，由工具蜕变为纯粹的权力，变成统治自然和支配人自身的极权主义力量。

作为"现代性"道德的两个基本维度，个人主义和普遍理性主义相互印证，互为支撑，成为现代社会生活节奏多变、纷繁复杂的生活现象背后控制自然、压抑人自身的伦理世界观。通过"价值的颠覆"，改变了传统道德认知方式，消解了"终极实在"对人的制约和限制，"现代性"道德是以个人为中心的道德价值观，主宰现代人类的生活方式及其相应的道德意识，把自然仅仅作为"资源"来看待，成为不言而喻的"用具"。借助"工具性"的道德合理性，手段遮蔽目的，凸显了人类自我中心性的极度膨胀，使个人主义伦理成为现代社会生活中的普遍行为准则、道德信条或合法信条。在全球性生态危机的历史背景下，在具有颠覆性的、倒错的"现代性"道德意识结构中，人们的生活经验已无法理解和体验到与自然相通的真实本性，从而也无法全面认识社会伦理的道德客观性及其道德合理性。在处理人与自然之间的关系问题上，颠覆传统伦理文化所建构的"现代性"道德，缺少了思想文化资源的支撑，理论上捉襟见肘，实践上缺乏保护自然的精神动力，无法切实地应对生态危机，使人类

---

① 〔英〕齐格蒙特·鲍曼：《后现代伦理学》，张成岗译，江苏人民出版社，2003，第222页。

自身的生存和可持续发展受到抑制。更为突出的问题是，人类中心主义所谓的"不可超越"的终极尺度这一完美诱惑，把人们对生态危机的理论思考错误地引入不恰当的思想来源，遮蔽了现代人直面现实的"现代性"道德价值观，极力掩饰在人与自然之间关系问题上的内在不足和缺陷。

在人与自然的关系上，原子化的现代人痴迷于工具理性的价值霸权，反过来，又助长了自我中心主义的错觉，从自信发展到自傲，迷恋于自身创造的工具价值。以人类中心主义工具理性霸权的方式或态度来看待世界和社会生活，任由人无限制地用技术开发自然，来彻底满足人类不断激发或无法满足的欲望。这种以人类自我为中心的工具理性的单面性道德"进步"在主导着现代文化的同时，也带来了前所未有的全球性的生态危机。从这个意义上说，所谓的全球性的生态危机已不只是技术、法律等操作性不足的生存问题，其最为突出的问题是文化"生态系统"的失衡问题，即自然的工具价值遮蔽了"内在的自然价值"所形成的实利主义所致。还原于工具性的自然，对应的就是把人作为世界价值的中心并当作偶像来崇拜，必然确立为一种全人类的利己主义，抑或说"人类沙文主义"，缺失一种敬畏生命、爱惜和保护土地、尊重自然的生态伦理维度。"如果我们相信自然除了为我们所用就没有什么价值，我们就很容易将自己的意志强加于自然。没有什么能阻挡我们征服的欲望也没有什么能要求我们的关注超越人类利益"[1]。贬低自然的价值而抬高人的价值（不是人的真实本性，而是凸显出自然对人的工具价值），这样的做法不仅伤害了自然，也导致了人类自身受制于一种机能失调的、独断的机械论世界观。因为我们错过了我们的生命支撑系统，我们变得不适应这个人类赖以生存的世界。

以个人主义或人类中心主义为道德价值的核心，将工具价值作为社会伦理支撑的"现代性"道德与生态伦理理念存在相违之处，除了上述对自然价值本身的理解，揭示出"现代性"道德处于人与自然关系的价值观盲点上，

---

① 〔美〕霍尔姆斯·罗尔斯顿：《哲学走向荒野》，刘耳、叶平译，吉林人民出版社，2000，第 197 页。

还包括现实社会生活助长了这种单向度的价值观。在由经济主义和消费主义的"资本的逻辑"来规定现代社会生活的意义和价值系统中，物质意识主导了人的内在的自我规定性，以物质享乐和欲望的贪欲为生活目标，刺激人们内心的非理性的无限渴望。其原因在于，占据主流意识形态的"现代性"道德对具有终极实在意义的传统伦理文化之"价值秩序"进行颠覆和建构，传统社会的主流价值如道、天、宇宙、历史、共同体、上帝等被边缘化，而传统社会的一些非主流价值如世俗、功利与效用等上升为根本的、优先的甚至是终极的价值。这种价值的颠覆和建构有其道德合理性及其历史进步意义，但也阻碍新的伦理的发展和文明的生成。一方面，"现代性"道德价值的伦理话语极大地促进了社会生产力的发展和提高，把人从自然界、共同体和上帝或终极实在的束缚中解放出来，另一方面，现代世界的道德并非中立和客观的，其中起决定作用的是偏爱法则，"其方式是品性上的道德最低下者的水平被定为基本尺度。更高尚、更丰富的'品性'因这一新的判断原则而遭贬损"①。因而，"现代性"道德对传统伦理文化的"价值的颠覆"不可避免地带来了一些负面的历史后果。

在现代社会生活的价值秩序中，现代人不能够认同、认可或支持最高的神圣价值、精神价值和生命价值，却把那些感官价值和有用价值视为现代人生意义的追求目标，而这些在传统伦理价值序列中被认为是等级最低的价值，是需要舍弃和贬低的。舍勒认识到，现代人恰恰把传统伦理价值中最低等级的价值看作现代人最珍视的价值目标，如他所表述的："'善'一词的含义现在已变成'在特定时刻令人愉快或有用'的东西，并且'每个人都能有自己的价值体系'，而更高的价值等级在人的经验中却退居其次。"② 在这种"价值的颠覆"背后，原本仅仅具有工具价值的东西却被现代社会的道德价值观所附着的意识形态赋予其难以想象的魔力，满足现代人对利益最大化的主观偏好或"偏爱法则"。由此看来，现代人倾向于管理、控制和支配的欲求不是没

① 〔德〕马克斯·舍勒：《价值的颠覆》，罗悌伦等译，三联书店，1997，第121页。
② 〔美〕曼弗雷德·S. 弗林斯：《舍勒的心灵》，张志平、张任之译，三联书店，2006，第23页。

有理由的，因为这种方式可以使自然更加柔顺、驯服地服务于人类自我中心主义这一令人振奋的幻象。"的确，大自然渐渐地成了某种从属于人类意志和理性的东西——即有目的的行动的客体，自身无意义因而等待吸纳它的人类主人注入意义的客体。在其现代理解中，大自然的概念与产生这一概念的人性概念相对立。它代表了人性的他者，是无目的之物和无意义之物的代名词。弃绝了内在的完整性和意义之后，大自然似乎成了人类放肆行为的一个柔顺对象"①。现代人将自然划归为可量化、可分性的可控制的事物，俨然成为主宰世界的主人，似乎可以囊括一切，却感受不到正是自己的无知致使地球成了"濒临失衡的地球"，伤害了自然，也危及人类自身。正如搬起石头砸自己的脚，伤害他者，也伤害了自己，自食其果。

第三节　生态伦理的价值整合路径：传统与后现代

与理论伦理学不同，作为应用伦理学，具有反思和批判智慧的生态伦理学以生态哲学反思和批判的哲学智慧直接关注现实社会生活，不仅具有道德形上的建构，更重要的是，致力于批判和反思现代道德价值观主导下的人、社会与自然的相互关系及人的社会生活。虽然生态伦理学也具有哲学所特有的反思和批判的实践智慧，但具有应用伦理学的理论特点，它的理论与反思更直接、更具体、更透彻。"反思和批判的智慧是应用伦理学应对社会现实问题的逻辑起点"，"而积极应对现实社会的伦理冲突和道德难题的挑战，正是应用伦理学的理论特质和本色所在"②。因此，秉承应用伦理学的基本理念，具有直面现实社会生活的反思和批判智慧的生态伦理，从表面上看，似乎具有某种颠覆性，即重新返回到卢梭式的浪漫主义的自然状态，而实际上在伦理

---

① 〔英〕齐格蒙特·鲍曼：《现代性与矛盾性》，邵迎生译，商务印书馆，2003，第60~61页。
② 黄晓红：《论应用伦理学的问题意识》，《哲学动态》2008年第3期，第41~42页。

文化传统的"终极实在"与后现代主义的"延异"、解构的反思和批判的历史语境中，显现出生态伦理的理论来源、思想动力、整合价值及其历史的进步意义。与"现代性"道德对传统伦理所采取的"价值的颠覆"思维模式不同，生态伦理整合具有辩证法意蕴，是一种包含着差别的同一，即辩证的同一。"整合思维是抽象普遍性向整体相关性的一种跃迁，是一种多元因素互动交融的集合性思维过程，认定相关事物的量和质的变化与发展具有一定内在的'协同互动性'"①。这种整合思维不是抽象的同一，而把认识的对象或主题置于整个系统中，作为"整体—部分"来考察，看成普遍联系中的一部分，既体现出整体的质，也要考察与外部环境之间的内在联系。从整合思维的内涵可以引申出其表现形态的四个重要特征，即连续性、立体性、系统性和相容性。通过整合思维，否定一成不变的思维惯性，消解封闭禁锢的思维定式，实现系统的资源共享和协同，获得超值的效果和能力。

因此，需要通过整合思维来分析生态伦理与"现代性"道德的内在联系。与占据支配地位或宰制作用的现代主流伦理学不同，生态伦理不是延续"现代性"道德对传统伦理的"价值的颠覆"，而是超越"非此即彼"绝对化的思维误区，力图消解或摒弃人类中心主义与生态中心主义的对立，体现出整合思维或思维的整合性。为达到生态伦理的整体或整合效应，实现在"保护自然"的同时也"达成自身的利益"这一理论目的和实践指向，必须与现代人生活于其中的"现代性"道德、主客二分的思维定式相关联，才能彰显出生态伦理的理论反思的针对性和实践指向的终极目的，从中探寻到生态伦理整合价值的道德合理性、思想资源及其历史的进步意义。生态伦理理论的产生和发展使被否定的传统伦理文化和后现代主义浮出历史的地平线。通过传统伦理文化的思想回溯和后现代主义的理论批判，在对"现代性"道德的历史反思中，我们能够清晰地看到，"现代性"道德并不是人类历史发展的终结，而是一个并不完善的、有待批判的开放系统，需要道德价值的评估和历史真理的检验。

---

① 庞跃辉:《论整合》,《浙江社会科学》2006 年第 5 期，第 127 页。

从以上的分析和论证来看，探寻生态伦理的整合价值，走出一直令人困扰的人类中心主义与生态中心主义的"两难选择"困境，首要的路径就是从各种道德文化传统中挖掘生态伦理的思想资源。人类历史不断发展和变迁，但并不是说各个时代都是割裂的，而是具有连续性的，才可能成为历史的整体。被"现代性"道德的思维定式和生活方式所颠覆和抛弃的思想观念，并不完全过时，甚至包含丰富的理论箴言和实践智慧，也许恰恰能够治疗现代人生活的内心空虚、找到自己的病症。从这个意义上说，通过探寻生态伦理的整合价值这一思想契机和历史机遇，挖掘传统伦理文化的思想资源，具有重要的历史作用和理论意义。

无论西方古希腊的苏格拉底、柏拉图和亚里士多德等的自然哲学和德性伦理、中世纪的奥古斯丁、托马斯·阿奎那等的基督教伦理传统中人与自然同根同源思想，还是中国儒家"仁民爱物"的道德情怀、道家老庄"道法自然"的宇宙气魄、佛教禅宗"众生平等"的生命意识等传统伦理思想，无不体现出"生态伦理"[①]思想内涵，对人类中心主义与生态中心主义的伦理价值的整合，具有重要的启发意义。诚然，各种传统伦理文化对待自然的态度也存在某种程度上的差异，并且随着时代的变迁和历史的演进，不能完全适应"现代性"道德观念及其自由平等的生活方式。但这并不意味着应对各种传统伦理文化持极为被动的消极态度，而应该积极吸收其中的合理因素，转化成对现代社会的理论反思、批判能力和实践动力。世界历史是一个有机整体，是处于动态之中的宏观的运动过程。因而，对于"现代性"道德的批判和反思，尤其在对待人与自然关系的问题上，各种传统伦理文化在人类文明的起源和发展过程中逐渐形成，包含着深刻的生态思想及宇宙整体论的伦理思想资源，为现代人类克服全球生态危机和文化困境，特别是形成正确的与人密

---

① 生态伦理思想，原本是基于工业文明时代的环境问题或生态危机所引发的伦理思考，但随着研究主题的不断深入，内涵也泛化到传统文化中的"生态伦理"思想和后现代主义的"生态伦理"思想。严格说来，泛化后的"生态伦理"思想，更多的是在引申意义上，因而用双引号表示，而严格意义上的生态伦理思想，就不加双引号。对此需要做出特别说明。

切相关的生产生活方式，具有重要的积极作用。换言之，人类漫长的历史长河中积淀的文化传统中的"生态伦理"思想，对于同呼吸共命运的现代人类而言，无疑，也是自身的内在需要和拓展。

其次，是对"现代性"道德进行反思和批判。后现代主义"生态伦理"思想为现代人走出人与自然、人与人生存关系的文化困境开辟了新视野，打开了新通路。吸收现代生态学的最新研究成果，后现代主义"生态伦理"思想提出人类—社会—自然的有机整体的自然观，凸显出人类与自然界的内在联结的互动性和协同性。特别是积极为现代世界提出选择途径的建设性后现代主义者，如怀特海、哈茨霍恩、利奥塔、科布、格里芬等思想家，不把后现代主义看作对"现代性"道德的颠覆，而是理解为"现代性"道德的内部改变。建设性后现代主义最具影响力的积极倡导者格里芬强调自然的神秘性，十分推崇"生态主义"、"生态审美"和"绿色运动"。"'后现代思想是彻底的生态学的'，因为'它为生态运动所倡导的持久的见解提供了哲学和意识形态方面的根据。'"① 正是生态运动的兴起，使现代人进一步认识到，所有的事物包括人类自身在内，都是相互联系的，应当同生态整体保持某种必要的和谐，才能找到自身的价值之源。

一 传统文化中的"生态伦理"思想

严格说来，生态伦理应对生态或环境危机这一现实问题，运用伦理学和生态学的综合知识，研究人类与自然关系方面的道德本质及其规律，探索人类对待自然的行为准则和规范，保护自然的生态平衡，以达到使人类在良好的生态系统平衡中生存和发展的目的。按这个要求，由于前现代社会中都未曾出现持续的严重的环境污染与生态恶化，因而，无论西方道德文化传统还是中国伦理传统确实没有直接引发出关于"生态伦理"的思考。但这并不表

---

① 王治河代序"后现代主义与建设性"，〔美〕大卫·雷·格里芬《后现代精神》，王成兵译，中央编译局出版社，1998，第9页。

明传统伦理文化中不包含"生态伦理"思想，相反，恰恰是因为颠覆传统伦理文化所形成的"现代性"道德框架仍然存在严重的局限，它忽略了人与自然这一重要关系的伦理价值，致使在"控制自然"的观念和实践中凸显出生态环境问题一种更深刻的困境——人对人控制的征兆。正源于此，传统文化中包含着具有资源价值和思想意义的"生态伦理"思想，为我们提供了一种值得珍重的、可资借鉴的伦理范例。当然，不同民族、不同地域的传统伦理文化，甚至在同一种伦理传统文化的不同时期，在对待人与自然的伦理关系上都存在一定程度的差异，分歧较为明显。但与"现代性"主导的道德价值观念缺少人与自然伦理关系维度相比较，充满差异和分歧的传统文化在如何对待自然的问题上却具有某种"家族相似"（family resemblance）特征。传统文化中的自然概念具有三个方面的非常重要的特征：第一，自然乃是自然物之为自然物的本性；第二，自然是附魅的、神秘的；第三，人融于自然中，不能随意地破坏、征服自然。正是传统文化观念中自然概念的三个方面特征，"决定了自然作为一个生命的有机体，而人作为这个生命有机体的一个组成部分，只能服从自然的内在必然性，所以，人所扮演的始终不过是自然看护者的角色，而非自然征服者的角色，人与自然之间也就不可能产生什么尖锐的冲突，二者能够和谐相处"。[①] 从这一意义上看，"现代性"道德框架中阙如的人与自然伦理关系，在传统文化的自然观中却可以直接引申出。人与自然的伦理关系，构成生态伦理整合价值的可能性。因而，传统伦理文化中存在"生态伦理"思想，尽管这种思想并不是由应对环境污染或生态危机而引发的思考，而是人类传统的道德意识结构内在所固有的价值观念，具有与整个世界和社会相通的内在本性。

1. 西方传统文化中的"生态伦理"思想

目前关于"生态伦理"思想的传统文化视域中的探讨比较多，比较而言，主要集中在中国文化传统视域中。不可否认，生态伦理思想的核心价值与中

---

① 吴先伍：《现代性境域中的生态危机：人与自然冲突的观念论根源》，安徽师范大学出版社，2010，第179页。

国文化有许多相通之点，但是，西方生态伦理学在进行"东方转向"的大背景下，忽视甚至淹没了西方传统文化中"生态伦理"思想的价值所在。毕竟，生态伦理思想作为新兴的一门崭新学科，是 20 世纪初产生于西方学术界的一门研究人和自然之间道德关系的交叉性应用伦理学科，因而不能完全脱离开自古希腊泰勒斯、苏格拉底以来的西方伦理思想发展脉络。有一些中外学者把生态危机的道德价值观根源归结为西方现代人类中心主义伦理价值观，进而追溯到西方传统伦理，因而判断出"人是自然的目的"这一观念在西方文化中源远流长。诚然，与东方文化相比，西方文化有"人是自然的目的"这一传统观念，在文艺复兴、宗教改革和启蒙运动之后，这一观念得到确立和彰显。古希腊先哲亚里士多德就有"自然目的论"观念，明确宣称："这样，自然就为动物生长着丰美的植物，为众人繁育许多动物，以分别供应他们的生计……如果说'自然所作所为既不残缺，亦无虚废'，那么，天生一切动物应该都可以供给人类的服用。"① 中世纪奥古斯丁和阿奎那强化了这种目的论，认为人在宇宙秩序中占据着最高的位置，而处于较低位置的自然存在物都是为了人的利益而存在的。西方的自然目的论和神学目的论把拥有灵魂和理性作为拥有道德地位的依据，在美国历史学家怀特看来，理应把生态危机追溯到西方文化的历史根源。

有人仅凭"人是自然的目的"这一传统观念就把生态危机的责任归于西方传统文化，有一定的合理性，毕竟生态危机的发生与孕育了西方"现代性"道德价值观的传统文化难脱干系，但这种认识不免有些以偏概全，未能区分出传统与现代文化伦理的差异及根本分歧，也就不能从西方传统文化中挖掘出它所包含的"生态伦理"思想。从理论源头上分析，"生态伦理"概念是针对现代社会的主流观念将"自然"概念压缩成被动的、僵死的存在（物之集合），毫无愧疚地控制、支配自然而产生的，其开始重新审视人与自然的关系问题，将伦理关怀扩展到自然界，提出并论证人与自然的伦理关系成为必要。

① 〔古希腊〕亚里士多德:《政治学》，吴寿彭译，商务印书馆，1983，第 23 页。

生态伦理的主题就是强调以人与自然的伦理关系为核心的伦理思想，理应内在地包含人与自然的和谐，而不是探讨脱离人的自然，但在"现代性"道德框架支配着现代人的社会生活的境遇下，这种新的伦理范型却被指责为"环境法西斯主义""自然主义谬误"，使生态伦理要么被限定为在理论边缘的生态中心主义，要么被还原为主流的人类中心主义，使生态伦理的整合价值无法体现出来。要想解决生态伦理的"两难选择"，凸显出生态伦理的整合价值，就不能仅在"现代性"道德框架中兜圈子，而是要"在历史中理解自然"，在历史发展中总结、理解和体验自然的价值。"自然的外在性不等于自然概念、自然观的外在性，自然观、自然图景是属于历史的，因此，只有在历史中才能理解自然。"①通过辩证地分析、历史地看待自然观的演变，传统文化伦理不同程度地包含了人与自然息息相通的有机论的文化观念，在一定意义上体现出生态伦理的整合价值。

在西方传统文化伦理中，古希腊自然观的理论价值和历史意义异常重要，直接影响到中世纪宗教神学的自然观，乃至对现代的自然观具有举足轻重的价值。恩格斯指出："在希腊哲学的多种多样的形式中，差不多可以找到以后各种观点的胚胎、萌芽。因此，如果理论自然科学想要追溯自己今天的一般原理发生和发展的历史，就同样不得不回到希腊人那里去。并且这种见解愈来愈为自己开拓道路。"②同样，现代生态伦理学中"人与自然伦理关系"思想也不是凭空产生的，其正如西方文艺复兴以"回到古希腊"批判中世纪的神权统治、彰显"人性解放和思想自由"一样，是引领着生态文明的文化先锋，预示了一种新文化的诞生。

古希腊的自然哲学，按其自然的发展历程，可大致分为两个时期，即以自然的因素如水、火、土、气等来解释自然的前苏格拉底时代和以理性思辨的方式探讨自然的自然目的论时期。前苏格拉底时代的自然观，无论米利都学派的始基学说，还是毕达哥拉斯学派的"数"、赫拉克利特的"火"，抑或

---

① 吴国盛：《重建自然科学》，《自然辩证法研究》1993 年第 2 期，第 51 页。
② 〔德〕恩格斯：《自然辩证法》，于光远等译，人民出版社，1984，第 49 页。

德谟克利特、伊壁鸠鲁的原子思想等等，不完全诉诸神秘的宗教神学宇宙观，而是依赖于对客观事物的观察，试图从自然界中寻找问题的答案，寻找到一种最基本的、永恒不变的构成世界万物的物质。虽然那时他们仔细观察的耐心还远没有占主导地位，对自然的认识也并不是我们所理解的科学，但"他们的头脑里充满着一种酷爱一般原则的热忱。他们要求得到清晰而大胆的观念，并且用严格的推理方法把这些观念加以推演。所有这一切都极高超而富于天才，这是一种观念上的准备工作"①。这种准备工作就出现于古希腊的自然哲学已经打破了盛行的神话自然观和万物有灵论时代，哲学家们以理性直观的方式认识自然，深入思考自然的法则及其对自然价值的独特理解，为深入探究人与自然的关系打下理论基础。

诚然，前苏格拉底的自然哲学开创了运用理性思维能力探寻世界自身起源的批判传统，创立了自然哲学的初级形态，成为后继的自然哲学研究、思想论辩和哲学探讨的思想渊源，但是，这一时期自然哲学具有自然主义倾向，完全从自然界中寻找问题的答案，未能充分意识到他们所发展出的思想方式的政治伦理意义。实际上，从前苏格拉底的自然哲学转向以理性的方式探讨自然的自然目的论时期的过程中，还有一个自然观转变的过渡阶段，即智者学派所谓的"自然观"，以个人的感觉来判断存在的真实性，却走向感觉主义、相对主义和怀疑主义的认识理论。尽管如此，"智者运动"的思想扭转了古希腊哲学的发展方向，放弃了对自然世界的本原研究，转而关心与人类自身更密切相关的题目，促使哲学研究走上了主体性的道路。智者学派未能建设性地运用理性，没有认识到人的普遍因素，没有正确地对待客观因素，即为一切人所接受的原则。"以前的思辨家曾经朴素地和武断地肯定人类思想能够把握真理，而智者否定有取得确实和普遍的知识的可能性……最后促进希腊思想家从新的角度重新考虑那曾一时被人弄模糊而又不能再忽视的老问题：什么是宇宙和人在自然中的地位？"② 人对自身的关注并不是孤立的，也需要

---

① 〔英〕怀特海:《科学与近代世界》，何钦译，商务印书馆，1959，第8页。
② 〔美〕梯利:《西方哲学史》，葛力译，商务印书馆，2000，第48~49页。

在与自然的联结中显现人自身的价值。

到了苏格拉底、柏拉图、亚里士多德时期，哲学把思考的重心转向了人与社会，但并不同于"智者运动"的人文主义，而是在自然目的论前提下的实践哲学，典型地表现在亚里士多德的自然观及其道德哲学中，体现出人与自然和谐的"生态伦理"思想。人们对亚里士多德的关注倾向于他的社会伦理思想，甚至有学者认为亚里士多德乃是西方文化传统中人类中心主义者的代表。无疑，亚里士多德主张人在本性上是社会政治动物。除了人是社会性的政治动物外，在人与自然的关系上确有"自然为人类而存在"的观念。在《政治学》一书中，亚里士多德对人类、动物、植物之间的关系，表达了他的观点。"植物的存在就是为了动物的降生，其他一些动物又是为了人类而生存，驯养动物是为了便于使用和作为人们的食品，野生动物，虽非全部，但其绝大部分都是作为人们的美味，为人们提供衣物以及各类器具而存在。如若自然不造残缺不全之物，不作徒劳无益之事，那么它必然是为着人类而创造了所有动物。"① 这段话似乎带有人类中心主义的倾向。但从亚里士多德的思想主旨来看，他的"自然为人类而存在"的观念并不等同于道德价值观意义上的现代人类中心主义，而是保有了生物生长类比的自然观。"亚里士多德的不动的原动力把自然界视作其终极因或目的因，激励自然界就其各种构成成分在可能的范围内去摹拟神的活动。因而，特定事物被视作尽力实现它们的适当形式，并且在这样做时，它们实现了自己的本性。这种自然观的内在基础乃是一种生物生长的明显类比。"② 亚里士多德关于公民、道德、法律和城邦等政治伦理问题的观点都是建立于"人是天生的政治动物"这一观点基础之上的，其中"人是政治动物"这一命题常常被论述和发挥，却容易忽视"天生的"这一意蕴，遮蔽了这一隐喻所包含的人的自然属性和社会属性在本质上是统一的思想。何为"天生的"？该命题的含义就是人的自然本性、自然属性、自然的目的等。人既有社会性，更有自然性。后者是人原

---

① 苗力田主编《亚里士多德全集》第9卷，中国人民大学出版社，1994，第17页。
② 转引自金吾伦选编《自然观与科学观》，知识出版社，1985，第48页。

初的价值和意义。

从人的自然目的论出发，亚里士多德对世界的生成和动变原因给予了某种比较圆满的解释。他提出城邦不只是约定的结果，更是自然进化的产物。在他看来，城邦的起源、本质和目的，即城邦的特性，无论自然界中的存在如石头、树、动物、人还是城邦中的公民、道德、法律等社会政治现象，都最终归结为自然必然性的结果。因为只要自身获得其内在根据的本质的事物，就是拥有自然的本性的事物。尽管人有自身的社会特性，但最终与自然拥有一致的本性。亚里士多德对自然的理解和说明散见于不同的著作中，概言之，关于自然有六个方面的含义。其一，生长着的东西的生成；自然而生成的东西追求自然赋予的某种目的。其二，生长的东西最初由之生长的那个内在东西。其三，在自身中并作为自身所有的每一自然物的最初运动来源。其四，自然存在或生成的本原，既无形状，也无源于变化的自身能力。其五，自然存在物的实体。其六，一般而言，所有实体都是自然，因为自然总是某种实体。虽然亚里士多德列举了"自然"的六层含义，但这不完全代表他本人的根本看法，因为这些解释具有辞典罗列的特点，又带着历数前人多种用法的综合意味。亚里士多德自然观的真实意图就是要强调"自然"一词的"本性"意义，找到自然万物的内在根据，把人们对自然概念的理解，从外引入内，从"物之集合"的粗浅理解引到作为内在根据和本性的合理阐释，探究自然观的坚实基础。"'本性'的基本含义与其严格解释是具有这类动变渊源的事物所固有的'怎是'；物质之被称为本性〈自然〉者就因为动变凭之得以进行；生长过程之被称为本性，就因为动变正由此发展。在这意义上，或则潜存于物内或则实现于物中，本性就是自然万物的动变渊源。"① 自然作为本性意义的实体，是生成之源、存在之基、认识之据，我们应该而且必须去尊重、敬畏它，而不应当蔑视和控制它。

亚里士多德认为自然规定了每种事物都有一定的目的，不会创造没有用

---

① 〔古希腊〕亚里士多德：《形而上学》，吴寿彭译，商务印书馆，1995，第89页。

处的事物。在他看来，每一自然事物如动物植物等自然存在生长的目的就在于显明其本性（nature），人和其他自然存在一样被赋予了自然的本性和目的。但是，人有理智、理性和语言等特性，毕竟与其他自然事物有较大的差异。"照我们的理论，自然不造无用的事物；而在各种动物中，独有人类具备言语的机能。声音可以表白悲欢，一般动物都具有发声的机能：它们凭这种机能可将各自的哀乐互相传达。至于一事物的是否有利或有害，以及事物的是否合乎正义或不合正义，这就得凭借言语来为之说明。人类所不同于其它动物的特性就在他对善恶和是否合乎正义以及其它类似观念的辨认［这些都由言语为之互相传达］，而家庭和城邦的结合正是这类义理的结合。"① 以群体为特征的城邦生活在追求善的、正义的生活方式中过合群的"优良的生活"，体现于人与人之间的社会合作关系。在亚里士多德看来，这种"优良的生活"正是基于人的自然本性的表现。

　　然而，任何事物的自然本性或自然目的并不是一下子就能展开和实现的，而是需要逐步的呈现、发展和完善的。只有当某种事物发展到最高阶段，达到"生长完成"以后才能充分展现和实现其自然本性。比如一棵树的成长也是这样，虽然具有树的本性，一株树苗并没有成为一棵树；一棵树苗只有成长为一棵大树时才能成为十足意义上的树。从这一方面来看，人也不例外。单独一个人不能称为人，简直是一只野兽。作为真实的人，孤立的个人是无法生存和获得保障的，更无从实现和完成过一种优良生活的自然本性和目的，而要能够生存并生活得更好，在不断的社会结合、相互协作中如家庭和村落等较高发展阶段，人才能逐步展开其自然本性。但比较而言，城邦的生活才是最高的阶段。只有在城邦里，人们才能完成本性。从个人到家庭和村落等，再到城邦，是人实现其本性的过程，是人由不完全到完全，由具体到宏观，由基本意义到十足意义的不断发展过程。城邦生活是人的本性的完成。"无论是一个人或一匹马或一个家庭，当它生长完成以后，我们就见到了它的自然本性；每一自

_____

① 〔古希腊〕亚里士多德:《政治学》，吴寿彭译，商务印书馆，1983，第8页。

然事物生长的目的就在显明其本性［我们在城邦这个终点也见到了社会的本性］。又事物的终点，或其极因，必然达到至善，那么，现在这个完全自足的城邦正该是［自然所趋向的］至善的社会团体了。"① 人类是趋向于城邦的集体生活的政治动物。只有参加由群体组成的"城邦"的社会组织形式和公共生活，人类才能体现出人的社会本性，实现自然赋予人类的目的。由是观之，一切城邦不完全是人为创造的，而应该是"自然的产物"，正是人的自然本性决定了人是必然要过城邦生活的政治的社会性动物。

通过对古希腊自然观的考察，能够清晰地看到，前苏格拉底时代的朴素的自然观，经由苏格拉底的人文主义思想，注重人的道德，再到亚里士多德哲学"'自然的发现'已经完成并且定型"②。古希腊的自然观充分体现为一般形态的简单、朴素的自然观念，构成当时生态思想的主体内容，它们的先导性影响在整个生态思想史中极为重要。一些学者从不同的角度对古希腊的自然观念加以赞赏，甚至有人指出古希腊自然观的集大成者亚里士多德"是把生态学概念引入科学文献的第一人"③，并称他为真正意义上的"生态学鼻祖"。但这并不表示亚里士多德全然否定前苏格拉底的自然主义和"智者运动"的人文主义，而对它们的思想进行了综合，其哲学具有了生态合理性，内在地包含了"生态伦理"思想。

中世纪走出了古希腊哲学中的自然神论或自然哲学，走进了基督教信念伦理的一神论。在这种一神论的基督教信仰中，只有上帝才是终极实在，人和自然都分有上帝的神性，是上帝的创造物。虽然同样作为上帝的创造物，对人与自然关系的解释具有人类中心主义倾向，包含着人对自然万物的统治权力。"神说：'我们要照着我们的形象，按着我们的样式造人，使他们管理海里的鱼、空中的鸟、地上的牲畜和全地，并地上所爬的一切昆虫。'"要生养

---

① 〔古希腊〕亚里士多德：《政治学》，吴寿彭译，商务印书馆，1983，第 7 页。
② 吴国盛：《自然的发现》，《北京大学学报》（哲学社会科学版）2008 年第 2 期，第 57~65 页。
③ George Sarton, *A History of Science*——*Ancient Science Through the Golden Age of Greece*, London: Oxford University Press, 1953, p. 565.

众多，遍满地面，治理这地，也要管理海里的鱼、空中的鸟，和地上各样行动的活物。"从基督教伦理传统中的这些观点来看，人类为了生存，似乎可以无限制地利用自然，原因在于自然就是为人类而存在的。美国历史学家怀特和英国历史学家汤因比都明确指出了生态危机的基督教根源。从历史上看无论是在一般的广大信徒中间还是在基督教会内部，人们对圣经《创世纪》中关于上帝命令人治理自然的教义的理解都倾向于自然是上帝为人创造的，人类拥有统治、控制和支配自然的权力。所以人们对基督教中关于人与自然关系的人类中心主义理解是造成生态危机的一个因素。

　　然而，把生态危机的根源归因于中世纪基督教的人类中心主义解释，并不完全是合理的。诚然，与其他文化诸如中国的儒释道思想相比，中世纪基督教确有一定程度的人类中心主义倾向，但这并不代表基督教思想的全部。在中世纪基督教思想中存在制约人类中心主义倾向的神创自然观及"生态伦理"意蕴。欧洲中世纪的自然观以基督教神学为基础，用"神创论"来解释自然，认为人和自然都是上帝的创造物，都同样分有上帝的神性。欧洲中世纪基督教神学的代表人物奥古斯丁，是教父哲学思想的集大成者，继承并发展了柏拉图的理论。奥古斯丁认为人和自然都是由上帝创造的，而主宰一切的上帝凌驾于人权和自然力之上，并给了人统治自然的特权。但奥古斯丁同时认为，神学自然观仍然是一种本体论思维范式下的自然观，对精神实体即上帝的信念也包含对自然本原的终极实在的信念。"实际上，基督教将'苏格拉底式智慧'推到了极端，并使人类对自然的敬畏采取了异化形式。"[1] 人们并不是根据人类理性，用科学的、经验的或实证的方法去对待自然的，而是用信仰去把握和感受自然的存在。在奥古斯丁看来，在人类生存于其中的自然界，人通过视觉、听觉、触觉、嗅觉、味觉等感觉感受自然，正是这些感觉之间互相联系，人作为一个感觉整体而存在，形成对自然的真切的体验和感受。自然被上帝创造出来之后，就会作为一种存在，与人类同样分有上帝的

---

[1]　卢风：《论"苏格拉底式智慧"》，《自然辩证法研究》2003 年第 1 期，第 2 页。

神性，具有自身内在的价值。托马斯·阿奎那也认为，一切自然事物或自然的材料来自上帝的创造，凭借上帝的力量而存在，"事物的自然力量源于其物质形式，这形式通过神圣之功加诸其上"。阿奎那把一切自然事物都归于上帝这个原初的动因，这种对"自然"含义的深刻理解内在地隐含了上帝的本质存在，证明自然与人类同根同源。

2. 中国传统文化中的"生态伦理"思想

相对于西方文化伦理传统中的"生态伦理"思想，中国传统文化伦理[①]中所包含的"生态伦理"思想更为明显和突出。中国传统文化伦理注重"天人关系"，对这一主题，各家学说均有相关的论述，以"生命的直觉精神"和"天人合一"式的生命感悟，提出了尊重、关爱和敬畏自然的思想，尽管带有较多的感悟式的个人体验，但其内涵却能与天地万物相通，充分地体现出"生态伦理"的哲学意蕴，值得现代生态伦理研究认真分析、汲取和领会。中国传统伦理文化中的道、儒、佛三家所蕴含的尊重生命、关爱自然的思想有着重要的"生态伦理"价值。

（1）道家"道法自然"的"生态伦理"观念

在中国传统文化论及"天人关系"的诸学派中，学者们大多认为应视儒家为正统，然而，如果单从先秦时期来看，对于"天人关系"的认识最有突破性和超越性价值的当数先秦道家思想。美国当代著名人文主义物理学家卡普拉的物理理论研究，与中国传统文化中的道家思想有着很多相似之处。"在诸伟大传统中，据我看来，道家提供了最深刻并且最完善的生态智慧，它强调在自然的循环过程中，个人和社会的一切现象和潜在本质两者的基本一致。"[②] 以老庄为代表，道家哲学主张"天人合一""物我为一"的整体生态观

---

① 中国传统文化中的"生态伦理"思想异常丰富（参见余正荣《中国生态伦理传统的诠释与重建》，人民出版社，2002。），但不是本文论述的思想主题，因而，此处主要选取一些具有代表性的中国传统文化中的"生态伦理"思想进行论述，特别是道家思想，集中于老庄的生态伦理思想。

② Fritjof Capra, *Uncommon Wisdom: Conversations With Remarkable People*, New York: Simon & Schuster Inc., 1988, p.36.

念，比较系统地论述了"大道自然"的运化之理，肯定了人的存在属于自然界的一部分，树立了朴素的有机自然的整体观念。

其一，从本体论上来说，宇宙（或自然）不是人类创造的结果，而是"物我合一"的。一般而论，中国伦理文化传统，遵从实用理性的思维，突出人的价值，肯定人文的意义，强调社会的人际伦理，而老子的"道法自然"的伦理思想则突破了这一限制，扩展到了整个自然界，并以这种宇宙生命统一论的宏大视野来审视人们现实的社会生活需要遵循的客观的道德法则，体现出中国丰富的悠久传统文化所蕴含的"生态伦理"智慧。老子将天、地、人视为宇宙整体，人只是这个整体的一部分，人与这个整体须臾不可分离，因而人与自然万物有着共同的本源，需要遵从共同的法则。老子指出，天地万物包括人类在内，是一个统一体，包含着"阴阳"，即由阴阳二气妙合而成，是阴阳二气互相激荡而成的和谐体。这是阴阳消长平衡的和谐之道。《道德经》四十二章中表达了阴阳二气互相冲突而达成的和谐均匀的状态，即"万物负阴而抱阳，冲气以为和"。在这里，老子揭示了万物生成的基本原理。所谓"万物负阴而抱阳"，指的是自然界中的万事万物都包含着阴阳两个对立面，揭示了事物矛盾普遍存在的客观性，自始至终且每一个发展过程都存在矛盾运动。而"冲气以为和"，讲的是相冲相融，和谐统一，指万事万物的矛盾双方既对立又统一的辩证法则。尽管事物中阴阳之间普遍存在对立和矛盾，任何矛盾的双方无不向相反方向转化，但从天地万物发生、发展的演变过程来看，它们都出自"道法自然"的最高法则，遵循"最原始的统一体"。正如老子所言："道生一，一生二，二生三，三生万物。"（《道德经》四十二章）具体说就是，本原的"道"首先是一个"原始统一体"，阴阳未分，然后发生了分阴分阳，并以此共同作用，产生万物，当然也包括人类。这并不是唯心主义的产物，而是天地万物处于混沌未分的"原始统一体"或"万物之奥"。老子建立起宇宙整体观念，"渊兮，似万物之宗"，把思考的范围扩展到了自然界乃至整个宇宙，并建立起自己特有的宇宙论体系。

那么，究竟什么是"道"呢？一言以蔽之，"道"就是超越于万有之外，又处在宇宙万有之中的本体。"道"在老子哲学伦理思想中是哺育万物的母体，是天地万物的根源和基础。因而，可以这样说，人是天地万物的一部分，是自然大家庭中的一员。人和自然万物构成有机统一的宇宙整体。"道"贯穿天地万物之中，它既是一，又是一切。老子思想中的"道"圆满自足，无须刻意而为，而是一个"有物混成"的整体。庄子继承和发展老子"道法自然"的观点，强调事物的自生自化，非常推崇"物我合一"的自然状态。庄子所理解的"万物一体"是浑然一体不能分割的自然整体。他认为，人并不是超拔于自然界之外的抽象的纯精神存在，更不是天地万物的主宰，而是站在不同物种生命的立场，顺应万物的本性，使自己清楚地定位在自然界中的一个成员，并且万物相互蕴含，物我相互依存。尽管庄子和老子的"道"有相通之处，但也存在某种差异。老子之"道"重"常"，特点是恒常不变，即不管万事万物如何变化，最终都指向客观法则的"常道"。而庄子之"道"重"化"，在物物间的运演变化和流变中，强调因顺变化，创造生命和引导生命，主张"化则无常"。也就是说，老子的生命之道更注重一般的普遍的生命法则，而庄子的生命之道将生命法则内化为个体的主观精神，具有个体独特的心灵体验。虽然老子与庄子对生命之道的理解有所不同，但他们共同承认天与人本来就是合一的，不存在分离。老庄的道家思想表达了天地万物与人的相互联系、不可分割的整体观念。作为"现代性"道德生活中的现代人，需要聆听老庄给予我们的告诫，遵循和顺应自然之道，也是生命之道，实现人、社会与自然的内在和谐。西方"文艺复兴"、"宗教改革"及其启蒙运动，重新"发现"了人和自然，彰显"凡人的幸福"，然而却不幸地走上了人疏离自然、疏离社会，也疏离自身的异化道路。在人与自然主客截然相分的世界图景中，自然围绕在人的周围，但已不再是活的有机体，而是"物之集合"。人不再和自然做获益匪浅的"对话"，只对自己生产的产品做无意义的独白，难以探寻到人的真实面目。"在疏离了自然又缺乏社会归属感的现代社会道德秩序中，人的根本性孤独使人产生遗弃感，被剥夺感，孤立无援，不属于任何人或任何团体的感受。"①这种疏离自然、社会和人自身的生存处境导致了当代的生态危机、文化危机等等。正是现代人面对的这重重危机，才让西方文化背景中的思想家如海德格尔、罗尔斯顿等把目光转移到主张"人与自然统一"的东方文化中，看到了中国文化中道家思想的"天人合一"文化观念。这些观念与西方现代生态学的结合，"东西方精神传统的这种联姻，不仅产生了关于地球的新价值准则，而且在支持深刻的生态学的人们看来，还产生了一种生存的全新意识"②。这种全新意识清晰地告诉我们，只有认识到我们与一切事物在根本上是统一的，我们才能与自然和平共处。让一种东西脱离出来以反对其他东西，找不到内在联结点，就是违反了自然统一性。因此，把人类自我置于宇宙中其他东西之上，或与宇宙中其他东西作对的企图，最后必然导致失败。

其二，正是基于"物我合一"宇宙论，衍生出"知常曰明"的道德法则。老子提出"知常曰明"就是讲究"知常"的辩证法，认识到掌握自然规律才不会乱来。不懂得自然规律，也就不按照自然规律办事，胡作非为，往往会产生与我们的愿望相反的结果，这样就会导致"凶"的后果。老子认为，天地万物的运动变化是有恒常规律的，即"天道"。与"天道"相比，"人道"是包括政治、法律或道德规范等人类社会活动的规范。尽管人类社会活动有自身特有的规范，但是"人道"不能局限于自身的利益和规范，也应该效法"天道"，与"天道"在终极意义上是一致的。

因此说，"道"既是自然界的法则，也是人类社会生活所应该遵循的法则。老子认为人的生存、生活应该遵循"道"所反映出来的"自然而然"的规律。《道德经》二十五章说明了人生于天地之间，就要学习大地万物的秉性。"人法地，地法天，天法道，道法自然。"这既是对人与自然关系的实然描述，也是对人与自然关系的应然表达。诚然，相对于其他自然界存在，人

---

① 张彭松：《人与自然的疏离——生态伦理的道德心理探析》，《安徽师范大学学报》（人文社会科学版）2016 年第 4 期，第 456 页。

② 〔美〕R.T. 诺兰等：《伦理学与现实生活》，姚新中等译，华夏出版社，1988，第 454 页。

类社会的道德生活有自身的特点，拥有自身固有的社会属性，但不应违背甚至对抗人类赖以生存的地球。从根本上说，人能够做到尊重和因循自然，不能够完全以人类的意志为转移，应遵循自然本来的样子行事，使人类社会的现实生活顺乎自然，无为而为。如《道德经》六十四章所言，"以辅万物之自然而不敢为"，这就达到了"无为"的境界，这是人的最高德性。人应当以自然为师，顺应自然万物的生态智慧而不将之据为己有，成就万物而不自居其功，否则不仅破坏自然，也伤害自己，得不偿失。庄子表达了人与自然相处的和谐之道："圣人者，原天地之美而达万物之理。是故至人无为，大圣不作，观于天地之谓也。"（《庄子·外篇·知北游》）万物都遵循着道理。圣人就是能通过天地的壮美而通达万物的道理。自然规律是不会以人的语言或者以人的表达方式表现出来的。既然人类社会生存与发展的道德法则与自然本身所具有的客观规律并不冲突，拥有内在的道德一致性，那么人类就应该自觉地按照自然规律行事，须"知常"，认识在万物变化中遵循的法则。"知常曰明。不知常，妄作凶。"（《道德经》十六章）。"常"指包括人类在内的自然界中的万事万物运动与变化中的不变之律则，"明"指对于自然界中的万事万物运动变化律则的认识。老子严重警告这些不尊重自然规律的行为，是对自然实施的胡乱妄行。

这一警告具有现实意义，尤其在生态危机蔓延全球的现代社会，更是如此。面对当今人类诸多生态危机和环境问题，深入探究，都离不开现代社会生活方式中过于强调人道和"人为"的因素，凸显了人的主体能动性，却忽视甚至是漠视自然本身所固有的客观规律。要么是根本上还"不知常"，往往会出现乱子和灾凶，并不能清醒地认识自然界中的客观规律，不是顺势而为，要么是为了某种"急功近利"的目的，只追求短期利益，忽视长远的利益，根本不尊重规律。要摆脱由生态危机引发的一系列的危机，除了在科技、制度和法律等多方面寻找解决路径外，在伦理信念、生态美德、生态价值和人生智慧等思想境界上重温老子、庄子等道家"生态伦理"思想大有益处。违背自然界本身所固有的客观规律（也就是生态伦理研究中的"内在价值"），破坏生态平衡，必然会导致"自然的报复"（恩格斯语），造成难以想象的"现代性"后果。因此说，"做到'知常曰明'是维护生态平衡的前提"①。保护生态平衡，维护良好的生态环境，不仅是对自然的道德责任，也是对人自身的清醒认识和伦理关怀。

（2）儒家"天人和谐"的"生态伦理"观念

在对待自然的本体论解释和伦理态度上，儒家文化与道家有着明显差异，但从根本上讲是一致的，强调人与自然的和谐共存。与道家的"道法自然"的本体论思想和伦理观念存在一致之处，儒家同样也认为天人相通，万物一体，主张天人合一，因此，尽管儒家倾向于人文价值，但在人对待自然的态度上不是采取征服、统治或支配自然的工具主义方式，而是采取友善的态度。但在具体态度上，即如何以更为友善的方式对待自然上，"自然无为"和"知天命，尽人事"就能体现出道儒"生态伦理"思想的某种差异。道家秉承"自然无为"的宗旨，追求返璞归真，遵循无为而治的伦理之道。应该说，与道家相比较，儒家主要关心的是人，强调了以人为主体的天人合一观，但是，儒家也肯定了人道本于天道，看到了人与自然之间的依赖关系。人道既出于天道，尊重自然规律，又能体现出与天道为一。可见，儒家是力求人道和天道相对应，合而为一，既"可以赞天地之化育"，充分发挥万物的本性，又积极肯定人的价值，进德修业，提高道德修养，扩大功业，"制天命而用之"，使百姓富足安康。儒家提出了保护自然与合理开发相结合的思想，有效保护生态，促进可持续发展，蕴含着中国先秦儒家丰富的"生态伦理"思想，既主张人与人的伦理，也将伦理关系拓展到人与自然之间。

首先，儒家主张兼爱万物，尊重自然。内含"天人合一""仁民爱物"的儒家文化伦理代表着中国传统文化的主流，认为自然界是有道德的，如"仁者"并不只是人与人之间，也包括"以天地万物为一体"等等，这些思想既是世界观，也是人生观。因此，从儒家"赞天地之化育"思想来看，尊重自

---

① 任俊华：《老子"知常曰明"的生态保护观》，《学习时报》2014年7月28日，第9版。

然也是爱惜和观照人自身的生命和意义，因为天人分殊，但在终极意义上天人一体。人要博爱生灵，既要维护自己的利益，也要关心自然，兼利宇宙万物，即儒家所特别强调的"仁民爱物"。作为六经之首的《周易》在中国传统文化中有重要地位。其中，"德积载也"，指人们积蓄了可以容纳天下万物的崇高道德。也就是"厚德载物"之"载"义，表明人类要效法大地。《周易》中的"日新之谓盛德。生生之谓易"，把"生生"，即尊重和维护生命作为"天地之大德"，表明天地之间最大的功德是给予生命，即对万物生长、生命力量与人的生存的阐述。天地之间的道德，没有比爱护生命更有意义、更有价值的。正是从《周易》的"天地之大德曰生"的尊重生命、热爱生命思想出发，儒家哲人大都从自我生命的体验，不断向外扩展，并推而广之，同情其他人的生命，达到"以情度情，以类度类"，将心比心，设身处地，进而效法大自然，像大地那样载育万物和生长万物。

荀子主张对自然万物施以"仁"，因为天地是所有生命之本。荀子歌颂着天地的节奏："列星随旋，日月递照，四时代御，阴阳大化，风雨博施，万物各得其和而生，各得其养以成。"（《荀子·天论》）这集中表明了一个基本思想，自然万物得到阴阳形成的和气而生，得到风雨的滋养而成长。被尊奉为"儒者宗"和"醇儒"的汉朝董仲舒主张把儒家伦理思想中的"仁"从"爱人"向爱物扩展，继承和发扬了"仁民爱物"的思想。董仲舒"仁民爱物"的伦理思想集中体现在《春秋繁露》一书中。他指出"仁"的根本要求在于从广博的仁爱之心拓展到自然，"质于爱民以下，至于鸟兽昆虫莫不爱，不爱，奚足谓仁！仁者，爱人之名也"。即不爱自然的"仁"，也仅仅是"爱人"的名称而已，并不是真的爱他人。董仲舒强调天人以类相合，也就是"爱物"以达"仁"，即"泛爱群生，不以喜怒赏罚，所以为仁也。"（《春秋繁露》卷六）这一思想，非常明确地把动物纳入道德共同体，主张不能以人的偏好对待自然，而应该顺应自然，广泛地爱护自然万物，才能真正表现出"仁爱"。儒学理论体系最为完备的一位哲学家，北宋时期的张载从"气一元论"的自然观或宇宙生成观出发，进一步将"仁爱"原则推广到包括非生命物质。他在《西铭》

中指出，"故天地之塞，吾其体；天地之帅，吾其性。民，吾同胞；物，吾与也。"意指天地就是我的父母，所有的人都是我的兄弟姐妹，自然万物就是我的同伴朋友。这充分体现出张载所认为的"仁者"既爱人，也爱自然万物。爱必兼爱，成不独成。做好自己，感受生命之庄严，关怀他人和世界。即是说，要真正爱人，以仁存心，必然爱自然万物，"仁民爱物"，才能成就自身。

尊重生命的儒家思想，如"生生"、"天地之大德"、"泛爱群生"、"利物"、爱必兼爱等"生态伦理"思想，与当代扩展到对自然界的生态伦理思想，有许多相通之处，但两者也有差别，毕竟针对思想的问题、时代的问题是不一样的。目前的生态伦理学认为在自然共同体中，人平等地看待和尊重动植物等自然存在，因而需要尊重自然的价值、敬畏自然。儒家的这种"仁民爱物"思想强调，虽然人与自然万物是一体的，不能截然分开，但在其具体情境中爱自然万物与对人的爱是不完全同等的，应该有先有后，有远有近，有厚有薄。

对此，明代著名的思想家、心学集大成者王阳明从一个有道德的人"大人与物同体"的角度，进而通过"良知上自然的条理"论析，形成自觉意识和判断，做出独特的论证。在王阳明看来，就本体而言，人与自然万物合而为一，气化流行，就不再需要有"亲亲而仁民，仁民而爱物"之分。也就是说，本心只有一个，人同此心，是未受私欲蒙蔽污染的本来面目，清明灵觉的本心。但王阳明又指出，"仁"的这样的创造，本身就是一个"渐"的过程，就是差等和分殊。"仁是造化生生不息之理，虽弥漫周遍，无处不是，然其流行发生，亦只有个渐，所以生生不息。"[①]在仁爱"造化生生不息之理"创造万物无穷延展的发生过程中，不可避免地与"义"产生冲突和矛盾，这就需要对这两者之间进行利弊权衡了。对此，王阳明认为，在造化"生生不息之理"与"义"发生冲突和矛盾时，处于中心地位和作用的依然是家庭血亲，并以此向外拓展，最终扩展到动物、植物等其他自然界的存在。也就是以自

---

① 《王阳明全集》，上海古籍出版社，1992，第29~30页。

己的家庭为中心，推己及人，向外扩展至路人、动植物及其自然界，即"仁民爱物"。《大学》所谓厚薄，是良知上自然的条理，不可逾越，便谓之义；顺这个条理，便谓之礼；知此条理，便谓之智；终始是这个条理，便谓之信。"① 如果接受上述这种观点，那实际上就是接受了以仁爱为中心，使"五常之德"的传统道德准则体系适用于整个自然界。儒家传统伦理的"仁民爱物"表明"爱物"就是爱人类自己。因此，对待儒家的"仁民爱物"的"生态伦理"思想，也需要辩证地看待。

其次，儒家在兼爱万物、尊重自然的基础上，主张"以时禁发"的顺应自然的伦理思想。以农耕社会为主，历代王朝和人民百姓尤其关注庄稼的收成及农业生态环境。儒家正是从利国富民，保证人类生产和生活资源的持续性出发，依据对生物与自然之间关系的认识，要求人们在利用自然资源时，"以时禁发"，做到顺其自然，合理开发利用自然资源，做到"仁及草木"，"成己成物"。早在春秋战国时期，我国已经有了可持续发展的"生态伦理"思想萌芽和一些实际行动。春秋时期，管仲从发展经济、富国强兵的目标出发，提出了"以时禁发"的原则，注意山林川泽的管理和生物资源的保护。管仲主张，不能保护生态资源，就不能治理好国家。

《管子·轻重甲》论述保护国土合理开发和利用自然资源时指出："故为人君而不能谨守其山林、菹泽、草莱，不可以立为天下王。"大概意思是，做国君的不能守住自己的国土，就没有资格做天下诸国的盟主。"山林虽近，草木虽美，宫室必有度，禁发必有时，是何也？曰：大木不可独伐也，大木不可独举也，大木不可独运也，大木不可加之薄墙之上。"（《管子·八观》）管子这一尊重自然规律的思想要求人们在开发利用土地、利用自然资源时，要按照规定的时节进行，要求人们对自然施以关爱。管子的"以时禁发"的原则和思想在后世的其他经典中也能探寻到踪迹。孟子、荀子对管子的思想做了客观评价，继承和发展了管子思想，详细阐发"以时禁发"，顺应自然，根

① 《王阳明全集》，上海古籍出版社，1992，第122~123页。

据自然本身的固有规律行事。孟子主张，对生物资源用之有节，则常足，用之无节，则常不足。这表明对生物资源索取要有限度，使用要有节制，就能得到充裕的生活，满足基本需要。《孟子·梁惠王》中说："不违农时，谷不可胜食也。"不耽误农业生产的季节，粮食就吃不完。如能认真保护生物资源，生活就会可持续，反之，就会出现匮乏、不足，甚至于枯竭。《孟子·告子章句上》表达了这一思想，对此指出，"故苟得其养，无物不长；苟失其养，无物不消"。因而需要好好地养护农业的生态环境。

荀子对管子的历史功绩给予了肯定、继承和发展，特别是荀子使管仲的保护自然的思想进一步系统化、具体化。在生态认识论上，荀子强调"人与天调"的生态观。如《荀子·王制》中所言："草木荣华滋硕之时，则斧斤不入山林，不夭其生，不绝其长也。"这种伦理方式使百姓富裕安康，提出了保护自然资源的伦理思想和主张。可见，荀子在尊重自然规律即"人与天调"的生态观的前提下，强调了人的主观能动性。

最后，儒家对待自然资源，不仅要熟悉自然规律，更应该从行动上遵循自然规律，"取用有节，物尽其用"。因为，自然资源是有限的，对待自然资源，要学会适度利用，适可而止。儒家倡导的"礼义"等政治伦理规范，就是强调经世治国，倡导一种有节制的符合伦理规范的政治。因此，"礼义"伦理要求人们节制自己的过度行为，寻求中道，克制贪欲。例如，在齐景公向孔子询问政事时，孔子明确指明，"政在节财"，推崇中道的节制生活方式，认为人们能够自觉遵守行为规范，用道德自觉进行自我规约和克制。从孔子提倡节制之德始，历代儒家都主张节制欲望：顺应四季的变化规律是节制利用自然的基本前提和条件，适可而止地利用自然资源是节制利用自然的根本途径，人与自然万物一体的"仁民爱物"观念是节制利用自然的思想根源。这样，是否能够节制就成为鉴定政治是否清明的一个重要标志。儒家主张在一个合理的限度内运用资源，既能满足人的生存和发展，又能保持自然的永续利用和发展。唐代名相陆贽崇尚节俭，反对过度浪费，提出"量入为出"的思想。他指出："夫地力之生物有大限，取之有度，用之有节，则常足；取之无度，用之无节，则常不足。生物之丰败由天，用物之多少由人，是以圣王立程，量入为出。"（司马光《资治通鉴》卷二百三十四）儒家的"政在节财"思想并不只是指节约钱财，更是能够节制和利用自然资源，避免过度浪费，起到保护自然的长远效果。

儒家主张节约自然资源，因而人要控制自己的欲望，以便合理地开发、利用和维护自然资源，使人的生产生活处于良性循环状态。人们在利用自然资源时，应该珍惜自然界给人类提供的生活之源，不奢侈浪费，节约自然资源。儒家特别强调，有智慧的君主要权衡利弊得失，谨慎地对待自身的物质利益，既要鼓励人们发展生产，又要注意节约自然资源，开源节流，既可富己也可富民，才能使天下的财富丰裕，达到管理国家的目的。

在生产力比较低下的中国传统社会，为了生存和发展，人们就必须克制自己过度的欲求，能够做到"物尽其用"，勤俭节约，更好地充分利用、管理和保护自然资源。各种东西凡有可用之处，都要尽量利用，充分利用资源，不应该浪费。随着人类社会的经济发展和科学技术的进步，人们摆脱了物质极端匮乏的时代，进入丰衣足食的消费社会。但是，社会生产力的高度发达，物质产品的极大丰富带来的并不是内心的平静和幸福，而是使人们陷入经济主义、消费主义的恶性循环的"怪圈"无法自拔。于是，消费主义和享乐主义的奢侈和放纵取代了勤俭和节制等美德，赚钱、消费与享乐成为人们的基本生活方式，成为社会成功的标志和人生的意义。在这种消费主义与享乐主义的现代文化价值观的激发下，人们开始陷入赚钱和消费的"恶性循环"，通过大量的占有、疯狂的消费来慰藉自己"饥饿的灵魂"（查尔斯·汉迪语），满足自己永无止境的物欲。所以，儒家的"生态伦理"思想并不过时，而急需用之以矫治现代人的道德价值观及其无法自制的生活方式。儒家强调的"取用有节，物尽其用"包含着超越时空限制的道德合理性，体现了伦理拓展主义的"生态伦理"思想内涵，仍然是生活于当代社会的现代人解决资源短缺、有效保护资源问题，矫正人们生活方式、修正人们不合理的道德价值观的一项合理而有效的对策。

（3）佛教"尊重生命"的"生态伦理"思想

生态伦理对"现代性"的道德超越，一个显著特征就是伦理关怀的对象从人际伦理扩展到自然界的伦理关系，从道德上论证人有义务保护地球上的动物、植物等以及人类赖以生存的生态系统。以道德的方式关注自然或生态，这是生态伦理的核心思想。这一保护自然的伦理关怀在"普度众生""尊重生命"的中国佛教伦理思想中能够得到可靠的理论支持。中国传统伦理文化中关于"尊重自然"，特别是"敬畏生命"的伦理思想，表述得最清晰、最完整的思想体系，莫过于中国佛教的禅宗。在西方生态伦理的思想中，史怀泽的"敬畏生命"的伦理，在很大程度上得益于东方的佛教思想。如果剔除其中的某种神秘成分，那么佛学禅宗理论中的佛教生命观，对于生命本质的认识，包含生命之法的观点，体现了"生态伦理"思想的基本内涵。

首先，佛教包含着"万物平等"的生命意识。如果说，道家、儒家在"人与万物一体"的问题上，更多是理论论证和理性思考的结果，那么，"万物众生皆平等"却是佛家证悟宇宙人生的直观体现和思辨的成果。在佛教体悟性的伦理思想中，人与自然万物（芸芸众生）之间没有明显界限，是不可分割的有机整体。佛教指出佛与众生，由自性俱见平等，无论有情众生，还是无情的草木，皆有佛性。一花一草都象征了万物的心。《大珠慧海禅师语录·卷下·诸方门人参问语录》指出芸芸众生皆有成佛的可能性。"青青翠竹，尽是法身；郁郁黄花，无非般若"，含义是所有"有相"的东西，尽管表面显现出虚妄，但其本质是自性。这表明大自然的一草一木，充满着生趣，值得人们去珍爱。

佛教中的"依正不二"思想就揭示出"万物平等"的生命意识。所谓"依正"，就是指"依报"（如房屋、衣食、器具等，即身心所依赖的身外之物）和"正报"（生命主体，即五蕴之身）的统称。"不二"亦作"无二"，离言绝相，现证真如。《大乘义章》卷一解释说："言不二者，无异之谓也，即是经中一实义也。一实之理，妙寂离相，如如平等，亡于彼此。故云不二。"意指一切现象的体性真如、实相离一切差别相，无彼此之分，无主体、客体的二元对立，叫作不二或无异。在佛教的思想中，人与其他所有生命存在皆有佛性，都是平等的。《大般涅槃经》卷二十七中记载："一切众生悉有佛性，如来常住无有变易。"这是佛家处理主观世界的人与客观世界的自然之间关系的基本立场，也就是主张人及其他生物或生命与其生存的自然界之间的密切相关的同一性。

佛教中的"众生"除了狭义的人的生命，还包括其他动植物等广义的生命、生物或一切存在物，是"有情"和"非情"（"无情"）的总和，一般情况下，统称生命。根据广义的理解，包括生命、生物或一切存在物都潜藏着"佛"性。日本佛教曹洞宗创始人、最富哲理的思想家道元指出："一切即众生，悉有即佛性。"清晰地表达了一种思想：一切众生先天就存在佛的因性种子，当然具有成佛的内在可能性。就道元"悉有即佛性"的理解，日本著名佛学家阿部正雄进一步指出，在道元所理解的"有"既包括人和动植物等生物，也囊括了无生命存在，如矿石、土地等等，也就是宇宙间存在的一切实体与过程，即"草木国土皆能成佛""山河大地悉现法身的意境"。道元强调"悉有"，显然包含着这么一层意思：人可以完全彻底从轮回（即不断的生死流转）中解脱的地方，不是有"生命"界，而是在"有"界，消除悉有共具的起灭或有无，从这种无穷轮转的轮回中解脱，才能真正完全彻底地解决关于人的生死这一严肃而重大的问题。对于这个问题，阿部正雄评论道，"悉有即佛性"超越了生命界，把佛教的非人类中心主义推臻极致。"道元在一个彻底宇宙论的界域里，找到人类解脱的基础。在这里，道元揭示了一种最彻底的佛教的非人类中心主义。"①也就是说，人类只有具备宇宙的宽广胸襟，进入更深更广的众生生减界，对天地万物的"有界"给予终极关切，走出人类自己的生死之忧，超越轮回的涅槃才能够获得解脱。

其次，佛教思想中充满"普度众生"的慈悲情怀。以"慈悲为怀"的方式善待一切众生，因而，一切生命都是平等的，需要受到保护。这是佛教

① 〔日〕阿部正雄：《禅与西方思想》，王雷泉、张汝伦译，上海译文出版社，1989，第43~44页。

伦理中的重要思想。可见，在对待生命的问题上，佛教的视野更为开阔，慈悲的对象不只是人类，也包括一切有情众生。因此，佛教对所有生命，特别是对除了人自身之外的其他生命的关怀和尊重，集中体现在对芸芸众生的慈悲情怀和内在尊重上。佛法教导人们要对所有生命大慈大悲，"与乐"即慈爱众生并给予快乐为慈之德，"拔苦"即祛除众生的痛苦为悲之德。《大智度论》卷二十七云："大慈与一切众生乐，大悲拔一切众生苦；大慈以喜乐因缘与众生，大悲以离苦因缘与众生。"佛的这种慈悲是深厚的，清净无染的，视众生如己一体。正如《大宝积经》里说的"慈爱众生如己身"，知其困厄，如同身受，由此而生成了"众生度尽方成正觉，地狱不空誓不成佛"的菩萨人格。

佛教认为，世界中的芸芸众生的生命包括人自身都会受到不同程度的烦恼、痛苦或不幸的折磨，也就是人生的"苦谛"，即有生苦、老苦、怨憎会苦、爱别离苦、求不得苦等。"苦谛"，可以表述为关于人生是苦的真理。造成种种痛苦的原因是多方面的，佛教提出了"十二因缘说"，也称作人生本质及其流转过程的"缘起说"，指的是从无明（即无知）到生死彼此互为生灭条件，形成因果循环链条的十二个环节，被称为"集谛"，包括无明、行、识、名色、有、生、老死等。"苦谛""集谛"谓之"染"，揭示人生痛苦及其原因在于欲望；"灭谛""道谛"谓之"净"，告诫人们消除痛苦，及灭欲的修行方法。如果执着于"苦谛""集谛"的"染"，就会造成无明，出现了恶趣的现象，就是恶，不再受三界内的生死苦恼，便是善。

佛教强调关爱众生，使"慈悲"或"关爱"的对象超越狭隘的视界，要遍及所有的人和所有的生物，把众生的痛苦或不幸当作自己的痛苦或不幸去体验。虽然众生有差别性，但他们的生存、生命的本质是平等的，因为万事万物皆由因缘和合而生，没有绝对因，也就没有所谓的自然界之外或之上的"造物主"，从而否定神的主宰能够创造宇宙万物。既然宇宙万物中没有神的主宰体或一切的主体，任何存在都是因缘和合而生，"诸法因缘生"，不可能有个独立的创造者，则所有存在必然是平等的。因此说，佛教主张以慈悲柔和去心怀无私地体谅、关爱和帮助他人、利益社会和众生，突破了对人类自身的关注。如史怀泽强调对动物的关怀，也体现了佛教的慈悲。"把爱的原则扩展到动物，这对伦理学是一种革命"，"如果把爱的原则扩展到一切动物，就会承认伦理的范围是无限的。从而，人们就会认识到，伦理就其全部本质而言是无限的，它使我们承担起无限的责任和义务"①。诚然，生命世界的准则就是任何生命包括人类本身要维持自己的生存，对于关爱众生慈悲情怀的佛教而言，并不否定任何生命，理应本能地保护自己的生命。但佛教更突出强调的是，人不仅关注自己的利益，还应该对其他的众生生命给予关怀、利益和帮助。正是因为对众生生命的关爱或慈悲情怀，人类就要抑制自己的贪欲，关注其他生命物种的生存，并与之和谐共存。

最后，佛教基于对一切众生的慈悲情怀，确立了"不杀生"的道德戒律。佛教主张对一切有生命之物慈悲，其中，"不杀生"的道德戒律是佛教伦理思想的一个最基本的观念。戒是佛教终身应遵守的基本道德信条。佛教所说的善恶，并不是一种抽象的概念，而是具体反映在它的戒律中。佛教的戒律有多种，如以五戒、八戒、十戒为内容的基本戒律，强调要行善，诸恶莫作，其中，"不杀生"作为戒律之首，也是佛教的根本戒条。不杀生，不要杀害生命，以慈悲为本，达到怨亲平等。

从佛教"了生死"的轮回学说来看，一切有情众生皆住于三界，在"六道轮回"②中不断流转，这充分表明人和畜生道的动物并没有根本的差异，其生命的本质是平等的，仅仅是善恶业因的差别，轮回的趋向不同。可见，佛教的"不杀生"的理论根据在于，因果轮回转世使得所有生命都具有了"血缘关系"，存在密不可分的亲属关系，使得其他生命与人有着平等的地位，没有高低贵贱之分。

①〔法〕史怀泽：《敬畏生命》，陈泽环译，上海社会科学院出版社，1995，第76页。
② "六道轮回"是古印度婆罗门教的世界观，后来释迦牟尼佛出世，随顺此世界观用以度化世人断诸烦恼永离生死。"六道轮回"的六道指：一、天道；二、人间道；三、修罗道；四、畜生道；五、饿鬼道；六、地狱道。

因此，在佛教中，把"杀生"作为首恶，在十种恶业当中最为严重。佛教"不杀生"的伦理思想主旨在于众生的生命并无贵贱、尊卑之别。因而，这意味着不仅不要伤害人的生命，也不要伤害人之外的其他生命。"杀生"会给生命带来痛苦与不幸，意味着剥夺其他生命存在的权利，因此，它与偷盗等行为一样被视为恶。《大智度论》卷十三说："诸余罪中，杀罪最重；诸功德中，不杀第一。"

当然，佛教出于一种宗教信仰的"不杀生"，并不完全等同于生态学意义上的自然保护的伦理，也不完全是现代生态伦理思想。虽然佛教对众生平等的信仰并不能彻底解决生态危机，但佛教慈悲胸怀的道德信条，如"不杀生"的戒律中隐含的丰富的"尊重生命""善待万物"的思想及其相应的生活方式，无疑具有"生态伦理"的理论价值和实践意义。"佛教的生态理念主要表现在：第一，承认万物皆有佛性，都具有内在价值，这就是'郁郁黄花无非般若，青青翠竹皆是法身'。第二，尊重生命，强调众生平等，反对任意伤害生命，因而提倡素食，认为'诸罪之中，杀罪最重；诸功德中，不杀尤要。'"① 作为一种宗教理念和信仰基础，佛教用一种平等的视角和心态去护持一切众生，没有西方人类中心主义对待其他生命物种的傲慢与偏见，从而在客观上起到了保护自然和保持生态平衡的作用。

虽然中国传统文化中的道家、儒家和佛教"生态伦理"思想有一些内在的理论差异，但它们有共同的特点，与当代生态伦理学的契合点有两个方面，体现出中国伦理文化中"生态伦理"的内在基因。其一，思维方式的契合。以朴素性和直观性为特点的中国传统"生态伦理"思想，突出整体主义的思维方式，并包含中国传统伦理文化的核心精神。而现代语境中的生态伦理思想发展突出辩证有机思维方式，克服现代西方的主观主义思维偏颇，与中国传统文化中的整体性有机论思维方式有异曲同工之妙。其二，伦理领域的契合。"天人合一""道法自然""仁民爱物""万物平等"等思想内涵对自然的

---

① 李培超：《自然的伦理尊严》，江西人民出版社，2001，第234页。

伦理观照是中国传统"生态伦理"文化的题中应有之义，与现代语境中的生态伦理思想相契合。作为应用伦理学的分支，生态伦理学试图把道德关怀的对象、范围从现代社会生活中的人际伦理扩展到人与自然的伦理关系的生命共同体或自然共同体，这是现代伦理思想和结构的一个重大理论突破。

由是观之，现代社会生活中生态伦理学的发展为我国传统"生态伦理"思想的"现代性"创生提供了历史文化契机，重新焕发中国"生态伦理"思想传统的内在生命力。但是我们也应该清醒地认识到，作为植根于农业文明范式之中的一种前科学主义思维方式，中国传统文化中的"生态伦理"思想对于工业文明和后工业文明而言，缺乏时代性的要素。要克服我国传统"生态伦理"思想的时空隔距，转化成对"现代性"道德的反思和批判功能，就需要把我国传统"生态伦理"思想与现代语境中的生态伦理学相整合，与现代社会生活的生存方式和发展理念相契合，给予充分的理解、阐释和创造，才能凸显出中国传统文化中的"生态伦理"思想之当代价值。

二 后现代主义的"生态伦理"思想

"现代性"道德在人与自然关系上存在价值观盲点，致使生态伦理中存在人类中心主义与生态中心主义的对立、冲突和矛盾，陷入"两难处境"，找不到统一的整合根据。作为一种根本意义的伦理之源，生态伦理并不是要取代"现代性"道德在发挥正常功能的社会与人际伦理准则，而是在承认"现代性"道德的合理性基础上，揭橥"现代性"道德在人与自然关系上存在价值观盲点，辩证理解、看待和探寻"现代性"道德在人类历史中的恰当位置。通过反思、批判"现代性"道德，论证生态伦理超越"现代性"道德的内在合理性，并揭示出人类中心主义与生态中心主义价值整合成一种根本意义的生态伦理的必要性、可能性及其实践意义。除了上文提到的传统文化中包含的"生态伦理"思想为超越"现代性"道德提供了必要的伦理资源之外，后现代主义"生态伦理"思想的价值整合更为直接、彻底地解构了"现代性"

道德，质疑启蒙运动以来占宰制地位的话语表达方式及其思想价值体系，无疑有着十分重要的意义。后现代主义的"生态伦理"思想为超越"现代性"道德所形成的生态伦理价值整合提供了诸多借鉴。

其实，后现代主义并不是一个确定的时期或时代，而只是一种非稳态的文化形态，体现出具有反西方近现代体系哲学倾向的理论思潮。尽管后现代主义并不能提供一个普遍的伦理规范和标准，但是，通过对"现代性"道德的反思和批判，显示出"现代性"道德仍是一个不完善的、有待批判的系统，需要进一步提升和完善。因而，后现代主义"生态伦理"思想，也是生态伦理的后现代整合，促进和推动生态伦理对"现代性"道德的超越，为从工业文明向生态文明的转变提供重要的思想启蒙和理论准备。事实上，站在"拯救地球和人类未来"的立场上，后现代主义的先驱海德格尔分析了近代以来科学技术泛滥所造成的人对自然的控制、支配和奴役状态，改变了事物的面貌和地位，把自然生态系统纳入人的技术生产系统，潜藏着破坏自然的巨大危险，也加深了人自身的异化。"新时代的人已成为绝对的中心和主宰，他向存在者提供尺度，决定什么东西是存在的。"[①]这造成了意想不到的"现代性的后果"：人限定了事物，也使自身完全受制于技术的视野，只能按照技术的需要去行动，服从工具理性的价值设定和认同。若拯救人自身，就得需要从拯救地球开始。海德格尔重申了"大地是万物之母"的朴素真理，只有让自然事物存在，人才能得以存在。海德格尔极为深刻地指出："人不是在者的主人。人是在的看护者。"[②]另一位活跃在当今世界哲学舞台上的后现代主义的重要代表德里达主张给主客体以平等地位，解构主客体二分思维方式。

首先，探讨一下后现代主义"生态伦理"思想的整合价值。后现代主义一直处于一种纷繁复杂、多元化的发展状态，但从总体上看，后现代主义思潮就是要对现代文明发展的根基、传统、伦理价值观等各个方面，进行全方

[①] 宋祖良：《拯救地球和人类未来——海德格尔的后期思想》，中国社会科学出版社，1993，第67页。

[②] 〔德〕海德格尔：《人，诗意地安居：海德格尔语要》，郜元宝译，广西师范大学出版社，2000，第10页。

位的批判性反思。"现代性"及其道德是现代社会普遍追求的目标，既带来福音，也伴随着意想不到的"现代性后果"。许多思想家揭示的"现代性危机"、"现代性焦虑"或"现代性之隐忧"，就是在以工具理性为特征的"现代性"道德导向下，使现代社会和现代人在享受着充裕的物质文化生活的同时，付出某种难以割舍的代价。历史文化传统积淀的德性论和信念伦理在现代社会的生存与发展中失落，造成环境的破坏、生态危机以及精神意义的缺失，反衬出"现代性"道德价值颠覆伦理传统文化的"皮洛士式胜利"所带来的恶果。在工具理性主义的精神导引下，人类把作为终极实在的自然化约为可计量的、技术操纵、知识力量征服的"物质之集合"，创造了远远高于过去数千年所创造的生产力，使现代人走向了永不满足的贪婪之旅。艾恺对"现代性"进行描述和分析："现代化是一个古典意义的悲剧，它带来的每一个利益都要求人类付出对他们仍然有价值的其他东西作为代价。现代化与反现代化思潮的冲突将以二重性模式永远持续到将来。"① 站在后现代主义主客融合的整合性思维这一立场上，霍兰德深刻分析和揭示现代人类为"现代性"道德的追求和努力所付出的代价和后果。他认为，"在接近 20 世纪末期的时候，我们以一种破坏性方式达到了现代想像（modern imagination）的极限。现代性以试图解放人类的美好愿望开始，却以对人类造成毁灭性威胁的结局而告终。今天，我们不仅面临着生态遭受到缓慢毒害的威胁，而且还面临着突然爆发核灾难的威胁。与此同时，人类进行剥削、压迫和异化的巨大能量正如洪水猛兽一样在'三个世界'中到处肆虐横行"② 。后现代主义具有整合价值的"生态伦理"深刻批判以工具理性为特征的"现代性"道德演变成"现代性危机"，并以此试图放弃对中心权威、同一性、确定性的强调，追求多元性、差异性和不确定性，宽容地看待各种价值标准和理论争论。

与"现代性"伦理话语不同，后现代主义"生态伦理"思想吸收了现代

---

① 〔美〕艾恺：《世界范围内的反现代化思潮——论文化守成主义》，贵州人民出版社，1991，第 212 页。

② 〔美〕大卫·雷·格里芬：《后现代精神》，王成兵译，中央编译出版社，1998，第 64 页。

生态学的研究成果，肯定异种生物个体间的相互作用原理，倡导协同进化、共生和共赢。"现代性"道德的思维方式所代表的科学主义、经济主义以及"人道主义的僭妄"是机械的、单向的、分析的。后现代主义与之不同，这种"生态伦理"思想为现代人提供一种更为合理、更具道德意味的非机械的、多维的、综合的整体有机思维方式。后现代主义"生态伦理"思想提倡一种人类—社会—自然有机统一的整体，既利用传统伦理作为理论资源，又批判和反思现代社会中占据主流的伦理价值观，把传统、现代与后现代的视角结合起来，形成一个连续的整体。在后现代世界中，这种通向整体的运动应当得到认同和发扬。格里芬说："迈向一个后现代世界而不是试图回归到前现代的生活方式以逃避现代性带来的恐惧的观念，意味着要吸收现代性的优点并克服它的缺点。……后现代对内在关系保持感受和认同。"①因此，可以说，真正意义上的生态伦理观应该是具有传统、现代和后现代理论的最好判断力的社会批判理论整合。

后现代主义"生态伦理"思想并不是向前现代精神的简单回归，而是向一种"真正的精神"的"回归"，抑或是向一种创造性的回归。后现代主义，特别是建设性的后现代主义，吸收了前现代伦理思想中的合理成分，保留和继承了"现代性"道德价值，克服其消极的破坏性方面。从这一意义上说，从整体上，后现代主义"生态伦理"思想超越"现代性"道德，继续推进人类的创造，丰富和发展了人、社会与自然整体有机的伦理思想内涵。这种统一关系的整体绝不能被简化为利用与被利用的关系，即"主客关系"甚至是"主奴关系"，而应是本然的共存和谐关系，否则就违背了人与自然协同进化、共生和谐的生态规律。

其次，后现代主义"生态伦理"思想的整合价值包含"和谐"意味。后现代主义"生态伦理"思想的整合和人与自然、人与人的和谐密切相关。任何理论的"整合"本身并不是目的，只是一种手段，而"和谐"才是目的。

---

① 〔美〕大卫·雷·格里芬：《后现代精神》，王成兵译，中央编译出版社，1998，第34页。

从字面理解，"整合"的含义是一种归整、合成、组合，并且有一种"整体合力"的意思。进一步深层挖掘，就能发现"整合"的更深刻的内涵，即把不同的事物相互渗透，融合为一体，从而实现系统的资源共享，最终形成价值、效率和意义的有机整体，达到超值的效果、和谐的状态。和谐状态就是通过"整合"，使事物发展处于协调、均衡、有序的状态，力图达到一个共同的目标。

长期以来，人类一直把地球看作自己的私有财产，特别是现代社会生活中，人对自然的"隐性的暴力"日益加剧，从未间断来自人类本身的破坏和损害。实际上，人类只是生态系统的一部分，因而，作为地球中的一员，在利用自然资源的同时，也应该保护我们赖以生存的地球。美国生物学家一直关注着自然界和人类社会中的共生、依存和合作的现象，讴歌生命，保卫生命，捍卫生命固有的谐调。"我们并不象从前想的那样是大自然的主人。我们依赖于其他生命，就跟树叶、蠓或鱼依赖其他生命一样。我们是生态系统的一部分。一种表述方法就是，地球是一个结构松散的球状生物，其所有的有生命的部分以共生关系联系在一起……我们的作用是整个生物体的神经系统"①。人与自然的关系并不外在于人与人的关系，而是互为中介的。管理好人类自身的行为就是维持人与自然和谐的关键。因而，以人与自然的伦理关系为前提或基础的人与人的伦理问题也是生态伦理学不能回避也回避不了的问题。深入研究马克思思想的施密特指出，"作为合规律的、一般领域的自然，无论从其范围还是性质来看，总是同被社会组织起来的人在一定历史结构中产生的目标相联系。人的历史实践及其肉体活动是连接这两个明显分离的领域的愈趋有效的环节"②。这清楚地表明，人与人之间的社会关系在人与自然的物质变换中起了重要的导向和调节作用。如果在人类社会内部的伦理关系不能合理配置人的权利和义务关系，那么，人与自然之间的伦理关系

---

① 〔美〕刘易斯·托玛斯:《细胞生命的礼赞——个生物学观察者的手记》，李绍明译，湖南科学技术出版社，1997，第89页。
② 〔德〕施密特:《马克思的自然概念》，欧力同、吴仲昉译，商务印书馆，1988，第43页。

也就不能在真正意义上得以建立。抑或说，在实践层面，如果不能具体落实到社会伦理关系的和谐，所谓的"生态和谐"也就仅仅成为一个没有内容的空话。

鉴于此，建立人与自然伦理关系，探究生态伦理的实践智慧，实现"生态和谐"，不只是从自然中解放人，使人做自己生活的主人，也要从人中解放自然，把人的解放与自然的解放当作社会和谐发展的基本目标。以往，人们更关注人的解放，特别是从传统伦理向现代转型过程中，这个问题更为突出。但随着"现代性"道德的深入发展，自然的解放对于人的解放同样具有重要的意义。作为环境运动中的一种思潮和行动纲领，自然的解放不仅反对对自然的暴力控制和干预，同时也培养人的新的感受力，在建设一个自由社会、推动社会的变革中起到了重要作用。具体而言，解放自然具体就是将现代人从异化的生产生活方式中解放出来，寻求自己与自然和谐的真实生活，就是对自然的解放。在工具理性僭越价值理性的"现代性"道德社会中，自然受到的侵害也加剧了人对人自身的侵害，反之，自然的力量也增添了人的力量。建设性的后现代主义推崇一种整体论的方法，强调包括人在内的宇宙整体是一个有机体和无机体密切相互作用、内在联系的复杂的"生命之网"。事实上，在社会系统中，人类是独一无二的，把自身作为目的，但在整个自然界生物系统中，人类并不应该自视甚高，不过是众多物种中的一种。当然，只要人种存在下去，人类的干预就会被认作一种事实，一种必需。但这并不能成为人类社会生活的全部。"生态意识的基本价值观允许人类和非人类的各种正当的利益在一个动力平衡的系统中相互作用。世界的形象既不是一个有待挖掘的资源库，也不是一个避之不及的荒原，而是一个有待照料、关心、收获和爱护的大花园。"[①] 由此可知，后现代主义的"生态伦理"思想更为重视事物之间的相互联系和作用，远比它们之间的相互区别更为重要。当今世界迫切需要超越束缚人类精神的意识形态，追寻一种高远的生态伦理的整合精神

①〔美〕格里芬:《后现代科学——科学魅力的再现》，马季方译，中央编译出版社，1995，第133页。

和道德实践的行动。

最后，后现代主义"生态伦理"思想确定了"整合"的切入点，把握住了生态治理的基本方位。工业文明不仅使生态失去了平衡，也导致人们的心灵失衡。从工业文明向生态文明的转型过程中，生态伦理思想正是基于这种文明的转型，从征服自然的现代道德价值观中，跳出主观主义思维的逻辑"魔圈"，"像山那样思考"，确立起人与自然协同进化、人与人之间和谐相处的生态理论理念，打破单一的主体框架模式，采取多元主体共同参与所形成的生态治理，有效利用和节约资源。生态治理是生态伦理的具体实施路径，生态文明建设的重要内容，一种动态的良性互动的治理模式，要求人类的经济活动必须维持在生态可承载的能力之内。其一，正确认识科学技术，整合对自然的控制与人的欲望。科学技术的兴起和发展使人类从迷信和各种神秘力量的压迫中解放出来，逐步揭开宇宙和人类奥秘，是为人类的生存和发展服务的一种积极力量。现代生活精神的伟大先驱弗朗西斯·培根率先提出"知识就是力量"（power 亦可译作"权力"）这一启蒙精神的口号，将"支配自然"作为现代科学技术发展的潜在规则，尽管他试图超越这一目标，但他的后继者却只是将"支配自然"无限度扩大，而忽略或漠视更为深远的目标，致使现代人从根本上改变了人与自然的统一关系，也使整个社会生活置于科学技术的监控之下。特别是在仰赖于科学技术的当代社会生活中，科技主义几乎成了现代文化的精神支柱，既促进了现代社会的发展，也使科学技术异化，变成任何人类机构都不能予以控制的力量。科学技术原本是为人类服务的工具，但在异化的状态下，反倒成为统治和压迫人类或外在于人类的异己力量，将反过来剥夺人的自由，使人从属于它。

康芒纳认为，造成生态危机或环境问题的原因，除了"人口众多"和"富裕"，更与现代（科学）技术有关，因为新的技术加剧了自然生态系统与人追求经济利益最大化之间的冲突。新科学技术是经济上的一个胜利，刺激和助长了经济主义的放任，但它也是生态学上的一个失败，使我们赖以生存的地球满目疮痍。"如果现代技术在生态上的失败是因为它在完成它的既定目标上的成功的话，那么它的错误就在于其既定的目标上。"① 那么，为什么现代技术非要由那样一贯不顾生态影响的目标做指导呢？原因在于，几乎所有现代技术及其成果都是从这种划分和再划分工作的需求中产生出来的。技术的最重要的影响是迫使任何一类工作中的划分和再划分，在此基础上才能形成它的组合体。只有已被掌握的划分后的知识才能被用于实践。而生态系统却不能再划分成可随意处理的几部分，更不能还原到可供人支配的物质，因为生态系统及其各个部分之间的内在联系的特性恰恰就在于一个整体。从这个意义上说，现代技术仅仅以生产效率为追求目标，忽视了生态上的要求，才导致生态上的失败，这正是导致生态危机的技术根源。因而，可以这样说，生态上的失败显然是现代技术本性导致的必然结果。

康芒纳阐述了生态学的四条法则，其中第三条法则是"自然界所懂得的是最好的"②，并不是说让人类完全回到自然状态，而是突出强调人类应该小心谨慎地对待自然或生态系统。康芒纳的这条"自然界所懂得的是最好的"生态学法则，其提出的本意是针对现代社会生活中"人拥有万能的权威"这种自我中心性而言的。"任何在自然系统中主要是因人为而引起的变化，对那个系统都有可能是有害的。"③ 但这种解释也不是把人完全放置于一个被动的消极地位，取消人的内在价值，因为这条定律的本意并不是压制人类自己，使人完全归于"自然的价值"，而是纳入生态伦理的角度来考量，按照人与自然和谐进化的方向慎重运用科学技术，尊重人的生命与自然的内在价值。

这些警示告诫痴迷于"现代性"道德价值的现代人，正确对待科技这一"现代性"的意识形态，以生态伦理的伦理态度自觉控制现代人对物质欲望的盲目追求。人类要对地球生物圈完整的结构关系抱着尊重的态度，按照人与

---

① 〔美〕巴里·康芒纳：《封闭的循环——自然、人和技术》，侯文蕙译，吉林人民出版社，1997，第148页。

② 〔美〕巴里·康芒纳：《封闭的循环——自然、人和技术》，侯文蕙译，吉林人民出版社，1997，第32页。

③ 〔美〕巴里·康芒纳：《封闭的循环——自然、人和技术》，侯文蕙译，吉林人民出版社，1997，第32页。

自然协同进化的方向运用科学技术，进而不把科学技术看作支配和统治自然的能力，否则就会陷入依靠人自身难以摆脱的恶性循环的怪圈。由此看来，应该把科学和技术从盲目的动力机制和恶性循环中解放出来，使科学理性、人文价值与生态价值统一。威廉·莱斯认为，科学技术不只是控制自然，其实质在于控制人。这是产生生态危机的一个重要的根源。因此，只有依靠伦理的进步，制约科技对人文和生态的主宰。"停止把科学和技术作为控制自然的主导力量，这不仅对科学技术是必要的一步，而且对控制自然观念本身也是必要的一步。"①控制、支配和利用自然资源，不能看作征服外部自然或外部空间，而是置于人文关怀的语境中，重新理解和认同作为人的所是（存在）。格里芬以建构超越于"现代性"中的科学主义，提出了他的建设性的后现代主义"整体有机论"的科学观，并以此种思维方式看待世界。"它试图战胜现代世界观，但不是通过消除上述世界观本身存在的可能性，而是通过对现代前提和传统概念的修正来建构一种后现代世界观。建设性或修正的后现代主义是一种科学的、道德的、美学的和宗教的直觉的新体系。它并不反对科学本身，而是反对那种单独允许现代自然科学数据参与建构我们世界观的科学主义。"②这种建构性的后现代主义要求摆脱"现代性"道德困境，反对价值独断论，更多关注人与自然的关系，主张人与自然协同进化等基本思想，具有"整体有机论"的生态和谐意义，体现了鲜明的后现代的思维特征。

以非理性的道德因素为契机，整合人类的权利和对自然界的义务。无论在理论上，还是在行动中，我们需要提倡尊重自然，意识到保护自然就是保护人类自己。作为类存在物，人类本身也是自然的一部分。从这一本真的意义上说，人类中心主义与生态中心主义的争论直至对峙并僵持不下，其实是一个伪问题。但在现代社会生活中，因人类的生存和发展脱离了"存在之链"或"生命之网"，完全为了自身的眼前利益而不节制地消耗自然资源，难以实践这种保护自然的伦理理念。不是现代人不知道保护自然的伦理理念，而是

---

① 〔加〕莱斯:《自然的控制》，岳长岭、李建华译，重庆出版社，1993，第169~170页。
② 〔美〕大卫·雷·格里芬:《后现代精神》，王成兵译，中央编译局出版社，1998，第236页。

基于伦理学领域中一贯的理性主义思维模式，压制非理性，诸如信念、情感和意志等因素，使人难以接近、深入地理解和体悟保护自然的伦理理念。诚然，没有理性的制约，完全依靠非理性因素，人们无法集中精力把握客观世界的过程，阻碍人们的各种认识活动。但完全依靠理性的作用，甚至发展为理性主义，压制非理性，结果也会使理性失去效力，沦为非理性的工具。比如，从目前人类对科技理性的盲目崇拜来看，尽管科技理性的发展似乎成为人类社会发展的一种决定性的力量，如若控制不当，就会变得盲目与狂热，如霍克海默所说，"变成了一种完美无缺却又虚幻无实的操作方式"。不论人类如何的理性化，起决定性作用的却是非理性。人毕竟不是一架机器，依靠理性的指令支配，而是由理性与非理性"和合"而成。离开人的生物性，也称为人的自然属性，人类的社会群体性失去其形成与发展的存在本源，也就无法以人们的相互性的给予和接受的德性来维持。麦金太尔重申了人的动物性，从本体论层面深入探讨人类的脆弱性和依赖性，表明人类的共处只有在德性的状态下才能得以实现。麦金太尔指出："我最开始认识到人生在面对肉体和精神的危险和伤害时具有脆弱性并不是因为哲学。我本不该花那么长时间才理解大多数道德哲学中缺乏这种认识所具有的重要性。重读阿奎那，不仅强调了那种重要性，而且将我引向他用以论述德性的种种资源，他笔下的那些德性不仅考虑到我们的动物状态，而且考虑到了承认我们由此而来的脆弱性和依赖性的需要。"[1]所以人的理性人格并不是完全独立的，而是与无意识的人格（人的非理性特征）相互依存、相互作用的。

　　人类在突出"人道"价值的同时，需要尊重"天道"，这样由"人道主义的僭妄"所导致的诸多困境也会迎刃而解。如果人类只考虑自己的物质利益，过分放纵人类主体的创造能力，"一意孤行"，违背自然的客观规律，不仅引发生态危机，导致生态系统的失衡，也威胁人类自身的生存与发展。这是豁出"生存"搞"发展"所带来的"自食恶果"。片面强调人类开发、利用、支配

―――――――――――――

① 〔美〕麦金太尔：《依赖性的理性动物——人类为什么需要德性》，刘玮译，译林出版社，2013，第 4 页。

自然资源，漠视自然的"内在价值"和"自然权利"，忽视人类保护自然、维护生态系统平衡的义务，这是对待自然"涸泽而渔，焚林而猎"的简单粗暴的方式，是绝对不可取的。走出这种窘境，只有通过生态伦理，约束人类自身的行为活动方式，对人自身能力发展方向和行为后果进行合理的社会控制，才能改变人与自然的"单向度"关系，扭转由这种关系所带来的人对人的支配，使人对幸福的追求与自然协调，找到人的真实的幸福生活。人类需要一种在生态伦理价值观下指导的人与自然、人与社会的协同进化的新型发展关系，也就是超越"现代性"道德而建构和形成的生态伦理，启蒙从工业文明向生态文明的思维方式、道德范式和生活方式的整体转变。为此，作为个体化时代中每一个追求自由、摆脱束缚的现代人，我们在享受更多的权利的同时，也急需更多地对自然尽相应的义务，促使我们反思新时代的人文精神观念，深入人与自然关系背后的人与人之间的关系和人自身内部的关系。

尽管对于后现代主义理论思潮，学术界的看法褒贬不一，莫衷一是，但后现代主义所包含的"生态伦理"思想能够把人与自然界的关系确立为一种道德关系，提升自然界的价值理论，符合生态正义的和谐发展关系，给我们保护自然，治理环境，优化社会生活，养成良好的生活方式，提供了哲学的整体观、价值观和方法论。后现代主义"生态伦理"思想以伦理的普通化意义为楔点，以生态效益、生态生活、生态幸福为内在动力，以类主体为伦理本质，为新型生态伦理的理论构建和实践指向提供了新的依据，并以全新的视角为人与自然、人与人的和谐发展打开了一种全新的通路，为人类有道德品质地生存、可持续发展提供了有益的启示。自然受到破坏、生态系统失调、环境污染和恶化、人类生存受到威胁等等，其实，这些只是问题的表面现象，而从实质上说，生态危机是人类伦理观念发展到"现代性"道德本身，衍生出形式主义的僵化所致的文化危机，无法克服人与自然的矛盾，难以摆脱生态环境困局，最终受到了大自然的惩罚。无疑，以"现代性"道德文化为基准的现代社会确立了自由、平等的政治伦理理念，使社会发展逐渐理性化，营造了相互尊重的社会环境，这是功不可没的"现代性"成果。但这种颠覆伦理文化传统所形成和建构的现代道德价值观及其现代文化使作为类的人演变成原子化的个人、孤独的个体，生存于无根的状态。这种伦理文化也以功利、效果取代了实践智慧中的"德性"，不断向外搜求以填补内心的空虚。"恰恰是这种追求无限的方式和方向的根本转变，即由追求精神超越转向过分追求物质享受，使得现代文明畸形发展，才导致了今天的生态危机，将人类带入了危险的境地。"① 生态伦理思想就是要扭转现代文化中过于凸显和张扬那种自我膨胀的占有性的主体方向，平衡个人的占有性的主体与他者（他人、自然）之间的内在关联，能够恢复对自然的尊重，消除对人自身生存造成致命威胁的生态危机，也相应地充实现代伦理文化的"内在空虚"，使人与人之间由外在的"潜在的敌人"转变成"内在需要"的社会共同体。要使人类在21世纪能够生存下去并得到可持续发展，就应当站在生态文明的制高点上，借鉴和吸收后现代主义"生态伦理"思想，重建良好的生态环境，推进经济、社会绿色发展。

---

① 杨志华：《生态危机是文化危机——读〈启蒙之后〉有感》，《伦理学研究》2004年第5期，第112页。引文中有些文字略有改动，并没有改变引文的基本含义。

第三章　生态伦理研究的乌托邦视角

　　中西方传统伦理和后现代主义所包含的"生态伦理"思想，蕴含着丰富的生态伦理智慧，反衬出"现代性"道德在人与自然这一关系维度上的价值观盲点和缺陷，因而建立一种具有变革意义的生态伦理也是现代人类道德文化建设本身的要求。人与自然关系的历史演变在一定程度上印证生态伦理的道德合理性。只有吸收和借鉴中外传统伦理中"生态伦理"的思想资源和后现代的"生态伦理"智慧，直面"现代性"道德价值的生态伦理建构，才是必要的。尽管中西传统伦理和后现代价值观蕴含着丰富的深刻的生态智慧，为现代社会提供了值得珍重的伦理范例，具有积极的资源价值和思想意义，但只有内化到现代意义上的直面"现代性"道德的生态伦理建构，它们才能充分发挥出现实的理论意义和实践价值。因而，关于生态伦理的理论建构和实践指向，最终都避免不了在理想和现实之间如何抉择和权衡的问题。现代社会生活中起支配作用的是"现代性"道德，而具有变革意义的生态伦理尽管有丰富的历史文化思想资源，却在现代核心价值观中无法找到理论根据。

　　生态伦理价值观是整体的，而不是割裂为人类中心主义与生态中心主义。在传统文化和后现代主义中可以找到人类中心主义与生态中心主义整合价值的"生态伦理"思想资源，而在"现代性"道德观念中却因找不到理论根据而陷入理论困境，甚至被贬斥为"环境法西斯主义"或犯了"自然主义谬误"。在"现代性"道德支配的文化观念中，突破生态伦理遭遇现实的困境，确立生态伦理的道德价值观，确实非常艰难。造成生态伦理理论困境的原因是多方面的，诸如全球的经济发展还没有达到比较高的程度，生态道德文化还没有进入人们的内心世界等等。笔者认为，在与"现代性"道德的内在关联中，造成生态伦理理论困境的一个重要的原因，大概是没有将"现代性"道德与生态伦理的关系问题置于从工业文明向生态文明未来演进的历史背景中，也就无法区分两种道德观念的内在差异及其历史作用。在工业文明向生态文明未来演进的历史背景中，"现代性"道德是发挥支配作用的意识形态，而生态伦理的产生和发展表征它具有乌托邦性质，具有在总体上超越"现代性"道德的必要和可能，为生态伦理学的道德合理性辩护提供一种理论思路，对生态文明建设具有引导、启发、批判和建构作用。

文明是一个综合概念，是一种进步状况、进步程度，不仅指人类社会的进化，更是人与自然关系的不断演变。可见，从人类文明史来看，人类更看重社会，忽视自然。特别是工业文明，同任何以前的社会秩序类型相比，其活力都大得多。"现代性"是"现代社会或工业文明的缩略语"①，集中表达了对待自然的态度。"现代性"比以往的任何文明形态都更重视自然，但只是重视自然作为资源的价值，忽略自然作为根源的价值。②可见，所谓重视自然，是剥除自然的内在价值，使之成为工具价值的自然，目的是完全满足人类利益的最大化。以往批判"现代性"，基本上是从人与自然伦理关系中反思"现代性"道德在人与自然价值观上的盲点，但没有全面认识"现代性"。正如工业文明包括经济市场化、政治民主化和文化大众化，作为工业文明的集中表达，"现代性"不仅包括现代社会伦理，也包括现代生产生活方式。因此，除了上文曾提到的生态伦理对"现代性"的道德批判之外，还需要从总体上批判"现代性"。这种总体上对"现代性"的批判，完全依靠生态伦理本身是

---

① 〔英〕安东尼·吉登斯、〔英〕克里斯多弗·皮尔森:《现代性——吉登斯访谈录》，尹宏毅译，新华出版社，2001，第69页。

② 罗尔斯顿对"自然"有资源和根源的区分，认为"自然"不是我们所探求的"资源"，而是"根源"。"自然"是生养我们、塑造我们的"根源"，是我们须臾不可分离的生命母体。

无法做到的，只有站在生态文明的制高点上，从乌托邦的总体性意识上批判"现代性"，凸显出生态伦理的启蒙价值和实践意义。

第一节　生态文明的制高点

现代人类需要一场文明的全方位转型，不仅需要制度变革、经济变革和科技革命，更亟待道德观念的变革和引领文明的哲学。西方文艺复兴、宗教改革运动和启蒙运动，如以笛卡尔的"我思故我在"、康德的"人是目的"为代表的以人为本的西方"现代性"道德，奠定了现代工业文明基础。"现代性"道德的历史作用之伟大正在于此，其造成的"现代性的后果"，也源于此：在解决原有道德问题的同时，又在造成新的伦理道德问题。追求人类社会全面进步的"现代性"道德，并以此作为自己的口号和目标，但这种追求本身陷入抽象和思辨，形式大于内容，注定了不能够完全实现。事实上，以牺牲传统的道德文化资源为代价的"现代性"道德，这体现出历史的吊诡，如独立主体与碎片社会、经济至上与资本操控、民主政治与极权主义、宗教祛魅与信仰虚无、科技理性与规范虚妄等。以吊诡式的"现代性"道德来引领的工业文明既创造了辉煌，也带来前所未有的危机。改变现实状况，必须扭转现代工业文明的发展方向，从工业文明向生态文明转型。

一　生态文明的社会变革

由对"现代性"道德的反思所形成的生态伦理，不是为了批判而批判，而是站在生态文明的制高点上，呼吁文明的变革，审视现代人的生产生活方式及其相应的道德价值观。根据马克思主义的实践观，当一种生产关系已无法促进生产力的发展，甚至起到桎梏和阻碍作用时，社会价值观的转型和社会变革就在所难免了。生态学和环境科学促进了现代道德价值观的变革，揭示了现代社会中生产生活方式的致命弊端，表明从工业文明向生态文明转型正处于历史发展的过程之中。

时至今日，对全球性的生态危机的反思，生态伦理的启蒙价值和思想意义的日益凸显，使越来越多的人觉得不能完全按照现代主流的道德价值观生活。从"自然的祛魅"到"自然的报复"不断对"丰饶中的纵欲无度"①的现代社会及生活于其中的现代人发出严厉的"警告"。遵循不可持续的粗暴的生产生活方式，在严重违背自然规律的同时，也使人自己变成现代"资本逻辑"这一赚钱机器的一个零件，自暴自弃，不去思考其至关重要的存在，退缩到狭隘的现实中去。在整体上，工业文明是反自然、反生态的。科学技术的进步，似乎使人类可日益穷尽自然奥秘，直至可在宇宙中为所欲为。在这种科技主义的蛊惑下，现代人的思想观念就把"大自然"当作物理实在的总和，"物之集合"。以科技主义作为理论支撑，经济主义成为现代人的生活指针，无论是个体还是社会，不管是情愿还是被迫，都几乎把经济增长作为个人幸福和社会福利的唯一源泉，于是在多数场合中"资本的逻辑"使"成本—收益计算法"成为人们行为选择的指南。由此，人生的根本意义就在于拥有尽可能多的金钱，以赚钱为主要人生旨趣的人们便成了社会中坚。几乎所有传统伦理文化的主流观念和思想都强调"终极实在"的本体论意义，以此遏制人的贪欲，使人追求精神生活，唯独以颠覆传统伦理文化所形成的"现代性"道德为圭臬的现代工业文明制度，才大张旗鼓地鼓励人们追求自己的利益，并将这种利益的最大化作为幸福生活追求的目标，即把"贪欲"视为人类社会生存与发展、创新和进步的精神动力。正是这种"贪欲驱动下"的"大量

①　"丰饶中的纵欲无度"，这是美国当代著名政治理论家、地缘政治学家布热津斯基在《大失控与大混乱》（原名：《失去控制：21世纪前夕的全球混乱》）一书中第二章的标题。这个概念基本上形容的是，一个道德准则的中心地位日益下降，而相应地追求物欲上自我满足之风益趋炽烈的社会。在这个社会中，"界定个人行为的道德准则的下降和对物质商品的强调，两者相互结合就产生了行为方面的自由放纵和动机方面的物质贪婪"。引自〔美〕布热津斯基《大失控与大混乱》，潘嘉玢、刘瑞祥译，中国社会科学出版社，1994，第76页。

生产、大量消费、大量废弃"的生存方式，导致全球性日益严重的生态危机。大自然不允许人类纵欲无度，否则，不仅破坏人类赖以生存的自然，也伤害人类自己的身心。

"在经济主义和消费主义的误导之下，人们根本不知道：大自然不允许几十亿人的贪婪！"其实，每个人内心都清楚，人需要的并没有那么多，而恰恰是"现代性"道德及现代文化的激励，才遮蔽了人真实的自然需要，使人脱离自然，滋生永不知足（实则是无法自制）的贪欲。

当工业文明从解放人类，走向反自然、反人性倾向的极权主义时，开始实践"人道主义的僭妄"，此时，人类面临着最为严峻的历史考验，如何以文明和保持人的尊严的方式与地球和谐共存？换言之，以（西方）"现代性"道德为圭臬的工业文明可否不采取反自然的形态，也能更好地发展，给人以有尊严的生活？这是 21 世纪的人类必须全力探究的主题！目前，越来越多的人意识到，现代文化的各个层面都需要改变，要形成亲自然的文化而不是反自然的文化。因此，必须有一场文明的革命，人类才能获得新生。生态文明之路是人类文明持久繁荣的必由之路！

现代工业文明的经济主义、科技主义、消费主义等，具有反自然、反人性的倾向，尽管它们给人一种印象，是"人道主义的伦理"，但从史怀泽的敬畏生命思想来看，这种只考虑人与人的伦理关系的伦理观是不完整的"伪伦理"，"敬畏生命的伦理学把反对伪伦理和伪理想的武器交给我们"，因为"真正的自觉在于，充满了一切都是我们周围的生命意志的神秘感，并深刻领会到：我们始终对生命负有责任"①。现代社会中的生存个体缺乏对他人的伦理关注，对其他生物的生存更是采取漠视态度，认为它们只是被人利用的资源而已。人们只考虑自己利益的最大化，并美其名曰追求所谓的"幸福"。现代物质生产以矿物资源为主要原材料，大批量、大规模、高效率、标准化的工业生产，不仅在生产过程中耗费巨大能量，浪费自然资源，也产生出污染

---

① 〔法〕史怀泽：《敬畏生命》，陈泽环译，上海社会科学院出版社，1995，第 29 页。

环境的、不易降解的消费品。更为深层的意义是，现代工业文明使人们的生产和生活压缩在赚钱和消费的恶性循环中，使人找不到生存的终极意义。现代人把大部分时间和精力都用于工作、赚钱和消费，并陷入这种机械的循环中，并把这当作人生幸福的唯一追求，渴望实现物质消费的无止境增长，试图满足自身无法填满的欲壑。生态学的一项重要警示就是我们"只有一个地球"，人类的物质生产和消费不能无限制地膨胀，不可无止境地扩张，地球无法满足现代人类的反自然的欲求。现代人类需要保持合理的、适度的经济增长，重视非商业性生活方式和生活艺术的创造，这样才可走出现代生活工作、赚钱与消费的"恶性循环"，寻求更为本真的生活。

　　文明不能没有科技，但不同的文明有不同的科技。科技主义相信，科学技术将现代文化整合成统一的知识体系，认为只有科学技术这一条真理，其他的文化如宗教、哲学、艺术和文学等都能够还原到科学技术这一统一的知识体系中。诚然，科技的工具理性为工业文明的发展提供了内在的驱动力和精神支撑，加速了经济发展和社会变革。但科学技术是一把"双刃剑"，也是一种压制人的"座架"，不仅具有解放生产力的社会功能，还具有意识形态控制道德价值观的思想功能，既具有文化统摄的力量，也具有破坏性的，甚至毁灭性的力量。因而，需要客观地看待科学技术，它也正处于历史演变之中，绝不可能将各种文化汇聚于科学技术即科技主义这一统一的知识体系。应该有多种不同的科学技术，能够促进人与自然、人与人的和谐。为生态文明建设提供知识的应是以生态学为典范的新科学，核心技术应是生态技术等，具有人文的终极关怀特性。确立生态文明的科学技术观，将克服科学技术的"负面"作用，使自然、社会和人类的整体利益得到兼顾，保证三者的协调发展。

　　然而，文明变革绝非易事，需要突破重重险阻，以先进的文化为引领，实现社会的总体转变。时至今日，现代社会生活中还是只有少数人相信工业文明不可持续，而更多的人相信（西方）"现代性"道德是最符合人性的道德观念，并相信科技进步能解决人类社会发展中的一切难题。而现代社会的经济主义和消费主义的生产生活方式，强化了人们的"现代性"意识，更加掩盖或遮蔽了人们对"现代性"道德及科学技术的全面理解。因此，实现从工业文明向生态文明的历史转型，并不是轻松就能完成的任务，首先需要道德思想观念的新的启蒙意识作为先导。西方伦理文化从传统的神权政治转向人本主义的现代化历程就能够充分证明这一点。没有文艺复兴、宗教改革、启蒙运动的思想解放，就没有现代文化及其伦理观念，也就无法实现"现代性"道德的全球化。正是日趋成熟和深入人心的"现代性"道德观念，引导了西方文明的一次革命，进而在全球范围内推动殖民主义和帝国主义运动，构筑了（西方）"现代性"道德的一元体系，形成了"单一的现代性"这一一元话语声音和价值解释范式。迄今为止的全球化仍是（西方）"现代性"道德的全球化。许多人判断现代工业文明仍在支配着人们的生活和思想观念，正如日中天，主宰人们的意识形态。"现代性"道德思想就是以工业化为重要标志的工业文明的"软件"，而工业化、城市化中的工业生产体系及其相应的生产生活方式就是它的"硬件"。生态文明建设需要更换"硬件"，改变人们的生产和生活方式，但首先要有理论先导，转变人们的道德观念和意识形态，为现实社会生活的变革提供一种思想指引。

人类要从"自我中心"的人本主义幻象及生态危机的"现代性"困境中走出，转变工业文明的生产生活方式，走向以生态和谐为特征的生态文明。这依赖于"新启蒙"也就是生态伦理，它向人们提出了全新的道德要求，要求人由自然的征服者变成自然的调节者，并为人类适应这种新的角色建构起系统的道德准则和行为规范。承担起新启蒙任务的就是生态伦理，当它通过各种学科、各种渠道、各种媒体而深入人心时，现代人的道德价值观和生产生活方式发生改变，就会出现生态文明的曙光，进入人们的道德思想视野中。这种文明的转变不能完全依靠自上而下的政治变革，更仰赖于自下而上的扎根于人的生存境遇中的道德观念的完善，形成现实生活中人的有意义的、更为持久的生活方式。当理解、相信并践行生态伦理的道德价值观的人们多于盲目追求经济主义、消费主义与物质主义的"现代性"道德的信奉者时，生态文明建构就会水到渠成。生态伦理不是一套说辞，而是一种全新的时代精神，为一个崭新的时代和文明而进行精神创造的"生活之道"。

二　构建和谐社会的生态文明基础

生态文明的本质目的是形成人与自然、人与社会、人与人的良性运行机制，以及持续发展的社会文明形态。但生态文明如果仅仅作为一个文明理念，那就成了一个空洞的抽象概念。我们每一个人都是生活在社会中的，因而构建和谐社会是每个人的社会理想。生态文明建设的理念只有与构建和谐社会形成有机的内在联系，促进人们在社会生活中遵循新的文明理念，才具有现实的可行性价值和生存论意义。因此，从这一意义上说，生态文明理论可以应用到构建和谐社会中去。

首先，以生态文明为基础构建和谐社会，打破以人类中心主义为特征的"现代性"道德价值观，促进人与自然之间关系的协同进化，并在此基础上推动人与人之间的社会和谐。人与自然之间的关系具有本体论意蕴，不论人类社会发展多么完善，都直接或间接地受制于人对待自然的伦理态度。人类的社会生存与发展固然重要，尤其在以人为本的现代文明中，社会和谐，寻求公平正义，成为现代人追求的价值目标。但要想使社会和谐得以存在和延续，不能仅仅局限于社会伦理的主动建构，也需要生态伦理的客观价值作为理论担保，进而将文明的发展深入生态层面，以更为合理的世界观和方法论作为和谐社会的基础。生态文明就是相对于工业文明而言的更为合理的世界，是社会与支撑文明的环境高度和谐的文明，是高效的循环经济、社会公正、生态和谐相统一的文明形态。进而言之，没有生态文明作为基础，和谐社会也只有表面的外在和谐，而没有内在的有机和谐。因此，"和谐社会"内在于人与自然的协同进化，不仅是指人们生活的社会和谐，也是人与自然的和谐。

马克思认为，社会作为一个动态发展着的活的有机体，只有在与外部自然界进行正常的物质变换关系中才能存在和发展。换言之，从归根结底的意义上说，人类社会中的经济发展、政治建构、伦理文化的精神生活等无不与自然界存在紧密的依存关系，是与自然界内在地交织在一起的。这表明由人与人之间组成的社会共同体并不是孤立存在的，而是生存在自然界这一更为宏大的生态共同体中。人、社会与自然之间是辩证统一、普遍联系的。人与自然之间关系的不和谐，直接影响甚至决定人类社会内部的不和谐状态。从这个意义上说，人与自然之间的关系是和谐社会构建的首要的也是根本性的问题。

要实现人与自然的和谐相处，建构和谐社会，必须打破"以人为中心"的"现代性"道德价值观，拓展人与人之间的伦理关系，赋予自然界同等的权利和不以人的意志所固有的内在价值。人类的利益与生态系统的价值之间不是外在的、割裂的关系，而是互相依存和联系的。与充满生命活力的、具有根源意义的自然界和谐相处，建构一种人与自然之间的伦理关系，是对现代人类社会的生存与发展的终极关怀。正是生态文明的理论范式和基础探究，深层揭示出人类社会发展的生存之道：人类社会生活与生态系统之间存在密切的内在关联性，完善人与自然的关系，并具体落实到现实社会的生产、生活、心理、精神和思想等诸多领域。由此可见，以生态文明为基础的和谐社会，就不能仅仅局限于人与人、人与社会之间的和谐，而应该扩展到人与自然之间的和谐。目前，关于和谐社会的研究，往往关注人与人、人与社会的和谐，但如果没有人与自然之间的和谐作为保障，就无法把和谐社会建设贯彻到底。反之，要使人与人、人与社会和谐，达成"人类命运共同体"，就内在地需要生态和谐。生态和谐是在一个更宽广的视域中达成的对生态世界的谋划，它需要我们不断构想生态文明面向生态世界的实际行动，体现自由与责任在生态世界历史进程中的平衡。

其次，打破科技主义的工具理性价值观，重新回归人文文化与科学文化对话视域中的"生活世界"的社会。人原本就是一个感性与理性的统一体，它们共同构成丰富生动的人性，推动着人类谱写自身的历史。但在近现代工业革命的推动下，人类的科技主义揭开自然界的奥秘，打破了"伟大的存在之链"（Great Chain of Being），排除世界的内在的神秘性，开启了"世界祛魅"的理性化过程。科技主义的工具理性使人类真正实现了从传统神权政治的权威下解放出来，成为控制自然的独立的所谓的"自由主体"，但相应地，也会衍生出一个没有稳固根基的外在于人并支配人的异化世界。人类控制自然的技术过程使自己免于匮乏，在给自然造成改变的同时，又作用于人类自身，使现代技术化越来越明显地成为人类的命运。"在此过程中，人类已经并正在丧失其一切根基。人类成为在地球上无家可归的人。他正在丧失传统的连续性。精神已被贬低到只是为实用功能而认识事实和进行训练。"① 现代人对物质永不知足的贪求，造成了社会关系的物化，使人"以物的依赖性"为生活基础，人的精神生活依赖于物质世界，处于无根流放的异化状态，缺失了心灵宁静的精神家园。因此，要建构以生态文明为范式的和谐社会，需要让科学技术重新回归"生活世界"，打破科技主义的文化垄断，实现情感与理智的有机统一。正是由于理性等同于"工具理性""技术理性"等，脱离了人的现实生活，不可避免地造成理性和生活的二元对立，遮蔽了理性原发的意义中的"生活世界"，窒息了理性的内在动力和活力。

为了拆除二元论的思维藩篱，生活世界理论应运而生，回应和解决工具理性或技术理性"时代的迫切问题"。"生活世界理论得以产生的历史背景和客观趋势是，当代人类的生活实践在近代启蒙理性的指导下已经严重地把人类自身陷于生存和发展的困境，整个人类生活世界全面陷入危机而急需从根本上加以重建。"② 现代人类自身的生存和发展全面陷入困境，是当代人类所面临的"时代的迫切问题"，而解决这一"迫切问题"，对生活世界进行全面重建，则是人类无法回避的"时代课题"。如胡塞尔基于对科学危机、人性危机的深刻反思，提出了与人的"生活"或"生命"最切近的世界，即"生活

---

① 〔德〕雅斯贝尔斯：《历史的起源与目标》，魏楚雄、俞新天译，华夏出版社，1989，第114页。

② 鹿林：《生活世界理论的重新定位》，《郑州大学学报》（哲学社会科学版）2007年第2期，第18页。

世界"理论。胡塞尔理解的生活世界，不是抽象的、僵化的实体世界，而是一个活生生的前逻辑、前科学的人文世界。胡塞尔认为，"生活世界"是丰富的，给人以感性的生存基础，体现为直观的、具体的、现实的和历史的，成了为"认识"或"知识"奠基的、科学性的东西。而现代科学世界实际上是在"生活世界"的地基上形成的，而在外在于人的独立发展过程中却脱离了为自己奠基的"生活世界"，离开了自己的意义基础，建构了对于每个人来说都是同一的自在的普遍必然的世界，导致近现代社会特有的危机：科学危机、技术危机和"生活世界"危机。只有回溯到现实的"生活世界"中，人在科学世界里所获得的理智方面的发展，才能被赋予人生的意义。只有开放的、主体间共同拥有的"生活世界"，才是构建和谐社会的重要内容，以其感性的、丰富的、生动的特性满足人多方面发展的基本需要。

如果说胡塞尔的"生活世界"理论通过先验还原的方法和意向性理论，回归"生活世界"，对传统形而上学的现代复归重新"解释世界"，那么马克思的"生活世界"理论，是在创立唯物史观的哲学革命中展开的。尽管马克思并没有直接提出"生活世界"这一概念，却蕴含着丰富而深刻的"生活世界"思想。在他看来，"生活世界"是与具有肉体组织的现实个人及其生命活动息息相关的社会历史世界，生产实践是构成"生活世界"的普遍前提，资本逻辑则是形塑现代社会和日常生活的特殊机制。鉴于此，马克思的"生活世界"理论对和谐社会的构建，具有直接的指导意义。马克思的"生活世界"理论实质上是对社会现实的批判，是对社会不和谐状态的批判，从而把哲学根本问题落实到人以及人所生活的现实中来，形成了对人类自由和解放的社会自我意识。要实现和谐社会的理想与现实的统一，其落脚点和出发点就在于人的现实生活，就在于现实生活中人去改变现实世界，因为"人们的存在就是他们的现实生活过程"，"只有在现实的世界中并使用现实的手段才能实现真正的解放"①。而且，马克思基于"生活世界"理论所理解的"和谐社会"

---

① 《马克思恩格斯选集》第 1 卷，人民出版社，1995，第 72、74 页。

并不仅仅是人与人的和谐，也包括人与自然的和谐，正如他所言，和谐社会，就应该是"自然主义和人道主义的统一"。

再次，和谐社会是一个以生态文化占主导地位，有效规避"有组织风险"的生态民主政治的社会。在"现代化"价值观驱动和引导下，以私利以及物欲为目的，有组织地利用科学技术，集体开展对自然界的掠夺、相互间转嫁环境污染等非正义行为，使社会陷入盲目，处于"有组织的风险"这一极为不确定的状态中。"有组织的风险"并不是一般意义的风险，而是一种威胁的力量，没有一定的社会界线和范围。在这种境遇中，虽然国家和制度不同，但处在同一条船上，都面临着对大自然的破坏所带来的同一种生态灾难。面对"有组织的风险"这种境况，建立生态民主政治，营造生态文化的伦理氛围，构建和谐社会，这是降低"有组织风险"的一个重要内容。在威胁的风暴大潮之中，"我们"的确是共处在同一条大船上。例如，温室效应将会使全球温度升高，使全世界的海平面都升高，影响的不只是部分地区，而且是所有的沿海地区。"风雨同舟""同舟共济"这些成语不只是一种口号，而且是人与人之间、国与国之间都必须承担的共同责任。因而，在风险时代，建立良好政府的必由之路就是实现生态民主政治。将民主的精神、规则、方式，延伸到自然界，形成处理人与自然的关系的政治形态，有利于实现人类与自然和谐发展。在新技术变革时代，经济发展与技术进步的互动作用关系越来越重要。由于它们的结合使技术经济迅猛发展，为人们造就了舒适安逸的生存环境，为新经济增长注入动力，但也提高了经济整体运行的不确定性，增加了市场风险。更隐蔽的风险是，足以毁灭全人类的核危机、生态危机等，使人类社会在科技高度发达的状况下却普遍缺乏安全感。可见，反思的现代化触及科学本身，制造出了呈扩大趋势的"新的风险"，无论在危害程度还是治理难度上，都超过了以往。因而，只有通过生态文化或生态伦理的积极引导，使社会公众从盲目的集体无意识中走出来，增强生态文化的自觉和生态生活的道德自信。每个人都渴望幸福，这是毋庸置疑的。生态文化会引导公众寻求真实可信的幸福生活。以此为基础，需要公民广泛参与，形成生态公民的社会伦理氛围，建设生态民主政治，切实保障生态文明的成果，这是建构和谐社会的应有之义，即实现一个生态文化占主导的和谐社会。

最后，构建以生态文化为主导的和谐社会。当前的全球化社会依然处于以"现代性"道德（西方式的"现代性"道德）为主导，以科技主义和经济主义为依托，整个社会处于物质利益的争夺和生存竞争中。这既使现代人处于永无休止的贪婪中，也耗尽了"地球"所提供的有限的自然资源。和谐社会要想真正地建构起来，就应该建构一个生态文化占主导的协调发展的全球性社会。而要做到这一点，只有进行生态伦理的启蒙运动，在寻求适合人类生存和发展的文化模式中，培育关注自然、尊重生命的生态文化的现代核心价值观，才能从根本上解决现代社会发展诸领域的深层矛盾，最终实现全球化的社会和谐。早在20世纪初，史怀泽就认识到了物质文化和精神文化的关系，寻求它们之间的平衡。"一次新的、比我们走出中世纪更加伟大的文艺复兴必然会来到：人们将由此摆脱贫乏的得过且过的现实意识，而达到敬畏生命的信念。只有通过这种真正的伦理文化，我们的生活才富有意义，我们才能防止在毫无意义的、残酷的战争中趋于消灭。只有它才能为世界和平开辟道路"①。虽然，在史怀泽的时代，还没有"生态文化"的概念，但他所谓的"真正的伦理文化"也表征了当代所凸显出的生态文化。在当今"现代性的后果"日益凸显的风险时代里，我们应该顺应从工业文明向现代文明的历史转型，以这一生态文化为主导来进行思想启蒙，构建现代人类更为合理的生存的文化模式。与工业文明中的"文化的异化"即人类单向度地对自然界的征服、改造和控制关系不同，生态文化强调人类的生存和发展必须限定在生态系统的支持范围内。

由上可知，生态文明是人类在遵循人、社会、自然协调发展这一客观规律的基础上所取得的一系列物质与精神成果的总和；它把人与自然、人与人、人与社会三者的和谐共生作为基本宗旨，是一种文化伦理形态。但对现代社会生活而言，工业文明的"现代性"道德价值观依然起支配性作用，而生态

---

① 〔法〕史怀泽：《敬畏生命》，陈泽环译，上海社会科学院出版社，1995，第10页。

文明是人类文明演进的必然趋势，是人类文明的进化取向，尽管具有丰富的科学内涵，是一个系统性很强的战略目标，却有待生态伦理思想家对社会大众进行生态意识的启蒙，才能引入实际的生活实践中，设身处地地去思考生态文明问题。任何一种新的文明形态绝不可能一蹴而就，需要文化精髓的滋养，道德启蒙的熏陶化育，才能具有顽强的生命力和精神动力而健康发展。从工业文明向生态文明转型，比以往任何文明形态的转型更急需深层的文化滋养和道德启蒙，才能使生态文明反思和矫正工业文明的缺陷并继承和发扬文化中的一切人类文明的优秀成果。生态伦理对生态文明起到生态文化滋养和道德启蒙的作用，"试图在人类根深蒂固的价值与伦理观念中来一场新的启蒙，把权利和义务关系赋予非人类的物种、自然物和整个生态系统。在它看来，人与自然伦理关系的确定有助于结束人与自然数百年的敌对状态"①。作为一种新的启蒙，生态伦理不仅试图改变道德观念，也要从道德概念的变革引发整体的生活方式的改变，显然带有乌托邦的性质。生态伦理"重点强调'道德诉求'，同时又强烈支持'相互联系性'主题，将生态理想的进路和境域扩展到极致，以彰显生态理想的完美，既有现实的关切，也透显乌托邦式的憧憬"②。从生态伦理的乌托邦性质来看，工业文明的"现代性"道德是对现代社会生活具有支配和宰制性质的全球化的意识形态，让所有的历史文化积淀的传统伦理因对人的生活失去效力而黯然失色。如马克思评价"现代性"价值观时说，"它使人和人之间除了赤裸裸的利害关系，除了冷酷无情的'现金交易'，就再也没有任何别的联系了……一切等级的和固定的东西都烟消云散了，一切神圣的东西都被亵渎了。人们终于不得不用冷静的眼光来看他们的生活地位、他们的相互关系"③。在生态伦理研究中需要引入乌托邦观念，反思"现代性"道德价值观的意识形态性质对现代生活的深层影响，进而建构

---

① 雷毅：《生态伦理学：一种新的道德启蒙》，《科技日报》2001年6月4日，第2版。

② 朱国芬、郭爱芬：《试论生态主义的乌托邦特性及意义》，《南京理工大学学报》（社会科学版）2009年第3期。

③ 《马克思恩格斯选集》第1卷，人民出版社，1995，第275页。

一种生态乌托邦，对于构建未来生态文明的和谐社会有一定的理论意义和现实价值。

第二节 乌托邦观念的现代转化及"现代性"的诞生

站在生态文明的制高点上，生态伦理的理论目标和实践指向就是要推动和促进从工业文明向生态文明的转向，呼吁人们践行生态文明的生活方式。生态文明是人类文明演进的必然趋势，并没有成为现实，需要不断地改变现状，深入反思、批判和超越工业文明的道德价值观及其生活方式，才能显示出确立生态文明新理念的必要性。基于我们生活在工业文明时代这一事实，要冲破"现代性"道德框架及其生活方式的限制。作为生态文明的启蒙与引领，生态伦理要想突破自身面对的由"现代性"道德所带来的诸种理论困境，必须引入乌托邦观念，才能发挥自身的理论价值和实践指向作用。

为什么不完全凭借科学技术思想却要引入乌托邦观念？其实，生态伦理当然需要生态学作为科学依据，但生态学并没有成为科学技术的主流。目前的科学技术大多已沦为为现代政治经济服务的工具，甚至形成一种意识形态，压制、操控着人们对知识和真理的理解。从霍克海默到马尔库塞再到哈贝马斯，系统地揭示出科学技术作为意识形态对社会大众的操纵、维护和压抑的社会功能。从科学技术是一种意识形态的观点来看，不仅技术理性具有对社会生活的应用价值，而且是对自然和人自身的统治。因此，技术不只是双刃剑，还包含着权力控制。技术统治的既定目的和利益，早已包含在技术设备的结构中，而不是后来追加的、附着上去的和从技术之外的某种目的强加上去的。哈贝马斯认为，表面上看，技术统治的"意识形态性较少"，并没有那种超现实的看不见的迷惑人的力量。但实质上，与前现代的意识形态相比，以技术理性为根本特征的新意识形态，更具有迷惑人的力量，使人缺乏自主的道德判断能力，自愿服从现实的逻辑。"当今的那种占主导地位的，并把科学变成偶像，因而变得更加脆弱的隐形意识形态，比之旧式的意识形态更加难以抗拒，范围更为广泛，因为它在掩盖实践问题的同时，不仅为既定阶级的局部统治利益作辩解，并且站在另一个阶级一边，压制局部的解放的需求，而且损害人类要求解放的利益本身。"① 这种意识形态的强制具有极强的隐蔽性。与旧意识形态的压制不同，技术统治的意识形态受确保群众忠诚的政治分配模式的制约。而且，只有借助于对个人的需求的补偿，对群众制度的忠诚才能产生。从这种新的意识形态的模式来看，它是把辩护的标准同目的理性活动的子系统的功能紧紧地联系在一起，更具有统治方式的迷惑性，让人们看不到它正在统治和压制人的自主的活动。可见，科学技术再不是像过去那样满足于所谓"双刃剑作用"，而是更进一步，已经由一种否定性的力量、解放的动力演变成作为意识形态的肯定现实的力量，最终形成一种压制自然和人的统治的合法性。

一　乌托邦观念的原型

在科技主义占主流的现时代，重提乌托邦似乎是不合时宜的，因为它不仅被误解为强制与独裁，遭到了"报复式批判"或"怨恨式否定"，而且在重经验实证轻形上沉思的"现代性"文化中颇受冷遇，显得极为惨淡无光。表面上看乌托邦精神的式微似乎表明了如今是科技的全胜时代，而根本上说，这一现象恰恰折射出面对现实问题的精神动力的匮乏和不足。从生存本体论的视角看，乌托邦不是外在的强制，而是基于人的存在、人的本质而存在的。20 世纪西方著名的神学家和哲学家蒂里希指出，"我们的基本着眼点首先必须是作为人的人，然后是作为一种历史存在的人，因为我们必须进行这两方面的分析，才不致于像政治上的教条主义者或鼓动家那样谈论乌托邦和政治"② 。这

---

① 〔德〕哈贝马斯：《作为"意识形态"的技术与科学》，李黎、郭官义译，学林出版社，1999，第 69 页。
② 《蒂里希选集》（上卷），何光沪选编，上海三联书店，1999，第 89 页。

与一般情况下所理解的空想的乌托邦只是虚幻与不切实际的大相径庭，蒂里希对乌托邦的理解更为真实，他的判断恰恰表明乌托邦的精神显露出人性的真实、本质、澄明和人类生存的意义，契合于人类生存本体论的根本旨趣。

"乌托邦"（utopia）这个词是最早出自 1516 年托马斯·莫尔的《关于最完善的国家制度乌托邦新岛》中，但乌托邦思想研究有着更为悠久的历史。最早对乌托邦思想进行研究的著作之一是赫茨勒的《乌托邦思想史》（*The History of Utopian Thought*）。赫茨勒认为，"莫尔的著作（指莫尔的《乌托邦》一书——引者注）乃是从古典时代流传下来的基督教和非基督教文化的一种既稀奇古怪又引人入胜的混合物。柏拉图《理想国》对他的影响是很明显的"①。乌托邦的基础是超越现实意识形态的乌托邦主义精神，相信可以通过改进现实社会以实现一种合理的理想的人类社会。赫茨勒对这种社会改进的理想自萌芽起做了历史性的追述，并将之称为"乌托邦思想"：依靠某种思想或理想本身或使之体现在一定的社会改革机构中，以进行社会改革。从最早的希伯来先知开始就表述过这种多少带有自觉性的理想，提出重建社会的种种方案。"这些先知者要人民清除的就是这些明显的道德弊病。因此，他们的预言主要是伦理性的，带有明确的正义色彩。但最使我们感兴趣的方面，乃是他们坚定不移的乐观主义。这种乐观主义精神使他们对公理与正义的最终胜利抱有持久的坚定不移的信念。而这种信念的核心则是伦理、社会、政治与文化的重建。"②赫茨勒还讨论了所受的教养、所持的观点与所抱的目的皆不相同的人所提出的理论以及实现其理想国家的方法。他们要宣扬的真理从来不以抽象的形式或思辨的语言加以表述，而是以那个时代人民实际的生存条件，生活上所面临的基本问题，现实的道德与政治境遇，以及对当时明显的社会力量的态度等作为基础的。可见，乌托邦的最初动机并不是无根据的，而是一种真实的内心表达。

其后，美国史学家曼努尔夫妇（Fritzie & Frank Manuel）的《西方世界的乌托邦思想》（*Utopian Thought in the Western World*）是另一部具有代

---

① 〔美〕乔·奥·赫茨勒：《乌托邦思想史》，张兆麟等译，商务印书馆，1990，第 126 页。
② 〔美〕乔·奥·赫茨勒：《乌托邦思想史》，张兆麟等译，商务印书馆，1990，第 48~49 页。

表性的著作。曼努尔夫妇认为乌托邦思想的萌芽可追溯到古希腊的荷马时代，古希腊的乌托邦思想对后世产生了深远的积极的影响，尤其是古希腊柏拉图的重要的对话体著作《理想国》中的乌托邦思想。古希腊时期关于海外福岛的故事和柏拉图的《理想国》中的乌托邦思想为包括英国人莫尔在内的近代空想家描绘了未来世界、空想社会主义提供了直接的启示和效仿的模式。[①]甚至有人把莫尔的《乌托邦》看作柏拉图《理想国》的续篇。这种说法有其合理性，但也需要做进一步讨论。两本著作对乌托邦思想的历史追溯存在某种理论分歧，但都明确指出柏拉图的理想国对莫尔乌托邦思想的重要影响。尽管这两种乌托邦思想传统存在一种紧密的逻辑勾连及历史性关系，但也具有较大差异，直接关涉"现代性"的问题。

1. 柏拉图的乌托邦思想

柏拉图的乌托邦思想不只是体现于静态的《理想国》这一篇对话中，还包括《法律篇》和《克里底亚斯》这两本书，形成了一套完整的乌托邦思想体系。《理想国》又译作《国家篇》《共和国》等，其篇幅之长仅次于《法律篇》。这部"哲学大全"是以理念论为基础的一个系统的理想国家方案，探讨了哲学、政治等各方面的问题，是对柏拉图此前哲学思想的概括和总结。理念论是柏拉图一切哲学的核心，抑或说，从感性事物中分离出来"善的理念"是柏拉图哲学思想的基本前提和要义，据此柏拉图将世界二重化。在他看来，世界是由可感世界和可知世界组成。可感世界始终处于生灭变化、转瞬即逝的过程中，只能产生个别、偶然、相对的意见，只不过是对真实的可知世界的分有或模仿。依据柏拉图的理念论，唯有超越于感觉事物之上，在理念世界里寻求绝对的知识对象，才能找到至真至善至美的范本。以此，才能建构一个理想的城邦。《理想国》的主题思想就是体现最高的"善的理念"，建立一个正义的城邦，是至善至美的理念范本。现实社会的城邦或国家只有尽力模仿以善的理念为基础的理想国的范本，才有可能描绘出理想的政治蓝图。

---

① Frank E. Manuel and Fritzie P. Manuel, *Utopian Thought in the Western World*, Cambridge: Harvard University Press, 1979, p.1.

柏拉图确信,理想的城邦必定是由理性的智慧所引导的,而真正的统治者则必定是"哲人王",是具有真知灼见的智者。出于理性智慧的"哲人王"就是那个从"洞穴"中走出来,完成了自己的哲学修炼和实践锻炼,又重新回到洞穴中,引领众人过上正义、美好的生活的人。因此,可以说,"哲人王"处于理想国中最顶端,也是最核心的位置。

但是仅仅以"善的理念"为范本的理想国并不能使柏拉图满意,还需要从天上回到人间,通过在现实政治生活中推究,从理论到实践,从思想到制度的过程,寻找构建理想国家的方法。因而,要使现实中的人们接受理想国家的完美范本,就需要强有力的例证,形成理想国家的乌托邦摹本。《克里底亚斯》和《法律篇》是柏拉图晚期的两篇对话录,以不同的方式,分别呈现了现实生活中的感性世界的两个理想国摹本,共同构成了他的乌托邦理论,从实践角度为"理想国"的政体模式寻求依据。没有后两本著作,柏拉图的"理想国"的道德设计似乎就不是很完整。先是在《克里底亚斯》中,柏拉图不遗余力地刻画了影响后世数千年的"亚特兰蒂斯王国"这一"曾经存在过的理想国"。故事的讲述者是公元前 6 世纪古希腊七圣人中极为睿智的雅典执政官梭伦的后人,也是柏拉图的表弟柯里西亚斯,保留着梭伦在埃及旅行之后留下的手稿,讲述了亚特兰蒂斯的故事。根据手稿记录,一位年长的祭司给梭伦讲述了九千年前的一个由海神波塞顿建立的人杰地灵的岛国亚特兰蒂斯的故事。这个"亚特兰蒂斯王国"的首任国王就是亚特拉斯,他被后人认为颇具柏拉图《理想国》乌托邦思想中"哲人王"的伦理风范。此外,"亚特兰蒂斯王国"还具备《理想国》中描述的政治、社会体制,而且,比较而言,这个感性世界的理想国摹本更加具有活力和生动性,不是静态的,而是动态的,经历了从建构到覆灭的历史过程。

"亚特兰蒂斯王国"在相当长的一段时间内一直是一个正义、美好的理想国家。但是,随着后世国王的神性渐渐弱化,淡忘了神圣法令,变得腐化堕落,追求向外扩张领土,后来,王国被具有美德和智慧的雅典人所击败,终止向外扩张领土。曾经正义、美好的理想国家"亚特兰蒂斯王国"却日益腐化堕落，渐失神性，令宙斯不满，进而惩罚他们，让王国最终沉入海底，永远消失了。柏拉图所描述的"亚特兰蒂斯王国"从建构到覆灭的历史过程使读者增加一层真实的感受，凸显出这个故事的历史的真实性。柏拉图写《克里底亚斯》这本书的目的就是表明"亚特兰蒂斯王国"这一理想的城邦并不是虚构出来的，而是真实存在过的。这意味着确实曾经存在过由"哲人王"管理的城邦，在未来的社会中还是可能存在这种理想的国家的。

的确，关于柏拉图《克里底亚斯》一书中所描绘的"亚特兰蒂斯王国"故事，是不是历史的事实，很早就存在激烈的争论。但亚里士多德的解释可能更为合理。他认为柏拉图所描写的"亚特兰蒂斯王国"的故事并不是真的存在，只是为要唤醒世人，让他们远离政治腐化堕落而虚构的故事，不过因为附会了一些真实的历史事件，于是就引起人们的关注，有人兴起寻找故事根据的行动。虽然"亚特兰蒂斯的王国"的故事不能作为一个历史事件，但这个故事所包含的寓意却是值得深思的。其实，这个故事是否真实并不是特别重要的问题，重要的是通过对这个故事的认识和理解，发现其中的真理，创造一个真实的理想国的范例或摹本，这就为柏拉图关于理想国家政体模式探讨的最后一篇对话录《法律篇》的产生，埋下了伏笔，揭示出立法对于美德的重要性。认识真理和德性本身固然重要，但最重要的是实践德性。

柏拉图的《法律篇》，是他晚年创作的著作，也是他再造理想城邦的最后尝试，具有非常重要的意义。虽然柏拉图的《法律篇》论述精到，内容丰富，开创了西方法学的学术思想传统，甚至被誉为法学史上第一部法学著作。但在柏拉图的伦理思想体系中，《法律篇》很难被当作一部纯粹的、专业的法学著作来解读，而是作为他的乌托邦理想国家政体模式的最后一环来探讨。有一种观点认为，老年的柏拉图不再主张《理想国》中的美德智慧，而是转向《法律篇》中的法律，并以此作为这个理想国的根本。但是，这种观点并不正确。其实，柏拉图在强调法律对一个理想城邦具有重要性的同时，更加重视立法者的美德。柏拉图认为正当的法律与正义的美德是相互联系的。因为没有立法者的智慧和美德，正当法律的重要性也无法体现出来。

由此看来，柏拉图的所谓"法治"并不是摒弃理想国的乌托邦思想及其本体基础"善的理念"，而是对后者的进一步引申和发展。在柏拉图"次优状态的国家"中，用法律的统治来弥补现实世界的不完满，是城邦政制真实发展的结果。柏拉图自称《法律篇》描述的城邦是选择次优的法律之治，"第二好的"，是至善至美的范本。第一等好的国家在逻辑上是无可指责的，在现实当中却是无法实现的；第二等好的国家，在现实当中是可能实现的。柏拉图始终认为真正美好的理想城邦需要实行"哲学王"的纯理性的统治，而不受到习俗和法律的约束。然而柏拉图最终发现，这样的城邦只是理想的，不可能完全实现。因而在哲学家不能成为国王，或者国王不能成为哲学家的现实条件下，"根据法律统治比由一些人、由不论什么样的统治者来统治为好"。可见，古稀之年的柏拉图在《法律篇》中并没有放弃原有《理想国》中的乌托邦理念，只是对它的本体论思想或伦理理念进行了某种程度的调整和补充。

概而言之，柏拉图的乌托邦思想不只局限于《理想国》一书，而且是一套建立在"善的理念"基础上的理论，力图实现高超的智慧、真实的知识、完美的德行和绝对最高权力的结合，要求当政者具有较高的文化修养、广博的知识、丰富的经验、迅速而又准确的判断问题的能力。《理想国》中构建的理想城邦是超越现实的理念世界里人类追求的正义与善这一永恒主题的至真至善至美的城邦原型或范本，追求正义和智慧，"永远走向上的路"。《克里底亚斯》中的亚特兰蒂斯是理想城邦曾经存在过的例证，虽然这种至真至善至美的城邦原型或理念范本在感性世界已消失但至少有可能存在过，在未来的世界就可能重现。因为"善的理念"是不变的。作为理想国家政体模式探讨轨迹的最后一环，《法律篇》反映了柏拉图晚年对其思想轨迹的反思成果，在感性世界的现实社会中重建理想国的蓝图，在可见世界的模板的感知中再现。

2. 乌托邦思想的本质：理念优于现实存在

柏拉图所构想的理想国并不是空中楼阁，而是基于现实的考量而做出的理性思考。理想的国家是出于利益的博弈，还是终极的思考？柏拉图的理想国就是出于终极的考量，寻找不变永恒的伦理理念。

针对恶劣的城邦现实，柏拉图勾勒出一幅完美的图景，构造出与以往不同的具有终极性的城邦的理想路线。虽然这种理想城邦几乎过于纯粹和绝对，在现实中根本不可能实现，但在柏拉图的"善的理念"中，它却是真实可信的。原因在于，柏拉图认为现实中的城邦不是真正意义上的城邦，只是对理念世界的临摹，而只有源于终极实在的"善的理念"所建构的理想城邦才是人类所要追寻的目标。在柏拉图看来，从具体的、感性的、经验对象所获得的任何观念或知识，都不具有总体性，而是以其特殊性内容而丧失其解释的统一性，表现出诸种不完善性。因而，应该而且必须存在一个高于现实世界并且规范现实世界的不变的、永恒的"理念世界"，给有限的现实世界确定一个终极目标，构成统一性的理解和阐释。

如果以纯粹的理念作为出发点，理想的城邦须以城邦的整体性和一致性为条件，通过至善的理念而实现城邦中的个体与城邦整体的联合与统一。柏拉图的乌托邦思想，其最终目的都是统一个体与整个城邦，目的是使个人和城邦得到最大限度的统一和完善。柏拉图为了追求纯粹的至善，"把人类存在的官能的和个人的一面看作是达到真正的认识和完善的道德的障碍，而不是实现一个理想的手段，这正是柏拉图体系的一个不可缺少的部分"[1]。由于柏拉图构建的理想城邦是一种终极价值诉求，在现实的政治生活中，政治设计和安排不可能完全具体实施和体现，因为这种理想城邦的设计和建构是从根本上对现实世界的超越，具有反思、批判和启迪的深远意义，并不仅仅是解决现实城邦所存在弊端的权宜之计而已。

3. 乌托邦思想的特征："不在场"状态

柏拉图所建构的理想城邦在本质上是一种思维本体论，具有"不在场"的状态，从理念出发，又回到理念中去。他所构想的理念中的城邦，是作为现实的、感性的、可见世界的模板，这是他的政治哲学建构的最基本的出发点。政治哲学只有达到对国家最高理念的认识和把握，才能摆脱只能把握

---

① 〔德〕E. 策勒尔：《古希腊哲学史纲》，翁绍军译，山东人民出版社，1992，第154页。

"意见"的模板。柏拉图对理想城邦的建构表明，理想城邦不是在时间中的，也无法用经验的实在性来验证或用动态的和过程的历史眼光来看待和理解。换言之，柏拉图的理想城邦是纯粹原则的聚合，"正如柏拉图在《蒂迈欧篇》中告诉我们的：理想城邦只是一幅静止的图像，其中的人物是'无法活动起来'的"①。现实中的城邦或多或少充满着对私利的无限追逐，以此逻辑去建构城邦，再理想，也挣脱不了私利的结果。柏拉图在绝对超验的正义和智慧的美德中，对现实社会反其道而行之，以普遍的、抽象的道德原则和理性认识真理的方式来获得对最高理念的理论阐释，并以此来规范现实社会的可能性生活和应然性逻辑。从这个角度来看，柏拉图乌托邦式的理想城邦，不在地上，而是存在于天上的模范国家。

对于柏拉图乌托邦思想的理论建构而言，在理想城邦中，个人与城邦之间在道德原则上是统一的道德秩序，具有内在的关联性。这种终极意义上的道德秩序不仅体现人的天性，而且是人的本质性的精神追求，是对人类命运的终极关怀和价值诉求，为城邦的公民提供生存的价值和意义。在柏拉图的乌托邦观念中，能否设计和建构出至真、至善、至美的理想城邦远比现实的可知的城邦更具根本的价值和优先的意义。"我们看着这些样板，是为了我们可以按照它们所体现的标准，判断我们的幸福或不幸，以及我们的幸福或不幸的程度。我们的目的并不是要表明这些样板能成为在现实上存在的东西。"② 这种超验的乌托邦设计始终指引着人反思和批判现实，走向理想的社会和真实的幸福人生。很清楚，柏拉图知道他在说什么，只是表达了人类对美好社会的憧憬，因而，"理想国"在现实中是基本不可能存在的。以能不能实现未来的理想国的标准去衡量乌托邦能否实现是没有根据的，也是毫无意义的。柏拉图远没有后世革命家慷慨激昂的乐观主义，以为在现实世界中就能一劳永逸地建构一种永恒的至善的乌托邦。柏拉图的乌托邦思想的理论初衷，与其说是要建立一个改变现实政治的理想国，毋宁说是一篇为哲学家正名的

---

① 洪涛：《逻各斯与空间——古代希腊政治哲学研究》，上海人民出版社，1998，第256页。
② 〔古希腊〕柏拉图：《理想国》，郭斌和、张竹明译，商务印书馆，1986，第213页。

宣言。乌托邦精神在一定的意义上说是人与哲学的根本精神。从意识形态充斥生活的现实而言，乌托邦是没有意义的，需要摒弃和拒斥。但就其本质而言，乌托邦的功能不是现实的逻辑，乃是启发性的，建构一种可能的世界，拓展人的内在空间。换言之，存在于现实条件下的意识形态塑造的国家或城邦并不是一成不变的，而应该具有乌托邦性质的理想形态或存在方式，存在一种可能的生活方式，但要达到这种理想样态，不能完全诉诸现实的可行的实际方案。因为具有善的理念为基础或动机的乌托邦式的社会理想是丰富的，无法还原为现实的逻辑，即使成为现实，也会面目全非。因而，乌托邦理想更多的是启发性的，给予当下现实以批判、反思与启迪，以促进现实生活的改变。"只有拒斥了形形色色的在场化的乌托邦，个人才能真正在自律的自由中，度过自己选择的终有一死的有限生活。"[1] 只有保持理想城邦的乌托邦憧憬，保有"不在场"状态，重返对乌托邦的原始经验，才不至于把"不在场"的乌托邦"在场化"，扭曲柏拉图的"理想性"意味。"永不在场"的乌托邦，深深地渗透了柏拉图理想国思想中的原始经验。

二　现代乌托邦

　　直到 17 世纪之前，乌托邦像世外桃源，一般均被置于地理上遥远的国度，具有空间性的维度，是与人的现实的历史无涉的空间概念。由于十六七世纪欧洲航海探险的发现，人类文化的多元性及进步观念深入人心，乌托邦这个世界逐渐被人们所熟悉，不再是人幻想的一个"好地方"，而是人希望出现的"好时光"。此时的乌托邦由空间的转置变成时间的转置，被置于现实的历史中，使乌托邦中产生了一种新的社会学的现实主义。通过人的现实的努力，就能够实现乌托邦，人类不再指望神的眷顾、思辨的渴望或心灵的冥想，而是无可避免地正朝向它发展，乌托邦可能成为人们的真实生活。

---

　　[1]　贺来:《拒斥"在场"化的乌托邦》,《读书》1997 年第 9 期，第 55 页。

1. 莫尔"乌托邦思想"的"现代性"特征及生态自然观

莫尔的《乌托邦》一书就是在这一历史背景下诞生和展开的。尽管除了社会的发展和历史的变迁的作用外，柏拉图精神在这个时代的学术复兴也起到了重要的推动作用。"随着学术的复兴，柏拉图在欧洲竟成为一种力量，一种对改革派和空想派强有力的援助。而他的杰作则成了理想共和国的样板。"① 但是，由于从传统向现代社会生活的转变决定了价值观的差异，莫尔不像柏拉图那样从寻求逻辑原则开始，并根据这些原则建立起一个国家并一步一步地加以修建，而是建构一个完全理性的共和国，讨论了以人为本、婚姻自由、尊重女权、安乐死等与现代人生活息息相关的问题，从而加强了这部著作的"现代性"特征及生动印象。"我们读到他的重建社会的计划时，对它的可能性有一种深刻的印象。我们感到这种计划乃是一个充满活力的人的幻想，对人类本能的智慧和能力具有信心，深深印上了人类世界向善论，倘若给予足够的推动力就可能实现。"② 因此说莫尔的《乌托邦》（以及此后出现的一些关于乌托邦的著作，如弗朗西斯·培根的《新大西岛》）包含了某种与柏拉图的乌托邦思想迥然不同的"现代性"特质，并非谓之无据。从柏拉图的《理想国》到莫尔的《乌托邦》既反映了乌托邦观念的思想转变，又包含着"现代性"元素的生成。

首先是时间观念的内在变化。两种乌托邦观念的差异，首先就表现为两种时间观念的不同。在柏拉图《理想国》乌托邦观念中，"善的理念"是没有时间性的，因而最理想的城邦设计却具有最低程度的变动，最高程度的静止。柯林武德就曾指出，从整体来说，古希腊的思想有着一种十分明确的流行倾向，对永恒不变的知识对象的追求有着极其强烈的热情，不仅与历史的发展格格不入，缺乏对历史学的兴趣，而且具有一种强烈的反历史的永恒价

---

① 〔美〕乔·奥·赫茨勒:《乌托邦思想史》，张兆麟等译，商务印书馆，1990，第121~122页。
② 〔美〕乔·奥·赫茨勒:《乌托邦思想史》，张兆麟等译，商务印书馆，1990，第130~131页。

值。古希腊的道德价值观十分肯定，成为追求智慧的真正的知识。这种知识探求的目标必须是永恒的，它本身必须具有自己某些确切的特征，就不能包含使它自己消失的种子。"希腊人对永恒的追求是极其强烈的追求"①。但是在莫尔生活的"探索时代"，"地理大发现"这一新航线的开辟，不只是地理范围的空间扩大，欧洲还发现了此前只曾风闻的，如中国、日本与印度次大陆的文明，或者，如墨西哥的阿兹特克文明与秘鲁的印加文明等全然的陌生者，这暗示了一种人类文化多元性的事实。这些"发现"产生的影响，可以用当时一些想象中的国家奇特的地理来加以衡量。"这些文明大多数都是在已知的欧洲、基督教世界、古代，或者事实上，已知的人类历史之外分别发展出来的：它们的系谱存在于伊甸园之外，而且无法被同化到伊甸园之中。（只有同质的、空洞的时间愿意收容它们。）"②乌托邦与欧洲国家的地理并列，表明了欧洲、文明与时间的关联被打破了，意味着欧洲只是时间长河中的众多文明之一，而且未必是最好的文明。在对异族风俗的了解中形成自我意识。这既是一个事实又是一个主题：一旦进行比较，自己的习俗即不再是必然之事。与这些异文化进行比较，也加强了欧洲人的自我意识。"当然，与我们为敌的邻国人的行为一向与我们的不同，那是因为他们固执己见，执迷不悟。但是，当遥远的两个或三个文化与我们的文化形成强烈反差时，人们就会想：如果同样的事其他人能用不同的方式做，我们为何不能？由此产生了有计划地实行改变的想法。"③社会改造山雨欲来，并开始反映在文学中。

其次是从国家向社会视点的转化。柏拉图设计的"理想国"像许多第一流的艺术家一样，具有强烈的唯美主义色彩，企图使"神圣的模型"形象化，为了美而创作城邦，并忠实地"描摹"它。正如波普尔评价柏拉图理想国的设计时一针见血地指出的，柏拉图的整体主义进行着社会整体工程，

① 〔英〕柯林武德：《历史的观念》，何兆武、张文杰译，商务印书馆，1997，第53页。
② 〔美〕安德森：《想象的共同体：民族主义的起源与散布》，吴叡人译，上海人民出版社，2005，第67页。
③ 〔美〕巴尔赞：《从黎明到衰落：西方文化生活五百年》，林华译，世界知识出版社，2002，第125~126页。

让"哲学王"的管理方式与艺术的手段、方式并无二致。因此，波普把柏拉图看作一位把"政治审美化的艺术家"，体现了艺术的强烈的唯美主义气质。"政治对柏拉图而言，是最高的艺术。它是一种艺术——并不是在我们可能谈论操纵人的艺术或做事情的艺术的一种比喻的意义上，而是在这个词本来的意义上的艺术。它是一种创作的艺术，像音乐、绘画或建筑一样。柏拉图的政治家为了美而创作城邦。"①但是，人类的生活不能用作满足艺术家进行自我表现愿望的工具。政治设计需要形而上的建构，但也必须关注人们的生存境况，考虑帮助和解决处于危难之中，陷入困境中的人们，免于不公正之苦，寻求更为真实的幸福生活。因而，乌托邦的建构也应当服务于这样的目的的各种制度的迫切需要，才能够体现出人文意义，而不只是对神的服从。

柏拉图设计的《理想国》的乌托邦思想，以国家的存在为前提，渴望的理想的国家就是正义的国家，其中心议题是"何为正义"。尽管亚里士多德作为柏拉图的学生，继承了"国家正义"这个议题，但他更接近现实社会生活，直奔所谓的"好政府"和"坏政府"这一政体形式问题去了。只是亚里士多德的伦理主题依然遵循柏拉图的国家观。如果说柏拉图的《理想国》中领导者依靠法律这一工具，统治、规训公民，凸显出其精英政治的伦理理念，那么在莫尔的《乌托邦》中的法律简单明了，张贴出来公示于众，体现出关注人文的终极价值。由此可见，与柏拉图的偏重国家结构，把国家的工程当作一项灵魂工程来看待不同，莫尔的《乌托邦》的思想内容突出了人们的日常生活，因而显得真实可信，凸显出社会生活更具自发性的许多最微小细节。从柏拉图的《理想国》对国家观念的重视，到莫尔的《乌托邦》突出人性和社会的视点变换，表明了乌托邦思想不再高度关注国家的利益，如国家、法律、正义和灵魂，而是强调对个人的日常生活和福祉的重视，像自由个体间的平等交流的一种契约关系，凸显出个人主义的主体意识的觉醒。早在《英

---

① 〔美〕波普尔:《开放社会及其敌人》第 1 卷，陆衡等译，中国社会科学出版社，1999，第 310 页。

国个人主义的起源》中，麦克法兰依据他本人对英格兰的详细研究等，得出一个结论：从 12 世纪起，与欧洲其他地区分道扬镳，英格兰就已经具备了现代社会的核心特征。在这一时期，英格兰正以全新的思想观念和伦理态度，颠覆以村庄为基础的传统的伦理规范的共同体社会，市场和现金等经济力量渗入一度是直接交换的生存社会，具备了经济和法律上的个人主义特征。考虑到个人主义的"现代性"的伦理特征在英格兰可能溯及 12 世纪的悠久历史，"最后在其废墟之上诞生了第一个工业化国家"①，以及它在现代社会的经济、政治和文化的全球化体系中扮演的核心角色，因而，人们原本就不应该忽略莫尔的《乌托邦》设计的现代理想蓝图中所具有的这一"现代性"特征。"现代性"的道德生活的思想与莫尔的乌托邦设计之间存在密切的内在关联性。

甚至弗里德里希·希尔指出，如果细究莫尔乌托邦思想，探寻这一乌托邦思想的理论先驱，那么，比柏拉图的理想国影响更大、更适合的是意大利人文主义者，因为，"意大利人文主义是乌托邦式狂想和冷静的现实主义的奇特结合。同一个人，可以既热衷于党派政治，又醉心于世界改革"②。显而易见，莫尔的乌托邦思想探讨的出发点与许多意大利的人文主义者是一致的。昆廷·斯金纳更进一步表明，莫尔坚信良好社会必须奠基于根除一切社会差别的基础之上，并为之做出努力和社会变革，最终使美德取得胜利，建立一个具备美德的和谐的国家。莫尔认为，社会学说能够发现的社会不平等、不公正现象的社会根源正是由"财富及其产物的傲慢引起的"。相应地，他提出的解决社会不公正问题的方案就是明智的乌托邦人已经采用的方案。昆廷·斯金纳说："莫尔所著《乌托邦》的独特之处仅仅在于：他以他的任何同时代人都无法比拟的激情彻底探究了这种发现的含义。"③倘若私有财产是我们

---

① 〔英〕麦克法兰：《英国个人主义的起源》，管可秾译，商务印书馆，2008，第 5~6 页。

② 〔奥〕弗里德里希·希尔：《欧洲思想史》，赵复三译，香港：中文大学出版社，2003，第 255~256 页。

③ 〔英〕昆廷·斯金纳：《近代政治思想的基础·上卷：文艺复兴》，奚瑞森等译，商务印书馆，2002，第 398 页。

目前的不满情绪的根源，倘若我们的根本抱负是建立一个良好的社会，那么，对莫尔说来似乎无可否认的是私有财产必须废除。这意味着，当莫尔在他的大作的第二部中描述乌托邦共产主义时，他必然被认为是为他已经在第一部中述其基本概要的社会弊端提出了一个解决方案——唯一可能的解决方案。而这又暗示在给予乌托邦"最佳国家状态"的称号时，莫尔必然是十分认真的。

除了莫尔的《乌托邦》以外，还有拉伯雷的《巨人传》、莎士比亚的《辛白林》、斯威夫特的《格列佛游记》等人的作品，都包含着现代乌托邦思想的具体描述，批判现实社会，提出未来的社会理想。虽然这些乌托邦描述并没有完全采用大多数乌托邦著作所采用的描述方式，但也可以看出乌托邦思想的"解放"这一主题，从现实的艰难中解放出来，"由此产生了有计划地实行改变的想法。社会改造山雨欲来，并开始反映在文学中"①。在莫尔等人的这些现代乌托邦思想之后，上帝似乎也逐渐变成了"虚君"，对社会的实际运转不起什么作用了，仅仅是信仰和崇拜的对象而已。《乌托邦》一书完成后第二年，为反对罗马教皇的垄断权威，德国神学家、基督教新教路德宗创始人马丁·路德发动了一场宗教改革运动，结束了封建神权统治，强调个人的独立和自主，走上理性化的人文主义及现代生活道路。韦伯专门研究理性化，并以此切入西方文化的重要思想路向，并提出了希腊社会生活的"低度理性化"这一理论论断，使柏拉图的乌托邦观念的批判维度削弱，处于不利境地。甚至有思想家说，柏拉图的"哲学王"的整体主义只是埃及"种姓制度"在雅典的理想化，其实质是留给统治者撒谎的特权，难以脱离不成熟状态，走向公开运用自己理性的启蒙。这种解释不一定完全合理，但从另一角度也指明了莫尔的乌托邦思想中蕴含的高度理性化，体现了向现代社会转型的"现代性"特征。由此可见，相比较柏拉图的《理想国》的乌托邦思想而言，莫尔的《乌托邦》一书所设计的理想蓝图体现出较高程度的理智和科学的社会理性化，把手段合理性作

① 〔美〕雅克·巴尔赞：《从黎明到衰落：西方文化生活五百年》，林华译，世界知识出版社，2002，第126页。

为社会的追求目标，正是欧洲社会从以终极实在为本体的传统伦理生活向以人为目的的现代伦理转型中开始浮现的"现代性"特征。

虽然，柏拉图对莫尔的乌托邦思想产生了巨大的影响，一些评论家甚至将《乌托邦》称为柏拉图《理想国》的续篇。但比较而言，相对于开启了典型的超验思维方式和知识理性的"理念乌托邦"，莫尔的乌托邦反观社会现实，更深刻地反思现实，呈现理想与现实双重互动的特点，直接影响了现代社会的道德价值观和社会生活。在莫尔的《乌托邦》著作中，给个性的存在以适当的生存空间，自由被写进了集体中，而人道的、实质性的民主则成为它的内容。因此，"可以说柏拉图的'理想国'也许代表了一种原型乌托邦，但莫尔的'乌托邦'里边则包含了很多早期现代性才产生的质素，使乌托邦成为现代思想中的内生元素"①。由此，我们能够清晰地理解在柏拉图的理想国之后，在原型乌托邦的思想沉寂了近两千年之后，莫尔的乌托邦思想能繁荣四百来年，延续至今，原因正在于此。尽管，莫尔在《乌托邦》中表达了对未来的期待和思想自由的精神，启蒙了人对"现代性"的精神追求，但也存在自然生态观思想，制约着"现代性"道德。《乌托邦》一书对人与自然和谐相处之道进行了全景式的设计与描绘，深入思考人与自然的关系，并以乌托邦为模型所包含的生态思想为我们提供了解决问题的全新角度和实践指向。

2. 培根"乌托邦思想"的"现代性"设计及其限度

在莫尔的《乌托邦》问世后近一个世纪的时间里，几乎没有发表过什么关于乌托邦的著作。这种沉寂的气氛是由英国的弗朗西斯·培根以其富有独创性的《新大西岛》来打破的。其实，培根的乌托邦思想除了体现在《新大西岛》中外，还应该体现在《新工具》中，因为《新大西岛》是培根为准备撰写体现其科学方法的《新工具》一书而进行研究工作的副产品。在这部著作中他幻想了一个自由和正义之乡，在其中可以实施他在《新工具》中论述的种种制度和原则。莫尔是文艺复兴运动中人道主义阶段的代表，强调多神

---

① 甘会斌:《乌托邦、现代性与知识分子》,《华中科技大学学报》(社会科学版) 2010 年第 3 期，第 47 页。

论，承认所有具有理智的人享有平等的社会权利。而培根摆脱经院神学的束缚，重视自然科学研究。可以说，在文艺复兴运动中，培根是自然科学阶段的代表，提出了归纳逻辑发展的要求，又反过来推动科学的发展。在这个阶段里，思想家们认为人类的成就臻于至善的境界，不是靠对财产法的改革或社会革命，而是依靠科学技术及其科学精神来管理人类经济、政治和文化生活。培根表达了他对卓越的世俗科学的乐观主义看法和信心，相信掌握了自然的奥秘，对人类来说没有做不成的事。如果说莫尔的《乌托邦》初步描绘出"现代性"特征，那么，培根的《新大西岛》中所设想的新型科学思想与技术手段，体现了比较完善的"现代性"观念。因此，学者把培根作为西方启蒙运动的先驱、现代事业的创立者，并不是没有根据的。从传统向现代社会转变之初，培根就提出了"知识就是力量""科学推动人类进步"这些精神理念，并由此赋予科学以至高无上的神圣地位。培根的科学价值观对现代伦理思想及现代社会生活产生了深远的影响。

《新大西岛》道出了培根毕生怀抱的科学复兴的志向，描绘了他的理想的社会图景。尽管这本书是培根晚年未完成的一部著作，但它足以表明他的改造自然的科学信念，相信科学必将使人类进入理想社会状态。培根应时代需求而上下求索，认为在获致事功方面，人所能做的一切只是把一些自然物体加以分合而已。他冲破社会的阻力，提出了"人类知识和人类权力归于一"这一划时代的口号，这也就是后来转译成闻名于世的"知识就是力量"。这一口号在科技主义主宰现代文化的时代，并不觉得稀奇。而在培根生活的时代，"知识就是力量"这一掷地有声的口号犹如一声巨响，终结了信仰统治一切的漫漫长夜，打破了中世纪以来的沉寂状态，击碎了束缚人们头脑的蒙昧主义，开始了科学引导一切的新时代的征程。自此以后，依靠科学技术这一工具，人类确认自己是世界的主人，科学是人类在人间创造天堂的法宝，靠自己的知识与能力，就能谋求现实的幸福生活。

培根的乌托邦思想通过科学技术这一新工具改造自然为人类服务的"现代性"设计，对西方的扩张及全球性的"现代性"浪潮具有重要的促进和推动作用。"现代性"的诞生需要借助控制和支配自然的科学技术作为动力支撑，而培根的乌托邦思想中包含了自然价值论对"现代性"道德的制约。学术界普遍流行的看法是，培根主张"知识就是力量"，就是主张把人凌驾于自然之上，通过科学知识征服自然、主宰自然和控制自然，导致了现代意义上的生态危机。对培根"知识就是力量"这一著名的科学论断做出一般的、惯常的理论分析，现代人类社会生活面临的诸多困境，都可以从培根的思想中找到根据，甚至会把他当作现代生态危机及其文化危机的罪魁祸首。深思培根的思想，能够看得出来，把现代的诸多危机归结为培根的"知识就是力量"的这种看法并不一定正确，因为这种解释并没有真正理解培根为什么多次强调人类"要支配自然就须服从自然"[①]，忽略了培根科学观的深层宗教意蕴。

　　培根在《新工具》一书中既表达了人依靠科技、利用自然资源为人类服务的观点，也表达了尊重自然、全面理解自然的"现代性"观念的自我反思。他在这本书的开篇，就明确地指出，尊重和服从自然，才能够更好地合理运用自然资源。"人作为自然的臣相和解释者，他所能做、所能懂的只是如他在事实上或思想中对自然进程所已观察到的那样多，也仅仅那样多：在此以外，他是既无所知，亦不能有所作为"[②]。对这句话中的"臣相"一词需要做更为清晰的解释。因为这里所说的"臣相"有"管家"的含义，具有双重意蕴，既有"管理者"的含义，又有"服从者"的含义。一般对培根的这一句话的理解，常常关注"管理者"含义，却忽视了另外一种理解。培根认为，人类对自然来说并非随心所欲的支配者、控制者与主宰者，人应该既是自然的"管理者"，又是自然的"服从者"。这一定位的合法性并不是偶然的，而是起源于神的意志。在培根看来，上帝创造了两本书，一本是基督教的经典《圣经》，一本是叙述上帝作为的书，即自然界。如果对由上帝之命所造成的自然缺乏全面的、深层的把握，人类只能看到事物的外表，仅仅把自然价值理解为工具价值，完全为人类服务，那么，就无法真正理解上帝的全知全能，难

---

① 〔英〕培根:《新工具》，许宝骙译，商务印书馆，1984，第 8 页。
② 〔英〕培根:《新工具》，许宝骙译，商务印书馆，1984，第 7 页。

以体会到上帝的永恒和神性。人类只有借着上帝所造之物——自然这本大书，对自然进行深层把握，才能够更好地理解《圣经》。

与普遍流行的一般看法相反，培根认为人类固然可以管理、控制和支配自然物，但是，不能永远成为自然的主宰，因为人不能对上帝的至上地位进行挑战，不能僭越上帝的位置。从培根的理解看来，在历史与现实中，由于忽略了自身的有限性，人类的始祖及其后裔企图主宰自然，才犯下了罪。人类成为自然的主宰，支配和控制自然，这意味着对上帝的背叛，也是对人类真实自己的背离。培根认为，"人类在一坠落时就同时失去他们的天真状态和对于自然万物的统治权。但是这两宗损失就是在此生中也是能够得到某种部分的补救的：前者要靠宗教和信仰，后者则靠技术和科学。须知自然万物并未经那被诅咒者做成一个绝对的、永远的叛逆，它在'就着你脸上的汗吃你的面包'这样一个宪条的作用之下，现在终于被各种各样的劳动（当然不是被一些空口争论或一些无聊的幻术仪式，而是被各种各样的劳动）在一定程度上征服到来供给人类以面包，那就是说，被征服到来对人类生活效用了"[1]。培根主张的自然观，其科学的复兴的目的在于宗教的复兴，并不是世俗的自然观。

由此可见，培根的乌托邦思想中既有"现代性"的社会理想，也有基督教传统作为文化底色，呈现出更为复杂的思想。尽管培根是现代事业的主要创立者，为现代社会的发展提供了精神动力，但他更清楚现代社会发展的局限。对培根进行研究的魏因伯格指出，培根更清楚现代事业的自身局限性。这是比许多"现代性"的批评者更为客观而全面的评价。魏因伯格研究培根是因为培根既站在我们现代世界之内也站在之外：他向在他之先的人说话，也向我们自己的急迫需要说话。魏因伯格说："我的观点是：培根在他的《学术的进步》中比其他任何思想家都更清楚地告诉了我们现代世界的理想及其问题。至少有部分原因在于，培根作为现代事业的创立者之一却没有很深地

---

① 〔英〕培根：《新工具》，许宝骙译，商务印书馆，1984，第291页。

陷入现代事业之中，因而得以避免实际创立者们出于热情和偏爱所导致的无知。"① 可见，培根的乌托邦观念并不只有"单一的现代性"，而且容纳了更多的矛盾性，也集中体现了乌托邦与"现代性"之间的内在张力。

现代乌托邦思想是从莫尔和培根开始的，康帕内拉的《太阳城》、哈林顿的《大洋国》等，基本上都在乌托邦与"现代性"之间保持了必要的内在张力。在从传统向现代社会转变的过程中，以莫尔和培根为代表的现代乌托邦思想家是走在他们时代前面的人，是一种新秩序的预言家。这些新秩序在许多方面目前已经实现和正在逐步实现。

3. "现代性"之乌托邦维度的缺失及实托邦

现代乌托邦预示了"现代性"的生成，也警示了"现代性"的未来及其限度。但是，现代社会按照"现代性"的道德价值观发展和延续，却缺失了乌托邦维度，形成"现代性"的意识形态。不仅西方社会按照"现代性"的道德价值发展，目前，绝大多数民族国家在经济发展、制度设计和思想道德价值观念等诸方面，都以"现代性"道德价值观为建设纲领和追求目标，取得了举世瞩目的成就。但是，现代社会的发展远没有达到西方启蒙思想家的预期，实际的情况是，"福兮祸所伏"，现代社会充满着意想不到的社会风险，牵动着每个现代人脆弱的神经。周期性、结构性的经济危机，与之伴随的生态危机、能源危机等诸多现实困境，以及现代社会生活中更为深层的精神世界的空虚、无聊，无不显现出前所未有的系统性风险（Systematic Risk）及其复杂性，使现代人面对纷繁复杂的世界时不知所措或者疲于奔命，找不到生存的价值和意义。然而，正如罗洛·梅在《爱与意志》一书中所指出的，"当我们迷失了方向时，我们往往跑得更快"②，而不能放慢生活的脚步，让灵魂跟上来。"现代性"的道德价值尽管让人难以自知、自制和自醒，却仍然大有不可阻挡之势，终结人类的历史，成为"绝对的现代"。

---

① 〔美〕魏因伯格：《科学、信仰与政治：弗兰西斯·培根与现代世界的乌托邦根源》，张新樟译，三联书店，2008，第3页。
② 〔美〕罗洛·梅：《爱与意志》，蔡伸章译，甘肃人民出版社，1987，第10页。

当前，虽然"现代性"仍然具有难以想象的强劲生命力，几乎扩展到现代社会生活中每一个生存空间，但由于其意识形态的本性，显露出内在根基的不牢固，在现代社会空前繁荣的背后，潜藏着难以解决的危机，也预示着"现代性"道德的自我改变和超越的可能。正如吉登斯所认为的，无疑，核战争是现代人类可能出现的毁灭性灾难，但它不是人类在中长期内面临的唯一具有严重后果的风险。"生态灾难的厄运虽不如严重军事冲突那么近，但是它可能造成的后果同样让人不寒而栗。各种长远而严重的不可逆的环境破坏已经发生了，其中可能包括那些到目前为止我们尚未意识到的现象。"[①] 以色列学者、社会学家艾森斯塔特对"现代性"理论有自己独特的见解，力主"多元现代性"概念，不断构建和重构文化方案多样性。因为他认识到，"现代性不仅预示了形形色色宏伟的解放景观，不仅带有自我纠正和扩张的伟大许诺，而且还包含着各种毁灭的可能性：暴力、侵略、战争和种族灭绝"[②]。美国学者，探讨"现代性体验"的马歇尔·伯曼为生存于"现代性"中的现代人展示了现代世界一幅充满矛盾的暧昧不明的画面。他在《现代性——昨天，今天和明天》一文中指出，现代环境和体验冲破种族、民族、地理、宗教与意识形态的界限，似乎告诉我们，"现代性"的道德价值统一了全人类，但是，在这种繁荣表象的背后"现代性"也把我们推进了一个持续分离与更新、抗争与矛盾、困惑与烦恼的大旋涡。"不仅现代社会是铁笼，而且所有生活其中的人也被铁笼栏杆所塑造；我们是没有灵魂、没有心肝、没有性别或个性的存在物（这种虚无……存在于它已经取得……的幻觉中）——我们几乎可以说我们没有存在。这里，正如在现代主义的未来主义和技术——牧歌的诸种形式中，作为主体的人——一个在这个世界上／里能反应、判断和行动的生物——已经消失。"[③] 在"现代性"道德体系垄断全球伦理话语的局面中，乌托邦陷入退场的处境中，激进派丧失了其刺激性，自由主义者也丧失了其骨气，

---

① 〔英〕安东尼·吉登斯：《现代性的后果》，田禾译，译林出版社，2000，第151页。

② 〔以色列〕艾森斯塔特：《反思现代性》，旷新年等译，三联书店，2006，第67页。

③ 〔德〕哈贝马斯等著，周宪编《文化现代性精粹读本》，中国人民大学出版社，2006，第32页。

人的现实困扰和异化也就难以逆转了。在这种乌托邦缺失的历史处境中，社会成为人们竞相追逐物质利益的名利场，制度变成形式主义的僵化的官僚主义，人走向了只为自己考虑的势利，文化趋向精神动力匮乏的迷茫与浮躁。在这种现实危机的困扰和异化的处境中，人们的精力投入追名逐利中，痴迷于现实的"资本的逻辑"，却无法深入理解和体验超越"现代性"的整体意义，"不识庐山真面目"，看不到社会发展和历史进步的方向，从而，失去了追求未来的能力，丧失了为自己人生定向的可能。

完全顺着"现代性"的道德价值观，对同质化或齐一化理性法则的迷恋，无论在道德观念上还是在行动中，深入其中的现代人都很难真正反思和批判现实的逻辑。如果不再换一种思维方式、道德价值观及生活方式，探寻另一种可能性的生活，来思考现代社会中人的生活处境，人就会被"现代性"束缚人心灵的"铁笼"所桎梏，被表面上具有强劲的"资本的逻辑"而内在却是空心的"虚假的幸福"所蛊惑。以时间和空间的分离，以及社会关系从所处的特殊的地域"情境"中提取出来的脱域机制的发展等现代化动力，遮蔽了人类共同生活的"世界大家庭"中各民族国家同呼吸、共命运的文化传统价值理想，缺失了现代人反思自身的必要的文化资源。完全颠覆了神圣和高雅文化中的超验文化理想，"现代性"的道德及其世俗文化却把超越现实的"人之为人"的乌托邦理想一并抛弃了，从而，人完全束缚在"铁笼"中难以挣脱。西美尔认为生命是文化发展的终极动力，因此，对于"现代性"的问题，需要从生命哲学的视角探讨，关注生命，明确生命问题在哲学视域中的突出意义。他说，"但当代文化背后却是否定性的动力，这就是我们之所以不像以前所有时代的人们的原因，我们虽然没有共同的理想，甚至根本没有任何理想，但却生存一段时间了"①。其实，这并不是凭空捏造的谎言，而是有充分理由和根据的。在一个崇高理想极度匮乏的现代社会中，人不愿意去构想一种超越现实的理想社会。

①〔德〕西美尔：《现代人与宗教》，曹卫东等译，中国人民大学出版社，2003，第29页。

　　从人之本性来说，对美好生活和幸福人生的追求和向往，以及对公平、公正的社会理想的渴望，是古往今来的伦理观念中，甚至包括"现代性"的道德价值信念中，人类永恒不懈的价值追求。但时至今日，"现代性"的道德价值以抽象的原子化的个人为出发点，认为单纯依靠工具理性，渴望追求和达到的理想社会就可以实现人类的现世的理想乐园，替代了超越性的终极价值层面，放弃了对信仰的执着追求。而事实上，这是把人类社会的发展这一复杂的、多元的主题简单、抽象化了，也是现时代的人所带有的盲目乐观主义的症候：把其自身追求的社会理想泛化为人类终极的社会发展与历史进步，从而遮蔽了真正值得追求的社会终极理想。这种依靠人的具体的有限性来一劳永逸地妄图实现人类历史的终极福祉，在对"手段王国"的痴迷中，使手段应该服务的真正目标，最终沉入地平线下，遗忘了人追求幸福生活的最终目的究竟是什么。"人的幸福系于'手段王国'中，幸福的终极目标就会变成可望而不可即的欲望或幻觉……对于这种幸福，现代社会的主流伦理只能通过自然权利保障这种幸福的实现，却很难引导和超越这种欲望，寻求幸福的正确方向。"① 尽管现代社会看上去显得如此宏伟壮观，却犹如沙漠中的海市蜃楼，缺乏深层的根基，如艾略特对现代人特征的表述："不是丢魂失魄的野人"，而是填塞起来的、毫无意义的"空心人"，在灵魂的空虚与信仰缺失的生活中失去激情与动机，丧失了寻求真实自我的行动之力。

　　在反对甚至颠覆传统的"现代性"，摒弃前现代以等级制为特征的神权政治的同时，也一并将传统伦理文化所内在包含的超越性维度彻底抛弃了，致使"无法再从与已被摆脱和克服的年代，即一种历史形态的对立中意识到自身的存在"②。因而"现代性"的道德价值逐渐演化成意识形态，只能相信依靠工具理性的手段能够一劳永逸地解决现代社会的道德价值观所造成的诸多

---

① 张彭松：《超越"手段王国"的幸福伦理》，《伦理学研究》2016 年第 1 期，第 93 页。
② 〔德〕于尔根·哈贝马斯：《现代性的哲学话语》，曹卫东等译，译林出版社，2004，第 10 页。

危机。从这一意义上看，许多人把"现代性"所渴望并设定的意识形态性质的社会理想也称作"乌托邦"，如"理性乌托邦""技术乌托邦"等，从表面上看，这种解释似乎具有一些合理性，但从根本上分析，这种解释并不符合乌托邦思想的本真含义。通过对乌托邦丰富内涵的揭示，能够更进一步地深入分析和论证"现代性"的道德价值的产生、发展及其成熟，缺失了社会发展终极价值理想的超越维度，导致乌托邦观念的衰微，改造现实的内在动力不足。

从本质上来说，乌托邦是内在地包含着道德理想设计的至善的"社会乌托邦"或"道德乌托邦"，具有总体建构的形上意蕴，表现了人类对超越现实并渴望追求理想社会的追求、向往、憧憬和超越。与维护现存秩序的意识形态不同，乌托邦观念必须与现实世界占主流的具有宰制性的道德价值观之间保有某种内在的张力，才能对现实社会起到一定的批判作用，彰显自身理论的完整和道德设计的独立性、自主性，而不至于滑向意识形态的深渊，成为放之四海而皆准的形式主义教条。从时间向度来看，乌托邦奋力所要实现的社会发展目标，远远超出可预见的将来，没有预先策划具体实施的途径，因而也不可能由现实途径的即时行动来完成。

具体而言，与维护现实逻辑的意识形态不同，乌托邦观念包含以下基本内涵。首先，乌托邦观念是人本身所固有的无条件的价值理性或目的理性，以区别于满足人类自身的工具理性。工具理性的有效运行对人类社会的生存和发展极为重要，甚至是价值理性的现实支撑。但是人是一种双重性的存在，不仅受制于形下的、有限的经验世界，还需要渗入形上的、无限的超验世界，来唤醒人们对道德理想社会的思辨想象和道德重建。在任何时代都存在工具理性，但只有现代社会生活中其才对终极意义的价值理性产生宰制性的作用，压制人的文化想象空间。其次，作为启示性的乌托邦观念并不能彻底兑现一种现实的可行的政治形式，却能够开启一种未来广阔的可能性空间。人为了生存和发展，不得不受制于现实的逻辑，遵从大多数人的可行的生活方式，意识形态就是为了迎合这种现实的逻辑，尤其是"现代性"的道德价值观，满足并放大了这种现实的逻辑，并把这种道德价值作为无法超越的"真理"。人类的社会是不断发展和进步的。人为了维持生存和发展，需要以现实逻辑作为支撑，但基于人的尊严，有意义的生活，还急需有超现实的逻辑即乌托邦观念，来展开未来的广阔的可能性空间，寻求更具普遍性的社会，在这个社会中，使人找到真实的自己。最后，乌托邦观念根植于人的历史中，具有展望人类历史的总体性特征，对未来人类历史发展具有终极性关切和价值诉求。作为总体性特征的历史并不是由以往不同现实社会的简单叠加，而是由人们对未来理想社会的展望和企盼，增强改变历史现状的精神动力，来开启对人类历史的终极性的价值诉求的。我们每个人不应做历史的旁观者，应该深入历史当中，既现实地生存于历史的现实，又要思考历史的整体，寻求历史的意义。

通过考察乌托邦观念的特点及内涵，能够清晰地看到，乌托邦观念应该超越现实世俗的东西，"作为方法或未来的用途"（弗雷德里克·詹姆逊语），有助于重新唤醒关于可能的、另外的未来的想象，重建一种更为理想的道德观念或社会形式。从这个意义上讲，不再想象未来更具本真性质的生活方式，构建更为真实的善的生活理念，就无法设计出完整意义上的具有终极价值的乌托邦观念，也就谈不上重建新的道德和生活的可能性。这决定了乌托邦观念既关注现实生活及生存境遇，具有强烈的现实关切，又超越现实，具有对未来的终极关怀。它们是一个问题的两面。然而，作为意识形态的"现代性"道德价值观消解了它本身所应具有的超越维度，追求由具体经验的可行性的手段一劳永逸地达到和获得可欲求的、可捕捉的确定性目标，并试图以此获得终极的幸福生活。因此，"现代性"道德价值由解放的意识转变为以现实做论证的意识形态，要求人们接受现实，具有顺从现实世俗的能力，使人的"顺从意识"代替人的"自我反思意识"。具有强烈批判意识的霍克海默指出，这个时代各个阶层的儿童不一定期望将来成为富翁，但是生计要求他打算从一些他认为有前途的职业中去赚钱，因而都需要同经济生活息息相关。儿童像一个成年人那样坚强和精明。"现代社会的结构保证使孩提时代的乌托邦幻想在青年的早期就黯淡失色，而受到高度颂扬的'调节'取代了名声不佳的俄狄浦斯情结。"① 人类似乎已丧失构造出一个不同于他生存的那个世界的另一世界的能力。

由此看出，一些人鼓吹的"理性乌托邦""技术乌托邦"等，无非是缺乏自我反思和批判意识的现代人对征服、控制自然的工具或技术理性的病态迷恋而已，遮蔽和掩盖了"现代性"道德的一种内在缺陷。这里所谓的"乌托邦"固化了现代人对未来的想象，设定了人们想象的区间，因而它仅仅是一个意识形态性质的象征符号，不具有实质性意义的反思和批判作用。对"现代性"与乌托邦之间的关系，詹姆逊做出一个比较精辟的论述和表达："从这个意义上讲，它类似于一个乌托邦比喻，因为它包含了将来的时间维度；不过，那样的话，我们也可以说，它是对乌托邦视角的意识形态进行的歪曲，这就成了一个带有欺骗性的承诺，其目的在于在长时期内驱除并替代乌托邦视角。"② 从这个意义上讲，"现代性"只是类似于一个乌托邦比喻，却无法执行乌托邦的功能。

甚至，一些关于"现代性"道德价值的未来学研究，如费莱希泰姆、奈斯比特、F. 波拉克、麦克海尔、哈尔林斯等未来学家，指出了现代社会发展中的一些弊端，又勾勒出未来发展的一幅美好的社会图景，但基本立场并没有根本改变，仍然是维护"现代性"的道德价值观，并没有整合二元对立的思维模式和实现根本的超越，而是指望完全通过科技的发展和工程化的管理技能，彻底解决现代人类生产生活中的诸多现实困境和理论难题。过去，这些未来学家排斥乌托邦理想，只为"现代性"的社会现实进行辩护，现在，他们则向现代人提供诱惑人的"现代性"的文化观念和政治制度的前景，使"现代性"在历史的发展中能够永远存在下去。

可见，这种对理想社会的未来构想并不是超越现代社会主流道德价值观

---

① 〔德〕马克斯·霍克海默：《批判理论》，李小兵等译，重庆出版社，1989，第262页。
② 〔美〕詹姆逊著，王逢振主编《现代性、后现代性和全球化》，中国人民大学出版社，2004，第26页。

所形成的某种乌托邦，而是延续现代意识形态的逻辑，在现实中可以兑现并成为现实的"实托邦"。"实托邦"也能预见未来，给人一种引领人走向未来的幻觉，但其预言内容虚假，并不能顺应历史的进程，而是阻碍历史的发展，操纵人们的思想和行为，使现实的制度永久存在下去。美国未来学家阿尔文·托夫勒影响了西方的文明观，他的《第三次浪潮》一书中就出现了"实托邦"（practopia）一词，由英文"practice"（实践、实行或实际）和"utopia"（乌托邦、没有的地方或好地方）两词掐头去尾组合而成。从表面上看，"实托邦"给人一种指向未来的心理意向，让人积极投入科技进步的社会变革中，如信息、技术或数字等革命，提供一种与现实社会不同的全新的生活轮廓，扩展人们的自由选择空间。但深究之，这种所谓的"自由选择"束缚于现代技术理性的单向度维度，局限在"现代性"道德的框架内，仍然走不出"现代性的命运"对现代人的心灵桎梏。对此，托夫勒作为未来学家的重要代表人物，他自己也承认，"实托邦"既不是完美的、静观的"空中楼阁"，也不是理想塑造自身的先验模式，而是相反，根据科技的发展来反观现在，确定应对未来的手段与途径。"总之，实托邦提供的是一种积极的、乃致革命的选择，但却不超出现实可以达到的范围"[①]。未来学家们的"实托邦"，表面上是改变现实社会的理想，实际上是现实逻辑的变种，掩盖了现代人丧失其理解和塑造历史的意志和能力的现实。

第三节　乌托邦视角下生态伦理的价值整合之路的初步尝试

　　几乎以"现代性"为圭臬的全球性的现代社会生活既给现代人带来自由的空间，也限制了人们对更为美好生活的追求。严重的是任何对"现代性"

---

① 高放主编《评第三次浪潮》，光明日报出版社，1986，第266页。引文内容来自此书附录四：《第三次浪潮》中译本未译章节补遗。

的批评都会被同一化到现代价值系统中，成为单向度社会中的一个元素。脱离乌托邦制约的"现代性"已经成为意识形态，消除了人们内心中的否定性、批判性、超越性的向度，使现代社会成为单向度的社会，而生活于其中的人成了单向度的人，丧失了真正的自由自在和自主的创造力，无法想象或追求另一种生活。一般而言，人们很难把"现代性"和意识形态联系起来，因为"现代性"是自由、民主、平等的象征或话语体系，而意识形态履行着社会控制职能，维护着国家统治的合法性。极度"现代性"的现代社会却能够将两个似乎对立、难以兼容的价值观奇妙地融合在一起，表现了与传统的暴政或专制完全不同、效果异常突出的"极权主义"。

当这个"现代性"的道德价值观试图囊括整个人类历史，标志着肇始于西方的自由民主制度是"人类意识形态发展的终点"，并因此标志着"历史的终结"①，那么，这种自由主义的绝对话语权就掩盖了历史终极目标的展望和视野，遮蔽了作为意识形态的"现代性"涌动的暗流。"现代性"意识形态的基本功能就是维持现存秩序，为现存占支配作用的权力提供理论根据，尽管这种根据是"虚假的意识"，主要表现为伪真理性、伪永恒性。权力是利益最大化原则的产物，处于现存秩序的中心和顶层。继曼海姆之后，阿伦特是对这一领域思索得最深沉的学者。在阿伦特看来，任何意识形态都蕴含着极权主义的因素，实际上并不必然导致极权主义，但只有人类的"现代性"危机形成了极权主义生长的温床。这样，意识形态就有了"真理"的权力表达式。

然而，我们对"现代性"的理解不必过于消极和悲观，因为通过分析乌托邦观念的现代转化及"现代性"的实托邦的形成，我们能够自觉意识到，"现代性"的产生与现代乌托邦观念不无关联，正是乌托邦的观念孕育了"现代性"的诞生，也警惕和制约"现代性"走向极端。只是"现代性"的发展脱离了乌托邦维度的约束，作为意识形态的形式成为现代社会大多数人

_____

① 〔美〕福山：《历史的终结及最后之人》，黄胜强、许铭原译，中国社会科学出版社，2003，"代序"第1页。

顶礼膜拜的价值观，"不仅支配他的身体，而且支配他的大脑甚至灵魂"①。"现代性"的危机、"现代性"焦虑、"现代性"之隐忧都是"现代性"作为意识形态所带来的"现代性的后果"。要想使"现代性"从压制人的意识形态走向使人获得自由的生存状态，乌托邦观念是一个重要的且具有根本意义的总体性意识。对于本文而言，生态伦理遭遇的"现代性"境遇，需要通过乌托邦观念的总体性意识，论证生态伦理的整合价值，揭示"现代性"的意识形态性质，为从生态伦理走向生态文明提供理论思路。

一 乌托邦视角下生态伦理价值整合的可能性

目前，对环境问题和生态危机的伦理思考引发的人类中心主义与生态中心主义之间的冲突和对立，带来了生态伦理的"两难选择"。造成生态伦理"两难选择"的正是作为意识形态的"现代性"及其道德价值观。作为历史发展的重要阶段，现代社会中"现代性"逐渐形成它的核心价值概念，其中包含着个人主义、理性主义等一簇新的价值要素，成为现代社会的总的道德价值体系。自由与个人的解放是"现代性"带给我们的巨大成就。但如果把这种"现代性"作为历史的全部，那么它就限制甚至取消了正视历史和现实的可能性。"现代性"境域中人与自然冲突导致现代社会中人与自然的关系逐步恶化、生态危机日益严重、生态灾难日益频发的糟糕局面。人类中心主义与生态中心主义的对立冲突就是现实问题在理论探讨中的集中反映。而对环境问题，"现代性"并不超越自身寻求解决途径，而是完全仰赖或诉诸维持现存秩序的意识形态，如经济主义、消费主义和科技主义——这些"现代性"的意识形态因素能够暂时解决部分地区的环境问题，却解决不了全球的环境问题。诚然，现实生活中在乌托邦与意识形态之间一定是一种对称性破缺，即意识形态是一个更有优势更有力量的思想体系。但我们现在生活在一个极度

---

① 〔美〕赫伯特·马尔库塞:《单向度的人》，刘继译，上海译文出版社，1989，第126页。

现代的世界中，完全消除各种超越现实的成分，就会使我们面临某种"事实性"，而这种"事实性"最终将意味着人类意志的衰落。

在现代的人类行为和思想中，乌托邦成分完全消失，人类不再相信未来能够超越现在——即使有人想象未来，也不过认为未来是今天的复制品而已。在这种情况下，就会出现想象的最大的悖论，对于人类的生存和发展能够达到了最高程度的理性控制的人，获得了所谓自由与平等的现代人，却变成纯粹由各种冲动组成的动物了，变得没有任何理想。在这里，所谓达到了"最明智"的阶段，"历史不再是某种具有盲目性的命运，而是越来越变成了人类自己的创造过程——的时候，人类却由于放弃了各种乌托邦而可能失去其塑造历史的意志，并且因此而失去其理解历史的能力"①。作为真实的寻求自由的人，谁都不愿意变成被外在目的支配的"物"，失去作为自由主动者的资格，而只有唤醒沉睡于我们内心深处的乌托邦精神，在乌托邦之光的引领下，我们才能成为我们自己。

鉴于此，人类中心主义与生态中心主义的对立冲突在作为意识形态的"现代性"境域内是无法解决的，需要从乌托邦视角探讨生态伦理的价值整合，反思作为意识形态的"现代性"，才能够为从工业文明向生态文明转型提供精神动力和思想资源。人类中心主义与生态中心主义的"两难选择"并不是生态伦理的应有之义，只是作为意识形态的"现代性"框架造成理论发展和演绎的必然结果。在极度现代的世界中需要乌托邦观念制衡现代意识形态，使人不至于丧失理解历史和改造现实社会生活的愿望。其实，任何社会生活中都存在或隐或显的乌托邦精神，只是人们大多数更关注意识形态获得的利益而忽视乌托邦观念的超越精神。只有在急剧的社会变革和历史更迭中乌托邦精神才能凸显出来，体现出乌托邦观念的反现存秩序的倾向。而且，任何乌托邦模式都不可能是纯粹的个人主观的空想，而是从特定的社会现实出发的，大多表现为一种对不合理现实的反对和抗议；都不会只是对未来社会的

①〔德〕卡尔·曼海姆:《意识形态和乌托邦》，艾彦译，华夏出版社，2001，第302页。

星象家与占卜师式的预卜和设计，而是克服人类现实困境的理想化想象与大胆探索。可以说，乌托邦的本质性特征是人类内在的不断超越现实与自身的理性与道德精神。

因此，将道德对象从人与社会的领域拓展到生命和自然界，"对其他非人类存在形式进行道德关怀（moral considerability）的道德诉求，从多维视角分析'生态主义'基本主张和内容，揭示其生态伦理观中的乌托邦特性及其积极意义"①，这也不是凭空臆想和捏造的。生态伦理是基于对现实社会生活的伦理思考，将生态理想的理论进路、意义境域和实践指向扩展到极致，以彰显生态美德的幸福意蕴，既关注现代社会的现实生活，也凸显超越现实社会的乌托邦憧憬。生态伦理的乌托邦憧憬就是人与自然的整体和谐，既要求满足人自身的生存和发展又要求尊重自然界的内在价值和客观规律，而不是处于人类中心主义与生态中心主义的两极对立中。但是，如果没有对"现代性"道德的反思和批判，生态伦理的乌托邦憧憬就没有理论存在的现实意义。因此，要论证生态伦理的乌托邦憧憬的必要性和合理性，还应该继续更为深入地对"现代性"道德进行反思和批判。

二 对"现代性"道德体系的总体反思

"现代性"道德主张人与人的伦理关系才是最根本的，所谓的"人与自然的伦理关系"都可以还原为人与人的伦理关系。如果现代社会人与人的伦理关系没有任何问题，就没有必要拓展到人与自然的伦理关系，遑论这种新型的伦理关系对现代社会生活的意义。但现代社会生活中人与人的伦理关系往往是形式性的，在人类中心主义的掩盖下遮蔽了现代伦理的实质内容。因此，我们看到生态伦理对"现代性"道德的反思往往局限于道德层面，主要讨论的问题大多是自然权利、自然的内在价值、主体性等等，却很少触及经济、

———————————

① 朱国芬、郭爱芬：《试论生态主义的乌托邦特性及意义》，《南京理工大学学报》（社会科学版）2009 年第 3 期，第 95 页。

生活等其他领域，使这种反思流于形式、陷入抽象，缺少实质意义的理论反思。其实，如许多其他学科一样，伦理学不完全是纯理论思辨的，而是与其他学科如经济、生活、心理等密切相关的具有实践意义的学科，只是在现代学术界学科分化越来越严重的社会背景下遮蔽了道德与社会生活中其他领域的密切联系。一个基本的事实是，对现代社会生活而言，道德同样与社会生活的其他领域之间存在密切的联系，才能组成现代社会生活的总体性特征，即"现代性"道德体系。借助乌托邦观念及其整体性思维方式，生态伦理对"现代性"道德体系的反思就不能仅仅局限于道德层面，也应该反思与道德密切联系的经济、生活方式甚至人的精神、心理层面，才不至于使对"现代性"道德的反思流于形式、陷入抽象。

1. 经济主义

按道理来说，经济是社会系统中的一部分，社会系统除了经济，还有政治和文化等多种要素。特别是在传统社会生活中，经济在社会生活中并没有占据特别重要的位置，相反，在古希腊和中世纪，美德和信仰在社会生活中的作用远远超过经济的作用。现代社会中，一切活动都是以经济为中心，服务于经济增长，处于一个不折不扣的经济至上的时代，最终演化成作为意识形态的经济主义。经济时代意识形态的核心就是经济主义，"经济主义是渗透于现代文化（广义的文化）各个层面的意识形态，是最深入人心的'硬道理'"[①]。这种以经济乐观主义信念（也就是经济主义的意识形态式的表达）为基础、以自由放任经济的片面发展和盲目增长为宗旨的经济伦理概念，塑造了典型的现代西方伦理框架下的经济伦理观念。

在目前"现代性"道德主导的全球化时代的世界图景中，经济主义被大多数国家所追逐和信奉，已经成为一种意识形态。在经济主义的影响之下，人们把文明和道德都看作发展经济的手段。经济主义理论表达的基本信条包括许多内容，但归纳起来，不外乎以下三点。第一，人的一切行为归根结底

---

① 卢风:《应用伦理学——现代生活方式的哲学反思》，中央编译出版社，2004，第153页。

属于经济行为，追求自己的利益，并以此为基础扩展为利益的最大化。第二，人类追求的社会福利或幸福生活包含很多相关的内容，如亲情、友情和爱情，但最终都可划归为经济，绝对依赖于经济增长。第三，关涉社会福利和幸福指向的经济增长从根本上说依赖于科学技术的发展进步。[1]经济主义的基本信条与人们的真实生活经验和直观感受是冲突的，但凡有理性的人都应该拒斥这种信条，但现代意识形态具有了操纵和控制人的意识的魔力，以一种软性的隐蔽的方式先入为主地设定一种人的思维方式和价值观念，对人进行强制性的思想灌输，使人失去内心的自由与独立，从而自愿地接受这种控制和操纵。一个社会若谋求经济增长就必须推动人们去不断地进行科学发现、技术创新，必须推动人们去拼命赚钱、勤奋劳作，过一种现代人普遍流行的"大量生产，大量消费，大量抛弃"的生活方式。人是一种文化动物，受到社会、道德、心理、文化等诸多因素的影响。因此，任何时代，经济发展都有其心理动因，不仅满足于活着，而且活得要有尊严和价值，既满足自身的生存需要，也渴望得到社会普遍价值观的认同。当满足人的基本需要（如温饱）之后，人们开始追求意义，即人是悬挂在由他们自己编织的意义之网中的动物。黑格尔的伦理思想中就有主体间性的承认理论，认为人总是需要得到他人的承认，甚至在某种意义上说，人是为了别人而活着。"自我意识只有在一个别的自我意识里才获得它的满足。"[2]在经济主义的社会生活中，这一点表现得更为明显和突出，一个人的价值仰赖于他人的承认。一个把经济活动凸显为最重要的社会活动中，势必要人们相信，尽可能促进经济发展就是现代社会发展的最高目标，对于个人而言，赚钱是社会生活中最重要的事情，其他一切似乎都能归结到金钱这一核心问题上。同时，人赚钱越多，越能在经济竞争中获胜，就越能得到社会的认可，得到他人的承认。正如西美尔在《金钱、性别、现代生活风格》中所指出的，实际社会生活中，在他们追求生存和发展的大部分时间里，现代人普遍把赚钱（如工资、财富、利润和资本等）当

---

[1] 卢风:《应用伦理学——现代生活方式的哲学反思》，中央编译出版社，2004，第153页。
[2]〔德〕黑格尔:《精神现象学》(上卷)，贺麟、王玖兴译，商务印书馆，1979，第121页。

作首要的也是根本的追求目标，把现实社会生活中的幸福渴望最终系于金钱的量。"金钱越来越成为所有价值的绝对充分的表现形式和等价物，它超越客观事物的多样性达到一个完全抽象的高度。它成为一个中心，在这一中心处，彼此尖锐对立、遥远陌生的东西找到了它们的共同之处，并相互接触。"① 这一结果就像"强心针"一样，给现代人的社会生活及其心灵世界，提供了持续不断的刺激，使现代生活永远骚动不安和狂热不休。

众所周知，马斯洛基于人本主义科学理论的思考，提出了"需要层次理论"，为现代人对幸福生活的追求给予了明确的指导。的确，马斯洛的"需求层次理论"中最低层次的生理需要和部分安全需要与财富密切相关，甚至取决于财富，而对于更高级的具有终极价值指向的深层需要，如家庭、友爱、尊重和归属以及自我实现等需要，财富的价值并不能起到直接的影响。而且，在马斯洛的晚年，"需要层次理论"已经得到了修正和完善，他提出了超越性需要，即精神性需要或超越自我实现的需要。在马斯洛看来，因"超越性需要"所激发的人对幸福的追求，使人更多地意识到存在的王国，更自觉地将个体的存在价值列为人生目标，更注重内在价值，并伴随着启示或对宇宙人生的领悟。人对幸福的追求具有超越性的特征，始终是一种持久的欲求，意味着它是一种不断的自我超越。"超越指的是人类意识最高而又最广泛或整体的水平，超越是作为目的而不是作为手段发挥作用并和一个人自己、和有重要关系的他人、和一般人、和大自然、以及和宇宙发生关系"② 。可见，面对不断超越、层层递进的幸福欲求，金钱财富的作用只能停留在满足最基本的低层需要之上，不能满足不断超越的主体欲求。就个人行为看，只有关于财物的收入与支出的计算的行为才能被称作"经济行为"，而除此之外，人类的许多行为都无法用收支计算来衡量，如"苏格拉底之死"，马克思穷极一生追求"解放全人类"、佛陀解脱人生种种痛苦的法门等等，人类的这些行为不是什么经济行为，而是出于信仰的、不计后果的价值合理性行动。但经济主义

---

① 〔德〕西美尔：《金钱、性别、现代生活风格》，顾仁明译，学林出版社，2000，第13页。
② 〔美〕马斯洛：《人性能达的境界》，林方译，云南人民出版社，1987，第271页。

却把超越物质之上的精神因素，如尊严、归属和爱等需求都完全还原为经济行为，把赚钱作为人生意义和社会价值追求的最高目标。著名经济学家贝克尔把经济理论扩展到对人类行为的研究，认为经济分析比其他方法能更明确更全面地假定最大化行为，效用或福利函数能够极大化。这种观点表明，人类的一切行为都能够通过经济分析的方法来分析和解释。贝克尔已设定，"经济分析是一种统一的方法，适用于解释全部人类行为……经济分析能够想见的应用范围如同强调稀缺手段与各种目的的经济学定义一样宽泛"①。贝克尔已设定，人的一切行为归根结底是经济行为，因而，通俗来讲，经济学就成了"第一社会科学"，已囊括人类的全部行为及与之有关的全部决定。

既然"人的一切行为归根结底是经济行为"，那么，人对幸福的追求就由寻求心灵的宁静转化到仰赖经济增长，即财富的增加也就意味着幸福的增加。而且，让科技进步去为无止境地谋求经济增长辩护，也助燃了人们对幸福最大化的不断渴求和贪婪。一般而言，经济增长能提高一部分人的收入，相应地，会提高这部分人的幸福水平，但相反的作用也存在，使幸福指数下降。其一，由于"边际效用递减规律"，来自经济收入增加的边际效用，会使幸福指数提高，但当经济收入累积到相当数量后，边际效用有一个递减的趋势，即随经济收入的增加而边际效用会逐渐减少，幸福指数下降。其二，由于"边际替代规律"的作用，随着经济收入水平的上升或提高，来自经济因素之外的非收入指标如家庭、友爱等尊严、归属等的"边际效用"会逐渐提高，呈现递增的趋势。

经济是社会的基础，不是人追求幸福的终极目的。经济主义却不然，它是现代社会先入为主的意识形态偏见，甚至不以人的个人意志为转移。一个把经济活动凸显为最重要的活动的社会，即经济主义社会，势必要人们相信个人似乎就能获得自由和独立，也就能够得到他人和社会的普遍承认。尽管人们的内心和直觉未必认可这种意识形态偏见，人们的幸福感不会简单地随

① 〔美〕加里·S.贝克尔：《人类行为的经济分析》，王业宇、陈琪译，三联书店上海分店、上海人民出版社，1995，第11页。

经济的增长而增加，但是，现代人的生存方式在很大程度上更依赖社会发展，不可能脱离社会群体而游离存在，因而经济主义似乎变成一个人无法摆脱的铁制的"牢笼"。按照人的本性来说，人的需要本来就是多样化的，相应地，对幸福生活的理解和体悟也多种多样，复杂多变。那么，基于对人性的深层理解，应该考量人们需要的多样性，以多元化的方式追求、理解和体悟幸福。在追求幸福的多种样态中必然有一个不完全依赖外在目的的、一以贯之的精神因素，就是渴望心灵的宁静。而渴望体验到片刻心灵宁静的幸福在现代经济主义的社会浪潮中似乎成为一种奢侈，变得可望而不可即。"当经济发展到一定水平之后，随着人们基本需要的普遍满足和文化水平的提高，会有越来越多的人不把幸福等同于物质欲望和感性欲望的满足。但经济主义的流行使人们成了丧失批判能力的'单面人'，使人们简单地把人生的意义等同于赚钱和消费，使人们盲目顺从了'资本的逻辑'，从而沦为赚钱机器和消费机器"①。随着经济主义的发展和纵深演变，消费主义作为一场被裹挟的人生追逐，塑造了现代人异化的生活方式。

2. 消费主义

消费主义是经济主义的深入和延续。如果说经济主义是现代意识形态的基石，那么，消费主义就是现代社会生活中"装饰在锁链上的那些虚幻的花朵"。消费主义不是将经济增长与幸福联系在一起的宏观战略，而是通过消费与人生价值、意义相联系细致入微地表达出幸福人生，使经济主义的意识形态潜移默化地移植到人们的生活世界和心灵空间。所谓的消费主义，是指一种遵从经济主义的生活方式：消费商品的目的并不单纯是满足人的基本生存需要，而是为了满足由现代文化刺激和蛊惑的欲求。其实，需要和欲求是不同的，但在以经济主义为主导的现代社会中，需要与欲求的界限很难确定，或者直白地说，欲求替代了需要，以致使人忘记了自己的真实需要是什么。难怪罗洛·梅说"知道自己的需要是什么"这一问题乍看起来非常简单，但

---

① 卢风：《应用伦理学——现代生活方式的哲学反思》，中央编译出版社，2004，第158页。

深入思考却发现"令人惊奇的正是知道自己需要的人太少"①。一般而言，现实生活中人们有哪些欲求，这是人们清楚明白的，特别是每个人对自己的欲求通常是清楚明白的，知道自己想要什么，不想要什么。但是，在需要和欲求之间界限模糊的现代社会生活中，哪些是人们真正的需要则颇费思考，人们甚至无法判断出真正的需要是什么，只能遵从超出自然需要之外的欲望逻辑。

基于需要与欲求的关系，对于消费主义而言，"它所要满足的不是需要，而是欲求。欲求超过了生理本能，进入心理层次，它因而是无限的要求。……现代社会里，欲求的推动力是增长的生活标准和导致生活丰富多彩的广泛产品种类。但这种炫耀习惯也造成不顾后果的浪费"②。消费基于商品的使用价值，满足人的基本生存需要，而消费主义鼓吹人们通过各自的消费品品牌和消费档次标识消费能力，从而不同人的自我价值实现程度也通过档次和品牌得以标识。在消费主义的境遇下，财富和产品的生理功能和生理经济系统（这是需求和生存的生理层次）被符号社会学系统取代，成了一个任意、缜密的符号系统，用一种价值的社会秩序取代了自然生理秩序。

诚然，人除了生存所创造的经济及消费王国，也相应地编织了由符号所组成的意义之网建构的文化世界。人只有在创造符号、意义、象征等文化塑造的社会活动中才能超越限制和束缚，成为真正意义上的人，获得某种程度上的自由。正是在符号思维与活动所编织的"意义之网"基础之上，去创造文化的象征，通向自由的文化之路，人类才能创造生存的意义。没有符号系统，就会像柏拉图"洞穴"喻中的囚徒一样，生活被限定在生物需要和实际利益的范围内，找不到通向作为人之为人的"理想世界"的道路。而这个属人的"理想世界"正是由宗教、艺术、哲学、科学等诸多形式的符号系统来表征的，从各个不同的方面为之开放的。卡西尔的文化哲学指明："简而言之，我们可以说动物具有实践的想象力和智慧，而只有人才发展了一种新的

---

① 〔美〕罗洛·梅:《人寻找自己》，冯川、陈刚译，贵州人民出版社，1991，第85页。
② 〔美〕丹尼尔·贝尔:《资本主义文化矛盾》，赵一凡、蒲隆、任晓晋译，三联书店，1989，第68页。着重号是笔者所加，力图揭示现代人对欲求的无限追逐。

形式：符号化的想象力和智慧。"① 人不再完全生活在一个单纯的物理宇宙中，也生活在一个织成符号之网的想象世界中，这成了打开特殊的人类文化世界大门的秘诀！

符号作为一种心理意象，存在于想象的文化空间中，展现了向无限延展的可能性，构建人类精神的生活和世界。符号需要感性材料来表达，但更体现出人类文化形式的观念，表现出它的特有品质、理智及道德价值。即是说，符号需要质料作为支撑，但并不依赖质料，而是无限的想象力空间。消费主义正是借助符号作为人类文化的创造，使消费远离了物品的使用价值，挣脱价值的物质承担者，而成为对符号的消费，以表现自己的自由个性和价值品位，体现商品的文化内涵，即符号消费。换言之，在消费主义时代，消费商品成为一种象征和符号，标志着人们的消费层次和生活质量，体现了一种更高的消费格调，蕴含着对精神观念价值的认可。

诚然，与动物的生存不同，人类的消费对使用价值在某种程度上发生背离。以文化的形式来满足人的生存需要，才能体现其文化特征，而物品的使用价值只是消费文化的载体。但是到 20 世纪，随着经济主义的纵深发展，进入大众消费社会以后的消费主义把符号消费对使用价值的背离，直接或间接地指向或表明人的身份、地位、尊严，体现自己的经济实力和生活水准，"与社会实践紧密地联系在一起，它表征着潜在的社会分野，积极参与社会秩序的塑造，是社会关系的文化再生产的重要组成部分"②。这种消费文化虽然在一定程度上体现出人的自由，但更多表现了对人生价值和意义的压抑。把符号消费对使用价值的背离，推向一个极致，呈现的是消费活动中人对自我价值的追寻和个体物欲的释放，越来越疏离人的本真的生活世界。

鲍德里亚认为，当人们沉溺于由符号堆砌起来的拟象的消费世界中，纯粹为了消费而生活，找不到消费之外的自足的精神价值时，就走向了一个与真实生活脱节的"拟象的世界"。在这个"拟象的世界"里，到处都是符号

---

① 〔德〕恩斯特·卡西尔：《人论》，甘阳译，上海译文出版社，2004，第 52 页。

② 罗岗：《消费文化读本》，中国社会科学出版社，2003，第 36 页。

堆砌起来的拟象物，它们游移和疏离于原本，开始在历史中脱胎而出并占据主宰。电影工业、电视传媒、广告传播、互联网络在生产复制着"拟象世界"，使消费时代人们的生活充斥着符号和拟象物，致使真实与虚拟的界限越发模糊了，直至不再与任何真实发生关联。

消费主义催生出脱离生活所形成的"拟象世界"，习惯于符号之间的互相指涉。符号曾一度是与物体相联系的，然而当消费过程变成符号能指在体系内部的自我指涉，这种与物体之间的联系就已经不复存在。在这种情况下，符号只是指涉或指向它自身的逻辑符号，似乎成为一个"永动机"一样的，不受人控制的独立自在的系统，而生活的真实意义和价值难以重新进入人们追求的视野范围之内。"与符号相关联的只是其他的符号，它们的意义也只是在这些符号之间的关系中才能被发现。符号现在是自由的、中立的、完全非决定性的以及完全相对性的。"①随着与商品真实的使用价值的脱节，符号消费变得盲目，指涉的只是文化符号及符号间的交互关系，使生活在现代消费主义文化中的人成为无思考的人，被动接受"欲望的逻辑"，在一个欲望得到满足的同时又开始对下一个欲望的追求。由符号化的消费主义渗透在当代社会制度、政策和生活时尚之中形成的价值哲学，甚至成为一种文化意识形态，实施着对人的控制，左右着现实人生的真实选择。可见，符号消费是当今社会的一种普遍的消费形式，它不仅生产人的基本需求，同时也生产"欲望的逻辑"，既满足人们日益增长的物质和文化生活水平的需要，也激发了人们的物质欲求，使伦理生活缺少自制，带来一定的社会问题和价值隐忧。

由上可知，无论市场机制自发作用的经济主义，还是由"欲望的逻辑"激发的消费主义，在现代经济体系中它们都是一体的，从属于"资本的逻辑"。现代生产关系作为占支配地位的"资本的逻辑"就像人的身体得"癌"一样，不断发生"癌扩散"，资本也在不断增殖、扩大。在"资本的逻辑"这一经济主义的利益驱动下，现代社会建构了一个以金钱为标志和价值核心的

---

① 〔美〕乔治·瑞泽尔:《后现代社会理论》，谢立中译，华夏出版社，2003，第129页。

庞大的价值系统，你获得的金钱越多，社会认可程度就会越高，在这个巨大的等级阶梯上的位置就越高，拥有的可支配和利用的社会资源就越多，就越能得到社会的普遍承认。在"资本的逻辑"的蛊惑和支配下，现代人远远超出了自然限定的可能性的生存区域，"豁出生存搞发展"，一味地线性推进，不仅使人陷入永不知足的贪婪，让幸福生活成为可望而不可即的"泡影"，而且，也突破了人类赖以生存的自然生态平衡的临界点，使人的生存不可持续。其实，不管人类发展到何种程度，都必须承认"人是自然的一部分"这一基本的事实，因此，适用于人类活动的观念或行为，也需要敬畏生命，尊重自然的价值和权利。然而，"现代性"道德体系将自然无条件地纳入"资本的逻辑"，既伤害人类赖以生存的地球，也使人类自身的生存陷入无"度"的发展主义的"恶性循环"。资本总是在有用性的意义上看待和理解一切存在物，并以同样的方式看待和理解自然界。"资本的逻辑"这一抽象的形式，一方面推动了经济主义和消费主义无限制地"疯涨"，另一方面使自然自身的固有价值被遮蔽，失去了"感性的光辉"，仅仅剩下被人的利益及其最大化的"幸福幻觉"所支配的有用性的工具价值而已。准确地说，自然不再被认为是一种"自为的力量"，而只是由资本为核心构成的普遍的效用关系网上的一个环节而已，成了"真正是人的对象"，"真正的有用物"。"资本的效用原则使自然界丧失了自身的价值而成了一种单纯的工具，而与效用原则连在一起的是资本的增殖原则，又使自然界的这种工具化变得越来越严重。资本追求的是无限的增殖，从而它对自然的利用也是无止境的。"[1]在经济主义的意识形态话语中，尽管在"资本的逻辑"成为现时代的潜规则之后，人们表面上也在不断探索自然界本身的运行规律，试图挖掘自然的本身价值，但其真实的目的无非是使之更好地"服从于人的需要"，履行"附属于人"的工具功能。

---

[1]　陈学明:《资本逻辑与生态危机》,《中国社会科学》2012 年第 11 期,第 7 页。

第四章 生态乌托邦视域中的生态伦理探析

　　从反思人类中心主义伦理到与"现代性"道德的内在关联，生态伦理不再作为生态中心主义的内涵来伸张自然保护的伦理，而是开始以人与自然和谐的整体性的思想方法来直面造成人与自然冲突的"现代性"道德。"现代性"道德是脱离传统社会的政治专制与独裁而获得的以自由平等为宗旨的道德价值观，但也是充满矛盾和冲突的特殊的现代文化。基于人与自然整体思考的生态伦理在"现代性"道德的框架下就会陷入人类中心主义与生态中心主义的冲突和对立，陷入"两难选择"。通过对人与自然历史观念的分析，我们能够发现，"现代性"道德在理解人与自然关系上的价值观盲点，而传统伦理文化与后现代主义都具有不同程度的整体意义的生态伦理思想。无论传统伦理文化与后现代主义的"生态伦理"思想具有多么大的道德合理性，它们只具有对"现代性"道德的某种批判和反思的理论作用，而无法触及关于"现代性"道德的核心问题。我们处于工业文明向生态文明的历史转型中，站在具有前瞻性、战略性的生态文明理论制高点上，适时在生态伦理理论研究中引入乌托邦观念，不仅能看到"现代性"道德在理解人与自然关系上的盲点，而且揭示了支配自然及控制人自身的经济主义、消费主义的意识形态性质。工业文明正在主宰着我们的全球现代化（艾伯特·马蒂内利语）的社会生活，甚至可能在未来相当长的历史时期内左右着我们的道德价值观和思维方式，而生态文明尚未成为现实，因此，我们的时代仍然急需乌托邦观念，拓展道德价值观，推动生活方式的变革，推动人类文明的进步。

第一节　乌托邦的生态转向

在乌托邦视角下生态伦理对"现代性"及其道德的反思，特别是揭示出与"现代性"道德内在地紧密相连的经济主义和消费主义意识形态，为自身的价值整合及超越"现代性"道德提供了必要的理论依据和支撑。诚然，生态伦理揭示出"现代性"道德及其社会生活中的经济主义和消费主义在人与自然价值观上的盲点，但它对这种"现代性"的批评也不是没有限度的。"现代性"道德所确立的基本道德价值理念具有普遍规范性和形式有效性，诸如自由、平等、宽容、公平或正义、权利与责任、理性、爱等现代基本道德理念本身对现代世界和现代人具有普遍约束性、规范性和积极意义。作为每一个现代人，我们并没有清醒地意识到，"现代性"道德的意识形态将自身先验地设定为"自由、民主"并发展到顶峰，以致掩盖了它自身的内在缺陷——人与自然的冲突。人类社会生活的物化倾向及其道德心理困境，诸如本体性的孤独、存在的空虚和"现代性"的焦虑，阻止超越它自身的必要和可能，使人们丧失了真正的自由和创造力，不再愿意想象、追求和重塑与现实生活不同的另一种具有本真意义的生活。

因此，生态伦理在乌托邦的视角下思考"现代性"道德，既充分肯定"现代性"的道德价值合理性，又明确意识到"现代性"的意识形态性质。从乌托邦视角承认"现代性"的道德价值合理性，是因为现代乌托邦的产生就包含着"现代性"的道德因素。英国著名乌托邦思想史家克里森·库玛对乌托邦进行了整体性的、纯学术性的研究，指出现代乌托邦观念只有在否定了中古时代基督教神学的伦理文化传统中人性恶的原罪观念后，具有了"世俗化的社会"这一特定的历史条件，才可能在真正意义上兴起。也就是说，在中古时代的神义论向起源于欧洲文艺复兴时期的人义论的历史论证及其根本的世俗化特征转型之后，沉思、静观"永不在场"的古老乌托邦理念的思维模式才能引申出现代意义的乌托邦，发展出动态的实践性维度，被置于历史中，形成一种新的社会学的现实主义。乌托邦的实践性，用认真规划的蓝图来实际改造现实社会，其实就是乌托邦最基本的"现代性"特征，完全注重于现时、可行和实用。通过考察乌托邦观念的历史，库玛指出，虽然乌托邦主题承袭了古希腊柏拉图的《理想国》与基督教传统的影响，但实际上，严格探究，并不存在古典或基督教的乌托邦。他认为，"现代的乌托邦——文艺复兴时代欧洲发明的西方现代乌托邦——乃是惟一的乌托邦"①。现代乌托邦必须借助自由、正义和人性的启蒙理性的解放力量，打破宗教权威的神权政治，奉行"知识就是力量"的理智主义宣言，准确而清晰地表达人类理智改变现实、塑造人性的实践力量，进入能够发展为并衍生出现代乌托邦主义的"现代性"倾向。在乌托邦衍生出"现代性"特征的同时，也揭示"现代性"道德的意识形态性质，警示了其在现代社会运作的内在限度。有学者认为，现代事业发展的负面作用并不是"现代性"所致，而是乌托邦主义发展的必然结果。从这种观点看，正是乌托邦的这种"现代性"特征使乌托邦不再是对现实的远观和静思，而是在人的实践活动中展现出并转化成为维护现实的意识形态的独断性，构成了对人的真正自由、平等理念的内在威胁。"只有对乌托邦的现代性特征展开深刻的揭示与分析才能批判乌托邦主义所激活的对尽善尽美的实在形式追求和绝对独断的真理主张"②。正是这种把现代社会生活中的诸多消极后果归咎于乌托邦的观点，掩盖了乌托邦与"现代性"的意识形态之间的差别，也就否定了乌托邦改造历史的意志和愿望的善良动机。

　　尽管现代乌托邦与"现代性"的意识形态存在内在关联，但后者并不是前

① Krishan Kumar, *Utopia and Anti-Utopia in Modern Times*, Oxford: Basil Blackwell, 1987, p.3.
② 闵乐晓：《走出乌托邦的困境——从现代性的角度对中国传统乌托邦主义的审视》，博士学位论文，武汉大学，2001，第55页。

者发展的必然结果，如魏因伯格对现代乌托邦的源头之一培根思想的细致研究所表明的，培根的观念容纳了更多的矛盾性，他是现代道德价值观的主要创立者，发现了这种道德价值观的局限性和问题，明确了其限度。"我们感觉到那赋予我们力量的手段正在困扰着我们，我们对自然的不虔诚的主宰，使我们既感到骄傲又感到羞耻。"① 也正如利科尔所说，从乌托邦的角度，才有可能摆脱现实秩序与权威的束缚，具备一种根本的自反性结构，获得对意识形态的理解。② 将这一观点应用到对生态伦理思想的主题的理解上，我们就能看到，在乌托邦视角下生态伦理对"现代性"道德的意识形态分析，意味着生态伦理的整合价值有必要超越"现代性"道德，为生态文明建设提供理论支持和道德价值的启蒙。超越"现代性"道德的生态伦理面临的一个重要的问题是，尽管现代乌托邦在"现代性"诞生时就预言了它的局限，但它们在颠覆神义论所形成的人本主义框架下具有同构关系。在西方文化的语境下，无论柏拉图的古典乌托邦还是莫尔、培根的现代乌托邦都是基于理性的思考和判断所建构的理性乌托邦，极尽所能地突出神或人的中心地位，却没有给自然留下足够重要的位置。因而，生态伦理超越"现代性"道德的理论前提就是要使理性乌托邦转向生态乌托邦，为生态伦理的拓展、价值整合和超越开辟更广阔的理论空间。

一　"主客二分"的理性乌托邦

乌托邦思想在西方文化的语境中常常是与理性密切相连的。西方哲学中内涵最为丰富、使用范围最广泛的概念就是理性。理性是哲学的核心概念，但从西方近代主体性建构中才成为不证自明的阿基米德点。但追本溯源，从古希腊哲学思想家那里就强调"理性"的哲学作用及其社会建构的思维模式。

① 〔美〕魏因伯格：《科学、信仰与政治：弗兰西斯·培根与现代世界的乌托邦根源》，张新樟译，三联书店，2008，第1页。
② 〔法〕利科尔：《解释学与人文科学》，陶远华等译，河北人民出版社，1987，第231~257页。

如苏格拉底所说，未经理性审视的生活是不值得过的。但严格来讲，与西方近现代社会相比，古希腊的古典时期的理性内涵更丰富、更本原、更本真，也具有更大的内在统一性。在古希腊的古典型社会中，在突出强调辩证法的赫拉克利特哲学那里，"理性"概念体现在"逻各斯"上，理解为对立与冲突的背后需要遵循的、协调一致的东西，某种程度上的和谐，"理性"即"逻各斯"。赫拉克利特认为，世界处于不断的生成、运动和变化之中，如"一团永恒燃烧的活火"。但在赫拉克利特看来，生成、运动和变化并不是世界本身的真实面目，而应该追求内在于世界之中的"理性"即"逻各斯"。在苏格拉底和柏拉图一脉相承的理性主义哲学那里，高扬理性的权威，理性既是哲学思考的基本方式，更是人生实践和生活的最高准则。苏格拉底坚持理性的指引，经过理性审视和反思的生活拥有自制、节制等美德，能实现终极的最高的幸福。

继承了苏格拉底的理性主义，柏拉图提出了"善的理念"作为世界万物的本源，也是理性原则的最高显现。柏拉图在"理念论"中，论证了知识普遍必然性的客观依据，开创了西方理性主义先河。与柏拉图理性主义哲学有所不同，亚里士多德注重人的感性作用和实践智慧，反对柏拉图的哲学主题离开人的感性世界和实践活动而抽象地谈论"善的理念"，并以此原则来探讨世界。但是，亚里士多德仍然承继着古希腊古典社会的理性主义传统，其以"至善"的思辨幸福为最高目标，在终极实在层次上制约着现实世界。

由上可见，在古希腊古典型社会的伦理文化观念中人附着在宇宙的"存在理性"而使自身的本质属性得到提升和完善，根本就不存在完全脱离自然世界后所主观建构的绝对自我中心的理性。虽然这种人附着在自然宇宙的"存在理性"也与人有关，但作为人的理性的出发点和最终归宿，"存在理性"的主要立足点是总体性存在而非给定性的存在。因此，古希腊人所理解的"理性"并不是一个单一的同质性概念，而是含义更为丰富和多样的概念。它并不是让人去外在地征服和获取什么来填充自身"存在的空虚"，而是首先使人自身所具有的知、情、意保持一种平衡，尤其要控制人的容易膨胀的情欲，使自身的"小宇宙"与"大宇宙"的秩序保持和谐，使人本身的内在"德性"得以显现。

在西方中世纪基督教伦理文化中，从奥古斯丁维护《圣经》正典，经安瑟伦的本体论证明，到阿奎那《神学大全》的基督教哲学传统，都把古典时代的神性因素看作一个创造性的"上帝"的神圣理性，而作为被创造物，人的理性必然是不完满的，是对"上帝"存在理性的分有。这也表明中世纪基督教神学在人的理性逻辑和上帝的"神圣理性"之间建立了一种彼此依存的关系。对于人的"理性逻辑"和上帝的"神圣理性"，阿奎那做了某种区分。他把上帝所拥有的完善的、神圣的理性称为"理性"，而把人的认识能力所具有的理性称为"知性"；人的"知性"是人的认识能力获得具体知识的基本途径，附属于上帝的神圣的"理性"，在神圣"理性"中找到自身存在的意义。从本质上讲，上帝的神圣"理性"规定了人的"知性"的认识能力及其内在限度。简言之，在集全知、全善和全能于一身的上帝面前，人的认识是有限而渺小的。在基督教思想家看来，若没有上帝的启示，人类就不可能对自然和社会进行研究。上帝既是人类知识的来源，也是人类知识的终结。古希腊古典型社会把"理性"概念内在于宇宙的终极实在中，中世纪基督教的"神义论"，虽然使理性开始转移到人类这一被创造物上，但与上帝的"神圣理性"仍然具有内在的关联，建立了一种彼此依存的关系。无论是古希腊由理性构筑的宇宙或神的本体，还是中世纪的由理性和信仰交织所形成的上帝的存在，它们都在某种程度上包含了人与自然的伦理关系，隐含了生态乌托邦的维度，虽然它们的终极目的并不在自然上，而是超越于人的善的理念或上帝。

中世纪晚期之后，从自然、宇宙、神或上帝的存在理性中开始分离出来，产生了只为人自身考虑的"工具理性"，也称"科技理性"，僭越并取代了某些具有实质性的、特定的价值理念的实质理性（Substantive Rationality），也称价值理性。作为一个原初的、多元复杂的概念，进入近现代社会，理性演变为主体性的、单一同质性的概念，凸显人类自我创造的工具理性僭越并替代实质性的价值理性，成为衡量一切道德价值观的终极标准，构筑了现代新的"形而上学"独断论神话，被奉为圭臬。人类将周围的事物，特别是人赖以生存的自然界，从宏大的"宇宙秩序"或"上帝"等终极实在中抽取出来，使其脱离宇宙中的"存在之链"，让它们成为人类做各种生产计划或工程设计的原材料、资源或工具，作为"根源"的自然却渐渐被人类所淡忘和忽视。然而，在传统社会中被视为理性之源，提升并约束人的价值的总体性存在如自然、宇宙、神或上帝等，则被视为人的工具理性得以运作的最大绊脚石和思想障碍而予以摒弃，或被称为传统伦理文化的糟粕，斥之为人的一种非理性的主观情感表达。"因为事实证明，被理性主义者认为是征服世界、走向自由的工具的理性，根本上是只服从必然而排斥自由的。理性注定了必须服从逻辑、服从共同的法则，这样才不失去工具性和明晰性、真实性。究极而言，理性并不对任何事情做判断，它也不能对任何幸福加以承诺，它与自由是格格不入的。"① 相信绝对理性的"理性无限论者"在将具有自身（以区别于动物、植物等自然存在）特点的人类理性推为至尊即"最高的存在"或"自我中心"之后，就开始在冥想的理想王国里建构出一个抽象的永恒的理想世界（也就是维护现实利益的意识形态），而不是面对现实的具体的乌托邦。

理性的光辉照亮了现代人类文明的前程，可是，正是理性脱离宇宙、神乃至上帝存在这些理性的本源后，理性的张扬托起了现代社会的乌托邦，诞生了"现代性"，也因为缺失终极实在的根基，人类"以自我意识为基础而形成的理性将是极其脆弱的"②。正因为自我意识的确定性，达到了理性，是真理的唯一基础，并以此把人挺立为世界价值的唯一的主体，非人的自然界中的

① 王岳川：《后现代主义文化研究》，北京大学出版社，1992，第151页。
② 参见孔明安《脆弱的理性——从黑格尔的自我意识到精神分析的自我反思》，《云南大学学报》（社会科学版）2010年第5期，第23~29页。黑格尔对自我概念的阐发逻辑，揭示出意识作为精神现象的展开，也就是自我意识逐渐摆脱主客体的直接对立，进入以意识自身为对象的内在完善过程和形成主体间性的过程，达到了自我意识完善的状态，进入了理性的境界。虽然以自我意识为基础的理性在黑格尔那里占有绝对崇高的地位，但自我意识的结构及其理论缺陷也预示了以自我意识为代表的理性哲学具有的脆弱性特征，它具体表现为自我意识的自欺结构，以及自我意识的形成与自然或环境之间错综复杂的关系。也正是现代社会经济主义的不断膨胀，特别是科技主义的过度张扬，过分夸大了人的自我意识的理性能力，而对自我意识形成的复杂性却考虑不够，致使现代人的自我中心主义倾向可能成为现代社会的价值标准和评价体系。

一切皆不具有主体性而纯粹沦为客体。人只与自身打交道，而无须关注自然的他者，即使考虑自然，也是将其作为人的自我中心的一个环节。可见，理性回溯到人，成为人自身特有的一个功能，通过自我意识的产生和确认，进入以意识自身为对象的内在完善过程和形成主体间性的过程，构筑以人与人的伦理关系为核心的社会乌托邦，却无法寻求到对自然他者内在考量的精神动力。在现代乌托邦的设计初始，莫尔和培根都考虑了人与自然的关系，甚至描绘了人与自然的和谐图景，但与理性设计的社会图景相比，它似乎仅仅是一种点缀，而成为不了理论思想的主题。

其实，虽然西方文化中理性演变成多种样式，但它们几乎都肇始于古希腊柏拉图实开"主客二分"理性思维方式之先河，直到西方近代哲学真正开创人笛卡尔明确地把主体与客体对立起来，以"主客二分"式为哲学主导原则。乃至于学者称"全部西方哲学史不过是为柏拉图的思想做注脚"（怀特海语）。对柏拉图的乌托邦尖锐批评的波普尔也不得不承认，"柏拉图著作的影响（无论好坏）是不可估量的。可以说，西方思想不是柏拉图哲学的，就是反柏拉图哲学的，但很少是非柏拉图的"[①]。因而，西方的理性主义传统所塑造的乌托邦都与柏拉图的理想国存在或远或近的密切关联。尽管西方文化在"主客二分"理性思维方式产生之时就一直存在寻求"天人合一"的致思理路，但都把对立两极还原于超自然的精神实体，如善的理念、上帝、绝对精神、自我意识等等。以"主客二分"的理性思维方式主导的乌托邦，更重视社会伦理，忽视、漠视甚至于否定自然伦理存在的价值合理性。诚然，柏拉图开创的主客二分的理性主义特征促进了人对自然的认识、知识的获得、自然科学的兴起等等，对全球人类社会生活的普遍改善和提高起到了巨大作用，但也使人与自然发生严重的对立，导致人成为自然的主人，造成人与自然关系的严重恶化。

与西方文化中"主客二分"理性思维方式不同的是，中国文化更重视

---

① 〔英〕卡尔·波普尔：《通过知识获得解放》，范景中、李本正译，中国美术学院出版社，1998，第144页。

情感思维，以达到天人合一的境界，进而实现人的"自我和谐"。现代社会生活的伦理观念常常强调人与人的道德规范，使人与人之间保持和谐，却忽视了人自身的"自我和谐"，道德规范外在约束背后却隐藏着人自身深层的"自我分裂和自我矛盾"。把人从传统文化的规约与宗法神权政治中解放出来，"现代性"道德体系通过把理性运用到社会生活及文化诸领域，获得了空前的进步，也付出了高昂的代价，不仅破坏了人赖以生存的自然环境，也导致自身生活意义的失落和价值的迷失。自然环境遭到人自身的破坏，每个人都能切身地感受到，并因此得到现代社会一定程度的重视，但心灵的浮躁和意义的迷失，却常常被人们轻视。其实，后者与前者之间存在必然的联系，正是人们精神生态的失衡，心灵的焦躁与不安，才会使人更加渴望"以物的依赖性"来排解自身心灵的困境，更加贪婪，导致生存方式的异化，这从外在方面看，直接或间接地显现为日趋严重的自然生态危机，从内在方面看，人的心灵困境不但没有得到根本解决，反而强化了心灵的困顿、无奈与绝望。弗洛姆指出，无根的现代人"并不是一个创造者。他不是处在生活进程中，而只是由外界的、异己的环境所决定，而被动性地活动"①。表面上所谓的"自由"未必就是道德上的自由、自主。弗洛姆指出现代人的自由的两面性，一方面，人从宗教的神权政治中解放出来，成为自由自主的个体，另一方面，人却成了外在的经济利益的工具，沉溺追逐经济利益的最大化的"虚假幸福"中。事实上，人的自然需要是极其有限的，而人被现代社会的"资本的逻辑"所激发的欲望却是无穷无尽的，永远也不可能通过金钱、财富和权力得到真正意义上的满足。因为对无限的渴望只是人的一种精神生活的想象和文化的自觉，只能通过现实的手段获得一定程度的表征，但无法被"现实的逻辑"所穷尽，否则，就会导致精神世界的虚无。精神世界的虚无最终导致影响深远的道德、精神、心灵、情感等诸多危机。吉登斯的分析和描述更为清晰，"在晚期现代性的背景下，个人的无意义感，即那种觉

---

① 〔美〕弗洛姆：《人的希望》，都本伟、赵桂琴译，辽宁大学出版社，1994，第38页。

得生活没有提供任何有价值的东西的感受，成为根本性的心理问题"①。按吉登斯的理论分析，现代社会中任何个人的行为越来越相信现代社会的专家指导系统，离开了这个专家指导系统，个人将迷失在社会当中，一事无成。"生存的孤立"并不只是一般意义上的个体与他人的分离，还是与实践一种圆满惬意的"实在经验"或存在经验应有的道德源泉的分离，也就是与原初的生活世界的分离。

另外，颠覆传统伦理所确立的"现代性"道德体系，虽然推动着科学技术的发展、现代工业文明的发展及由其引起的社会分工带来的个人自由、平等性的提高，但也使原本具有丰富经验的个人因脱离他者伦理的关怀，单向度地追求自己的私利，压抑了具有自我超越性的生命及其整体性，使人的发展面临着新的片面性。杜尔凯姆注意到，由于社会共享价值的失稳，那些受新的劳动分工影响的人群，过于强调自我的价值，缺失归属感，找不到生活的目标和意义。韦伯担心，官僚制的牢笼将人的社会生活层层包围，使合理化最终摧毁人的精神。西美尔深切地感觉到，社会中人与人之间的社会关系冷漠，将产生新的社会隔离和分离。"20世纪末期，一旦现实验证了这些社会科学家的预感，现代性就被看作一种乱象。实际上，在许多观察家看来，情况比他们的前辈所担忧的要更加糟糕。或许，现代性一直在为自己的覆灭创造条件。"② 由此，现代分化带来具有决定意义的自我参照系统，其中，对个人来说，他必须不断地应对不同的参照系统。"现代性"带来一个"多元化的生活世界"，与在传统社会中体验到的日常生活的无所不包的世界有天壤之别，乱象丛生、动荡不安，伴随着"心灵的流浪"。

这些描述和分析提出了现代人的自我和谐问题。一些理论家对此问题试图做出自己的诊断，充分意识到现代社会生活中的人"自我分裂和自我矛

---

① 〔英〕安东尼·吉登斯：《现代性与自我认同：现代晚期的自我与社会》，赵旭东、方文译，三联书店，1998，第9页。

② 〔加〕大卫·莱昂：《后现代性》，郭为桂译，吉林人民出版社，2004，第49页。

盾"的严重性，导致人的发展的不全面以及人的内心不自由状态，因而凸显出人的"自我和谐"具有极其重要的现实意义。"现代性"道德境遇下的社会生活是一个不断被科学技术理性化重新安排、预制和组合的被动过程（表面上似乎是自主的），它创造的伟大成就及其背后显现出的矛盾、冲突等棘手问题在很大程度上都来自价值理性的式微、工具性的膨胀，致使物质、金钱、财富和权力成为人们竞相追逐的直接目的，成了套在人们身上和心灵中的牢不可破的"牢笼"。人们的一切行动都为利益和功效所驱动，致使人的情感和精神价值被忽视了，成为"没有灵魂的专家，没有情感的享乐者"①。这种冲突反映了以"现代性"道德为圭臬的社会生活中似乎无法消解的社会对立关系。继承韦伯的社会学研究，哈贝马斯进一步分析了"现代性"的特征，认为"现代性"危机是由启蒙运动引发的，逐渐出现了理性与生活世界的分裂，即"系统对生活世界的强制"，重视商品、金钱和权力关系在社会生活中的作用，并使之成为人们之间相互交往的基本媒介，由此导致自由的丧失。福柯试图不断尝试逃离"现代性"的牢笼，认为人们将人自身当成"他者"，离自身越来越远，对自己进行驱逐，造成人的"自我的分裂"。在现代社会人的"自我的分裂"中，人无法直接地认识和依靠自我超越的生命，无法直面内心的真实感受和体验，只能依靠外部的铁的现实，做一个非本真的自我。

二　"天人合一"的情感乌托邦

西方现代的许多哲学家都充分地揭示出西方理性的启蒙到理性主义的自负导致现代人的"自我分裂和自我矛盾"，但要想改变现代人的精神状况，完全依靠西方哲学自古至今的理性传统未必能够起到非常好的效果。面对世界

---

① 〔德〕马克斯·韦伯：《新教伦理与资本主义精神》，于晓、陈维纲译，三联书店，1987，第43页。

各民族或国家多元化传统的"文化生态"①这一事实，"现代性"及其道德价值观也有其自身的内在限度，需要尊重其他文化传统所追求的乌托邦，甚至这种乌托邦可能会治疗自身理性传统的文化痼疾。诚然，"现代性"是较为先进和普泛的道德资源，但也是一种有待批判和反省的特殊的甚至是西方地域性的道德文化。"所谓'现代性'道德首先应被看做是西方话语解释中的一种权力象征和权威结构。"②因此，其传播的合法性如何，还必须考量它所凭借的西方现代化扩张行为的道德合法性。更为重要的是，以西方文化"主客二分"理性主义思维方式所塑造的"现代性"既给各民族和文化带来福音，也使深陷其中的每一个现代人切身感受到"自我分裂和自我矛盾"，而这些"现代性焦虑"是否也完全来自西方的理性传统，这是值得深思的问题。俗话说的"自己的刀儿削不了自己的把"，用在这里是再恰当不过的。一种文化传统，不论多么有道德合理性，它的乌托邦设计得多么美好，产生多么难以想象的社会效果，都会有它自身看不到的盲点，需要超出自我的视界，从"他者的眼光"注视和发现。

与西方文化有相同之处，中国文化也有理性精神，如中国古代儒家的"礼"。事实上，儒家的"礼"是理性的，是与理性意义相近的概念。中国儒家文化中早已用"理"的思考来解释对人的言行制约和限定的"礼"。《礼记·仲尼燕居》中说，"礼也者，理也；乐也者，节也。君子无理不动，无节不作"。人循礼而动，其实就是让人依照社会规范而动。又如《礼记·乐记》中说，"礼也者，理之不可易者也"。这表明"礼"所要表达的内容，是一种具有普遍性的道德性原则。实质上，这里所说的"理"就是人所具有的理性，即条理、节制，调整人与人之间关系的社会伦理。由此能够看出，中国儒家突出强调"不学礼，无以立"的理性精神，以礼待人，以理服人。"礼是人们

---

① 文化生态学是用人类生存的整个自然环境和社会环境的各种因素交互作用的生态理论，研究文化产生、发展规律的一门社会学分支学科。文化生态学主张从人、自然、社会、文化的各种变量的交互作用中研究文化产生、发展的规律，用以寻求不同民族文化发展的特殊形貌和模式。

② 万俊人：《寻求普世伦理》，北京大学出版社，2009，第149页。

在社会交往活动中应遵循的行为规范和准则"①。可见，中国儒家的"礼"约束人的随心所欲的情感，使人进入由理智和意志支配的社会约束的理性状态。与儒家关注的"社会理性"角度不同，道家强调个体理性。"祸兮福之所倚，福兮祸之所伏。孰知其极？其无正也。正复为奇，善复为妖。人之迷也其日固久。"（《道德经》第五十八章）善与恶是人主观的价值判断，是互相对应产生的。人之所以迷惑于福祸、奇正、善恶的转变，也是同一个道理。人的一切"有为"皆有导致恶的可能，因而，表面上的恶不一定需要抨击，看起来的善也并不一定需要提倡。相对于老子的化解善恶来说，庄子的处世方法更倾向于走中间路线。《庄子·养生主》中说，"为善无近名，为恶无近刑。缘督以为经，可以保身，可以全生，可以养亲，可以尽年。"世俗的善恶往往从名利与危害的角度进行划分。实际上，这种划分是徒劳的，并不能达到保身、全生，乃至养亲、尽年的目的，反而使人身心俱疲。庄子倾向于取消世俗善恶的分别，选择一种中间路线即"中道"来为人处世。中道，即"度"的拿捏，不过度发展，也不过分强求，是道家理性的重要表现。

其实，只要人存在于世，都需要某种程度的理性，甚至可以说，理性是人存在的必要条件。梁漱溟认为，诚然，理性始于思想与说话，但反之亦然，人之所以能思想说话，亦正源于人有理性。他指出："以我所见，理性实为人类的特征，同时亦是中国文化特征之所寄。"②梁漱溟对理性的判断似乎与西方的普遍说法是一致的，然而他所谓之"理性"与西方伦理文化中摒除情感意味的理性，并不能等同视之。"总起来两种不同的理，分别出自两种不同的认识：必须摒除感情而后其认识乃锐入者，是之谓理智；其不欺好恶而判别自然明切者，是之谓理性。"③理性与理智都属于心思的认知作用，但是理性之"知"不是停留在主客二分的物理认识，而是打破"有对"的界线而进入"无对"并融入主体情感的生命意识，即一种"情意之知"。可见，同样是理性，

---

① 顾希佳:《礼仪与中国文化》，人民出版社，2001，第15页。
② 梁漱溟:《中国文化要义》，上海人民出版社，2005，第109页。
③ 梁漱溟:《中国文化要义》，上海人民出版社，2005，第114页。

西方文化中强调去掉情感后的理智，必然有个对象化的过程，去认识对象以使之满足我的需求，造成主客的二元对立，而中国文化能在理智中注入情感，人的情感越丰富，就越能将"有对"的世界融化为"无对"的整体，达到天人合一的心境。

当然，需要通过理性对情感的调节，以取得社会存在和个体身心的均衡稳定，但在工具理性僭越价值理性的极度理性化的现代社会生活中，自然流露的情感似乎成为一种稀缺资源，使现代人"自我分裂和自我矛盾"，这已成为突出的问题。罗洛·梅认为，令人惊奇的是，现代人对于自己的感觉都只有一个一般性的认识，和自己的感觉关系遥远，仿佛是用长途电话在进行联系。"他们不是直接感受，只是对其感觉提供模糊的想法；他们不受自己情感的影响，他们的感情对他们全无刺激。就像艾略特所说的'空洞的人'，他们对自己的体验是：无貌之形，无色之体，瘫痪之力，静止之态。"[1] 罗洛·梅进而指出，那些失去了他们的自我感的人，自然而然地也就失去了他们与自然的关联感；他们不仅失去了与自然如森林、山峦、河流和大地的有机联系的体验，而且也失去了与人有近缘关系的自然即动物发生交感同情的能力。"我们与自然的关系不仅因为我们的空虚而遭到破坏，而且也因为我们的焦虑而遭到破坏。……使得我们从自然逃避退缩。"[2] 失去与自然情感的联结，现代人追求着经验的、机械的、可测量的"现代性"成就，无限制地向外探寻和扩张，追逐着"一个幻觉的未来"（弗洛伊德语）。

与西方文化的理性主义传统不同，在"现代性"极度发展的社会境遇下中国文化的理性精神中渗透的情感因素有利于打破现代社会生活中人与自然、人与社会的"主客二分"理性思维定式，以天人合一的"乌托邦"情感思维范式来考察人与世界、人与人的关系，实现人的"自我和谐"，给人们创造一个宽容、和谐的人际环境，善待他人，使社会和谐。情感与理性的关系，是

---

① 〔美〕罗洛·梅:《人寻找自己》，冯川、陈刚译，贵州人民出版社，1991，第80页。
② 〔美〕罗洛·梅:《人寻找自己》，冯川、陈刚译，贵州人民出版社，1991，第50页。

中西伦理文化争论的重要主题。西方伦理文化一直具有突出理性、压制情感的内在倾向，造成理性与情感的对立、冲突和矛盾，形成了逻辑严密的思辨体系。为改造人类或人类社会，早在古希腊就兴起的西方理性主义就用理性克制或铲除情感的方式开出一个共同的方剂。而在以天人合一的哲学思想体系构筑的中国传统文化的主体中，理性与情感的融通则构成中国哲学特有的智慧，超越物我的界限实现圆融无碍的境界。在中国伦理文化看来，人的精神存在是"知""情""意"的统一，形成人与自然、人与自身的整体的存在。但是在"知""情""意"之中，中国传统伦理文化最关注的是"情"而不是"知"或"意"。在中国伦理文化中，情感因素占有极其重要的地位，或者说具有强烈的情感色彩。相对于贯穿知识与价值、情感与理性的分离与对立所形成的"理智型"的西方伦理文化，中国伦理文化侧重于情感哲学，追求情感与理性的和谐统一。

但这种侧重于情感哲学的中国传统伦理文化并不是不讲"知"，而是没有把"知"和"情"截然分开，二者浑然一体，因而也就没有形成"主客二分"的截然对立思维方式以及超验的理性思辨。换句话说，中国人的生活及其道德价值观念习惯于把人的情感哲学的需要、评价、内容等置于中国传统伦理文化中特别突出的重要位置，并以此为基础探究对人生哲学、社会理想及精神生活的追求。这体现了中国伦理文化的最重要的特殊性。尽管以理性主义为特征的西方"现代性"伦理文化普遍化为各个国家竞相追逐的道德价值观，在科学技术、物质文明方面获得了极大的发展，但亦加剧了人与自然、人与人之间的疏离，造成"现代性的后果"。诸如自然病态和生态危机，社会病态和社会危机，心理病态和精神危机，人际病态和道德危机等等。目前，中国社会正处于从传统伦理文化向"现代性"道德的现代文化转型的过程中，需要学习现代西方文化的理性精神，如个体的自由自主、社会的公平正义、国家的民主与法制等等。但全球化中的"现代性"道德似乎完全受制于西方文化"单一的现代性"伦理话语体系，在彰显西方伦理的理性主义精神的同时，也遮蔽了全球化背景下伦理文化的多元性及民族或文化认同问题。因此，全球化时代，理想的社会建构绝不是依附于西方文化的"单一的现代性"，而是尊重各种文化认同的"多元的现代性"。彼得·泰勒认为一旦脱离具体背景，就无法理解"现代性"的真实含义，因为真实的现代性并不是超越具体的历史时空所形成的超验存在。

　　因此，对于中国"现代性"伦理文化的建构，就不能不尊重中国伦理文化的"情感理性"的特质，因为中国伦理文化的心理结构，最核心的部分就是"情理结构"，亦即理智与情感交融。"在当今开放和文化多元的时代，我们理应积极吸收西方的科学理性精神，提高人的科学素质。但是，绝不能因为中国缺少科学理性传统而否定情感理性的价值。"①的确，中国伦理文化中的情感因素，就其整体特征而言，制约了科学理性的发展，但这是对于从传统伦理文化向"现代性"转型过程而言的。目前，在面临"现代性的后果""现代性的焦虑""现代性之隐忧"的历史境遇下，中国伦理文化中的"情感理性"恰恰能够成为"世界病态治疗化解之道"。"由于传统情感方式是建立在寻求天、地、人和谐的基础之上，因而却也避免了那种满足于肉体放荡不羁的疯狂与粗暴，而极力寻求一种精神上的慰安，这种慰安又不是指向神密苍穹的狂迷，而是降落在尘世的融融宗亲关系之上，落实在人与自然、人与群体和谐共处的理性精神之上。在中国历史发展中，在一定程度上有效地避免了西方社会那种强烈冲突所造成的情感异化。"②我们应当承认，对于中国伦理文化而言，情感问题是人们精神生活中的重要问题。对于一个没有情感的人而言，一切都可能是灰色的，生活失去了色彩，也就是没有了意义。因为无论是社会生活，还是个体人生，在很大程度上都会受内在的自然情感需要及其道德态度的影响，这种影响甚至是决定性的；没有情感需要及其道德态度所产生的态度和评价，只是由理性判断来决定，这是难以想象的。现代人普遍存在的孤独、空虚和无聊，与"人和人的关系"以及人对自然的态度缺少

---

① 蒙培元：《中国哲学中的情感理性》，《哲学动态》2008年第3期，第24页。

② 陈创生：《中西情感方式比较——兼论制约当代中国情感方式的社会条件》，《现代哲学》1988年第3期，第53页。

情感的润泽，存在密切的内在联系。人类任何个体生活的情感空间对于人的生命具有独立存在的意义和精神动力，并不能完全借助任何抽象物或理性思辨的能力起到的直接作用来获得心灵的满足。持久而沉潜的情感对人的心灵的满足具有特别重要的意义，强化了个体人生和社会发展中人的主体性和自主性，滋润人的心灵，培养了人的独立人格和道德的完善，使人的情感生活充满张力。人的情感是对生活意义的感受与体验。关于人的意义和价值的哲学，特别是情感对于生命的深层意蕴，是不能不重视的人生主题。中国传统伦理文化从一开始就很重视情感，建立了自己独特的形而上学。区别于其他文化，特别是西方文化，这是中国传统伦理文化自身所具有的最大的思想特色。从某种意义上说，情感是中国人学形而上学的重要基础。中国伦理文化所强调的情感，其含义极为广泛复杂，是儒释道文化传统所共有的"情感理性"，不仅有情感感受、经验层次的体验，而且还有特别重要的超越的体验。

　　一般而论，道家哲学是玄理之学，属于理智型，不是情感型。但是，通过对道德哲学思想的考察，我们能够发现，在何为人的生命本性这一问题上，与儒家着重以善恶论之的观照角度不同，道家着重以真伪论之。其中，对于情感问题，道家哲学绝不是一般地反对情感，而只是反对儒家的道德情感。老子主张"孝慈"，提倡纯粹自然的真实情感，反对虚假的"仁义"。庄子用"吊诡"式的语言，显出他对"世俗之情"的反思和批判的精神，提倡超现实伦理的"自然"之情，也就是，"无情之情"。因此，可以这样说，庄子是反对伪情、私情、偏情，追求真情、至情、以理化情。

　　儒家伦理以道德情感作为道德规范体系的基础，强调伦理原则内在于情感活动之中。孔子以"孝"与"仁"为内容的伦理思想，就是儒家所提倡的"真情实感"。继承孔子的伦理思想，孟子则进而提出恻隐之心（仁之端）、羞恶之心（义之端）、辞让之心（礼之端）、是非之心（智之端）的"四端"说或四种德行，并把这些道德情感作为人性的根源，推动道德行为的产生，并以此作为儒家伦理思想的重要理论基础。无论在两汉经验论以礼节情的道德情感形成的盛行时期，还是魏晋玄学"达自然之性，畅万物之情"的高涨时期，都认为"人皆有不忍人之心"，从道德情感出发解释人与人之间相互亲爱的"仁"。宋明儒学虽然通过"心外无物"或"格物穷理"方式修身为圣之学，达致平天下之目的，建构了儒家道德形而上学，但不只是依靠理性，还以情感理性说明人的存在方式，即一种道德情感的自我超越的"性情论"。无论程朱派的"心性理欲论"，"以情而知性之有"，还是陆王派的"明心见性"，"由情而见性之存"，情感都是形上之性的呈现，心性本体通过情而体现人的存在方式。离了情感，所谓本体心性就蜕化为抽象的概念，缺乏充实的丰富内容，成为程朱和陆王学派的宋明理学所极其反对的形式化的"有体无用"之学。

从一般人的观念、印象和理解中，佛教否定情欲，主张人们割爱辞亲，离俗舍世，提倡绝对超越，其实，这是一种误解。佛教并不排斥感情，却主张以慈悲来升华感情，以般若来化导感情。佛教从佛陀到历代佛教思想家，都是本着"无缘大慈，同体大悲"的精神，把对亲人的小爱升华为对众生的大慈悲。中国化的佛教禅宗，承认人在现实社会中的情感活动，并不否定人生活中常见的七情六欲。禅师们重情感体验，在"扬眉瞬目"中充满了禅的妙趣，在情态百出之间直指人心，体验佛的境界。

中国伦理文化以情感说明人的存在方式，绝不是情绪反映之类的感性情感的某种快乐或享受，仅局限于经验心理学层面的感性情感，而是理性化甚至超理性的情操、精神境界，提倡美学的、伦理的、宗教的高级情感。杜维明指出，这里确有"高层心理"与"深层心理"的关系问题。中国伦理文化以情感说明人的存在方式，是自我实现的最高体验，即"高层心理"。无论是道家提倡心灵本真的存在状态，也就是"无情而有情"的生命本体的美学境界，还是儒家强调"以其情顺万事而无情"，达到自我生命内在超越的道德境界，尽管达成的路径不同，但终极目的是相同的，都主张不离情感而超情感的情操或高级情感。

当然，人的精神境界还有本体论、认识论问题，而不只有情感问题。但对于中国伦理文化传统而言，人的精神境界中的本体论和认识论问题都与情感存在密切的关联。中国文化伦理所主张和提倡的境界，正是天人合一的本体境界，是与本原的生命情感有内在联系、紧密联结的本体存在，以及伴随着情感体验、心理直觉的存在认知。中国古代诗歌如陆机的《悲哉行》、刘禹锡的《秋词》等所包含的物感论、情景交融论等与"天人合一"伦理文化息息相应。"天"或"道"作为包括人在内的终极实在，被解释为中国传统伦理文化的形上根据或社会生活的人性的根本来源，生生而又有条理，运动变化不已的过程，即气化流行，生生不穷之道，但其根本意义在于，只有与人的情感存在密切的关联，当体现在人的生命情感和生存体验中，才可以说"人之道"相应于"天之道"的融合。也就是说，"天"或"道"的境界是要通过人的情感得以彰显的。对于中国文化精神而言，从情感意义上说，作为生命之源，天道具有强烈的人的情感色彩，是人的自我超越之情。

由上可见，与西方文化将情感因素排除在外的"主客二分"的理性乌托邦不同，中国文化反对由对立两极的紧张关系所形成的理性思辨及其逻辑严密的形上体系，而是在理性的建构中渗透着浓厚的情感因素，具有某种超越"主客二分"的"天人合一"特质的"情感乌托邦"意义。蒙培元认为，在西方文化走的一条不断自我分化的道路上，理性由抽象或思辨的"神圣理性"转变为排除价值因素影响的"认知理性"，进而演变成科学技术研究中的"工具理性"，即单纯的认识能力。在这种作为工具价值的量化估测计算的理性化观念中，情感与理性的二分，已经成为西方文化发展的重要传统，随着科学技术的发展和人类理性的无限放大而得到了极度强化。事实上，严格意义上讲，以"爱智慧"为根本特征的哲学不应该将情感排除在外，而只有将情感渗透于哲学的理性思考中才能成为"爱智慧"。"中国传统哲学既是体验之学，它的智慧也就是与体验相联系的人生智慧，情感问题始终是它所关注的重要课题。无论美学体验、道德体验，还是宗教体验，都离不开人的性情。"① 探讨人的智慧和精神生活，中国传统哲学最重要的特殊性就是强烈的情感色彩，

① 蒙培元：《论中国传统的情感哲学》，《哲学研究》1994 年第 1 期，第 49 页。

建立了自己的形而上学，并把它作为自己的重要课题。蒙培元将人视为情感的存在，把情感放在人的存在及其意义的中心地位，进而提出"人是情感的动物"这一命题，试图回到中国文化的"情感与理性统一"的轨道上，并将情感视为传统文化的核心问题。

这里需要着重强调的一点是，蒙培元从情感因素去理解中国文化，并不是去掉或遮蔽理性，而是在全球"现代性"的理性化社会中凸显出中国文化的情感特质。如果说情感也需要理性，那么，毋宁说，中国文化的情感既不是个人的私情或特殊化情感，也不是超越经验或理性所形成的神秘主义，而是情感理性，即融入人的情感，特别是道德情感的一种价值理性。而且这种情感理性不仅指人与人的关系，也内在地包括了人与自然的关系。"更重要的是，中国的情感理性不仅在人与人之间建立起普遍的伦理关系，而且在人与自然之间建立起伦理关系，自然界成为人类伦理的重要对象，人类对自然界有伦理义务和责任，而这种义务和责任，是出于人的内在的情感需要，成为人生的根本目的。"① 在现代伦理文化中，中国伦理文化传统中的情感理性对于当代反思环境问题和生态危机所建构的生态伦理和生态文明建设具有关键性的思想启迪作用。与蒙培元的中国文化的情感理解相近，李泽厚围绕中国文化的"情本体"而展开，提出了"情—礼—理—情"的基本架构，并以此构筑了"以儒为主，儒道互补"的情感乌托邦。"李泽厚的美学则建立了一个'情感乌托邦'。这是他继承、发扬中国传统文化的重要成果。对李泽厚先生的这种努力，应该给以肯定"② 尽管李泽厚指出的中国文化的"情感乌托邦"受到许多学者的批评，对于这个理论的偏颇，也应该进行学理上的批判，但在面对目前以绝对理性化的思维看待人与自然、人与人的世界带来的现代人意想不到的"现代性的后果""现代性焦虑""现代性之隐忧"等等，未尝不是对诸多现实问题的一种根本性的反思和解决路径。

---

① 蒙培元：《人与自然：中国哲学生态观》，人民出版社，2004，第13页。
② 杨春时：《"情感乌托邦"批判》，《烟台大学学报》（哲学社会科学版）2009年第2期，第50页。

　　毋庸置疑，中国文化既有理性精神的探索，也有情感的体验和润泽，但与西方文化中的理性主义传统相比，中国文化更见长于情感，尤其在理性（工具理性）的自负和疯狂造成一种难以选择或拒绝的"风险社会"①中起到缓解、制约、抑制甚至于预防风险的根本效果。极度理性化的现代社会把人们的精力集中于自我利益的最大化，却压抑了人类的自然情感及人与人之间的社会归属感，使现代人只有向外贪婪地渴求更多，才能掩盖由情感缺失所导致的普遍的无可名状的深层焦虑。荷妮说，寻求主宰，赢得声望，获得财富，本身并不是病态的倾向，只有理性化倾向的现代文化才能产生焦虑等"时代的病态人格"，使现代人变得越来越贪婪，永不知足。"贪婪的问题比较复杂，而且一直有待解决。正如强迫行为一样，贪婪也是由焦虑所引发的。焦虑是贪婪的前提这一事实是不言而喻的。"②中国文化及其社会生活中素有重视情感的传统，重新发现传统中国的情感文化，不仅在与从古希腊开始的西方文化伦理，特别是近现代主客二分的理性主义比较中，确认和凸显出以"天人合一"为思想基础、情感理性为特征的中国文化伦理的独特智慧，也可以借此探寻当代中国社会伦理中情感文化蕴含的丰富的思想资源及其创造性发挥。

　　通过对现代社会问题的深入思考，我们能够发现，以"情本体"来建构的"情感乌托邦"把现代人的注意力从理性的工具化转向对个体、生命、感性、情感、心理等乐感文化③的关注，体现中国文化伦理传统所具有一种"实用理性"的倾向，尊重人的感性生存，回归现实生活。所谓"情本体"，是以"情感"作为人生的最终实在和根本。"情本体"使人的感性生存具有一种强烈

---

① "风险社会"是贝克、沃特·阿赫特贝格、吉登斯等思想家对目前人类所处的理性化时代特征的形象描绘，对这个问题的理论探讨有助于我们清醒地认识到当前所处的历史阶段、可能面临的挑战及应做出的合理的反应。

② 〔美〕卡伦·荷妮:《我们时代的病态人格》，陈收译，国际文化出版公司，2007，第84页。

③ 英国哲学家罗素谈及中华民族的文化精神，认为"中国人似乎是富于理性的快乐主义者"。罗素的这一说法被后人概括为中国人具有"乐感文化"，表现出对现实人生的肯定、执着及不能忽视的积极意义。"乐感文化"突出体现在现实的世俗生活中取得精神的平视创新，知足常乐，为生命的生存、生活而积极活动，并在这种活动中反对放纵欲望，保持人与自然的和谐、人际的和谐。

的生命关怀意识，给人一种肯定自我生命价值的存在感。可见，"情本体"是人类个体寻求生存发展、生活实践的鲜活根基，为现代社会中的生命个体提供了灵魂救赎和思想慰藉的路径。李泽厚在《实用理性与乐感文化》下篇第一句便做出一个论断："情本体是乐感文化的核心。"[1] 乐感文化下的"情本体"并不仅仅归于审美意义、艺术意义，还包含着中国传统文化中的道德的意识，它涉及"人和自然共在"的和谐相处和本体安顿。中国传统伦理中的乐感文化以"情本体"为核心，强调对个体的人的情感，沟通乐感文化思想中由天道到人道的联系，最终归于"天人合一"，即"人与宇宙和谐共在"的最终目的。

三　乌托邦的普遍性及其生态转向

如果说，西方文化中"主客二分"的理性乌托邦传统产生并发展了"现代性"，能够使现代人获得了启蒙理性所蕴含的自由、平等、公正和法治等价值观，也造成现代人的疏离感[2]，那么，中国传统追求"天人合一"境界的情感乌托邦创造了"乐感文化"——在品味人与自然、社会的同一性中体验和享受"物我两忘"的快乐，但某种特殊时代和情境的挤压会使情感乌托邦越出必要的界限，演成"存天理、灭人欲"的悲剧。任何乌托邦设计都会受到不同文化自身的现实所带来的不同程度的消极影响，因而乌托邦也有理想的界限。闵乐晓说："我要强调指出的只是理想的界限，这也是乌托邦精神的界限。不强调这种界限，乌托邦主义或理想主义的先知就可能导致特洛尔奇和韦伯警告的那种激进的'宗教的狂热'，人间天堂的迷信就可能构成对日常生活准则的颠覆。只是作为乌托邦思想根源的人文精神和批判精神不能因此而削弱。"[3] 从这一点来思考中西乌托邦思想，我们能够看到，正如西方文化的理

---

① 李泽厚:《实用理性与乐感文化》，三联书店，2008，第 54 页。
② 陈鼓应:《失落的自我》，中华书局（香港）有限公司，1993，第 131~136 页。
③ 闵乐晓:《走出乌托邦的困境——从现代性的角度对中国传统乌托邦主义的审视》，博士学位论文，武汉大学，2001，第 58 页。

性乌托邦重视哲学沉思却缺少感性、情感、经验等具体形象一样，中国伦理文化的情感乌托邦的思想传统把人生价值的追求或社会理想的实现体现在现实的具体的感性生活世界中，更加注重人的家庭生活的天伦之乐，错综复杂的人际关系的相处之道，以及"百姓日用即道"的日常生活等，在思想与现实的同构中去表达乌托邦思想对现实世界深刻的关怀意识，却缺少自觉地理性构想一种乌托邦的社会理想。

由此，我们可以初步断言，中国传统伦理文化中的乌托邦想象往往具有现实性与神秘性的静态统一的封闭性，缺乏世俗生活与超验社会理想之间的动态的张力关系及理论的自我反思。中国历史上的诸多乌托邦实践如"一大二公"等，因缺乏理性的自觉思考和自我反省而极易引发令人意想不到的悲剧。美国汉学家墨子刻（Thomas A.Metzger）指出："主张通过善恶对立的摩尼教式的道德斗争（Manichean struggle morally）来改造中国的势头现在已经有所减弱，然而导致这场斗争的文化前提却仍然还很活跃。因此，对于那些想通过批判性地评估自身的文化遗产而寻求'自觉'（self awareness）的中国知识分子来说，他们恐怕应该追问的是：是否应该改变他们自身文化遗产中关于'自我——他人'的道德关系的模式。不改变它，他们就很难实现一个在政治问题上避免了乌托邦谬误的公共社会。"① 正如西方文化的理性乌托邦有其界限一样，中国文化的情感乌托邦同样会如此。

通过比较中西文化中的乌托邦思想，我们能够发现，一种文化中的乌托邦思想不论具有多么充分的道德合理性的根据，设计得多么完全无缺，都存在自身难以突破的局限性，也就是通常所说的消极性，但是，我们应该如蒂里希那样辩证地去看待乌托邦的不真实性、无效性和软弱性："这就是乌托邦的消极意义，它和乌托邦的积极方面是同样实在的。但是不要因为我把消极性放在积极性后面来讨论，就以为我的最后结论就是乌托邦是消极的。尽管

---

① 参见 Thomas A. Metzger, "Chinese Utopianism on the Defensive?"（墨子刻《中国乌托邦主义处于守势？》），该文刊于《庆祝王元化教授八十岁论文集》，华东师范大学出版社，2001，第 356 页。

有着消极的力量，但乌托邦的积极意义是始终存在的。要求以一种方式超越这种消极性导致了乌托邦的超越性。"① 不能因为乌托邦存在消极性，就否定了乌托邦的积极意义。因为乌托邦的积极意义远比乌托邦的实践及向意识形态的蜕化更为丰富和深刻。正如蒂里希所说："战胜乌托邦的，正是乌托邦的精神。"② 与建立在权力合法性基础上的思想体系的意识形态相比，乌托邦在一种对称性破缺的态势之中始终处于劣势和边缘位置，但对扩展人们的历史视野或者说理解人类历史的总体性的意义和价值，促进人的自我完善，具有不可替代的作用。因而，作为一种人类生活的重要的内在精神力量，人类仍然需要理想作为精神生活的指引，要挽救的正是作为乌托邦思想根源的人文精神、批判精神及警醒现世的怀疑力量。乌托邦的积极意义正在于它展示出世界与人的可能性。如果没有预示向未来展现乌托邦的可能性，人类的自我意识及相应的怀疑精神就可能会窒息。只有处于过去的文化传统与未来的理想社会的建构张力之中，乌托邦观念才会充满内在的动力和生命的活力。

无疑，乌托邦对人类历史的变革和发展具有积极的推动作用。只是乌托邦思想目前依然处于西方现代理性主义的文化界限内，受制于"单一现代性"的现代伦理话语，造成文化相互接触的竞争和对抗状态，即"文化的冲突"。诚然，"现代性"使我们生活在一个相互联系的全球性的文明世界里，但是，在这个所谓"高度文明"的同质化世界中，人与自然的关系是支配与被支配的关系，相应地，人与人的关系是疏离性的"我与它"，而不是具有人文精神的"我与你"（马丁·布伯语）的关系。"无属地化，人类群体在脱离居所和生产的同时，在世界各地散播并重组，陷入一种连续的反复，失去了与地球的接触，也失去人与人之间的接触，成为麻袋里相互挤压却毫无关系的土豆。"③ 表面的全球和谐的光环诱使人们趋之若鹜的背后却掩盖了无根现代人的

---

① 〔美〕保罗·蒂里希:《政治期望》，徐钧尧译，四川人民出版社，1992，第221页。
② 〔美〕保罗·蒂里希:《政治期望》，徐钧尧译，四川人民出版社，1992，第229页。
③ 〔法〕塞尔日·莫斯科维奇《还自然之魅:对生态运动的思考》，庄晨燕、邱寅晨译，三联书店，2005，第13页。

内心强烈的焦虑、彷徨与无助。在这种西方文化主宰的境遇中，"单一的现代性"似乎有能力同化每一个独特的社会或文化共同体，扯断现代与传统之间的天然脐带，也遮蔽了每一个特殊的社会或文化共同体本身所应该具有的反抗当下现实的乌托邦维度，进而使整个世界处于非乌托邦或反乌托邦的同质化状态或单一模式。"单一的现代性"并不是反对所有的乌托邦，而只是反对其他文化的乌托邦如中国文化传统的情感乌托邦，而认同西方文化的理性乌托邦，因为这是自身价值存在的合理性根据和文化前提。

如果仅从消极被动的方面看，西方文化的"单一的现代性"在全球化的进程中凭借着西方式的解释而传播开来，那么，其殖民化的扩张和霸权文化观念和价值也迅速地向非西方社会渗透，瓦解了传统文化的根基，使人们的生活变得世俗化、平面化和碎片化。而从积极主动的方面看，每一种文化传统都有自身积淀的乌托邦渴望，正如"每个人都有自己的个性"一样，因而，丰富的多元的乌托邦传统既能够消解西方意识形态主导的"宏大叙事"的"单一现代性"，又为"现代性"的道德价值观在不同民族或国家的多元文化扫清了思想障碍，铺平了道路。在全球化时代，但凡有理智的人，没有人会完全拒斥"现代性"，因为它与每个生活于其中的现代人密切相关，彰显人的自由和平等的伦理价值，不仅使得中国社会生活更加接近现代化，实现"现代性"的道德转型，融入全球化视野，而且，还激励了我们的物质和文化知识的生产。问题的症结并不只是在于"现代性"及其社会运动的实践扩张的消极后果，还在于作为工具性道德的"现代性"得以产生和运作的文化前提，即西方文化及其理性乌托邦。正如上文指出的，西方文化及其理性乌托邦有自身的局限，决定了由它产生的"现代性"虽然在某种意义上具有普世性特征，但在实践目的和运作结果等诸多方面都表现出西方文化的权威性价值话语，因而也就自然成为这一话语的词汇、结构、语法规则等基本元素的铸造者和制定者，排斥和压制他者文化的乌托邦诉求。

库玛的观点代表了许多西方学者对于乌托邦思想的理解，把乌托邦的思想内容和形式都放在西方文艺复兴的人文主义、马丁·路德的宗教改革运动等历史环境中来讨论，得出他自己的结论："乌托邦并没有普遍性。它只能出现在有古典和基督教传统的社会之中，也就是说，只能出现在西方。别的社会可能有相对丰富的有关乐园的传说，有关于公正平等的黄金时代的原始神话，有关于遍地酒肉的幻想，甚至有千年纪的信仰；但它们都没有乌托邦。"① 与库玛断言西方社会的现代的乌托邦"乃是惟一的乌托邦"的提法相近，罗兰·费希尔也认为，"乌托邦不是普遍性的东西。它们只见诸具有基督教古典遗产的社会，也就是说为西方所独有。其他社会有它们的天堂，公正和平等的黄金时代的原始神话，想象中的乐土，甚至救世主的信仰，但它们没有乌托邦"②。如果这些认为只有西方文化中才有乌托邦的观点是正确合理的，那么，由西方文化及理性乌托邦所产生的全球化的"现代性"可能是"人类的意识形态进化的终点"，是"人类政府的最后形式"，因此构成了"历史的终结"。由"现代性"所带来的消极后果也只能在西方文化及其理性乌托邦的框架下来解决。这种对乌托邦与"现代性"的理解显然是西方文化的中心主义的，并不能替代对现代全球化问题的深层思考。全球化时代需要各个民族或国家的文化传统及其乌托邦思想的参与和建构，才可能形成对"现代性"及其道德的制约并超越"现代性"所生成的生态伦理，走向生态文明的新时代。

无可否认，现在已经是全球化时代，尽管它是不是能够代表各个民族或国家的公共意愿的全球化，值得商榷，但至少让我们走出了各自文化的封闭圈，走向兼容开放、观念整合的伦理价值。就如一个"大家庭"既需要利益的理性安排也渴望情感的沟通一样，全球化时代需要的不只是各个民族或国家在工具理性的支配下争取自身利益，同样渴望世界各个民族或国家的文化理想及价值理性的沟通与情感的融合——这是使世界"大家庭"中人与人之间和谐幸福的文化前提和根本保证。说到底，不能完全寄希望于西方文化及其理性乌托邦解决"现代性"所带来的诸多问题，而是相应地急需由各个文

---

① Krishan Kumar, *Utopia and Anti-Utopia in Modern Times*, Oxford: Basil Blackwell, 1987, p.19.
② 〔美〕罗兰·费希尔：《乌托邦世界观史撮要》，陆象淦译，《第欧根尼》1994年第2期。

化共同体及其价值理性交流和融通形成的合力，这样才能解决根本性的问题。"现代性"是一种工具性道德，它的合理性并不只取决于它自身的理论假设、解释及实践效果，更主要的甚至是根本性的在于制约工具理性所形成的人的文化理想及价值理性。许多学者常常把现代社会的诸多问题归结为工具理性对价值理性的僭越，但从另一角度看，是因为价值理性的缺席才造成这个结果。由此观点出发，真正的人文价值不只是取决于工具的创新，还在于使用工具的人的合理性寻求是否得到真正意义上的满足。为了维护人格的尊严、提升人生价值及实现自我超越、凸显人存在的意义，促进人更好地生存、发展和完善，趋近自由而全面的发展。

乌托邦是人的文化理想及价值理性的集中体现，具有一种文化符号或精神象征。要想清楚地看到乌托邦的文化符号或精神象征，只要我们把思想的目光聚焦在乌托邦的精神实质上，把思想的注意力集中在乌托邦的具体形态和微观设计之上。"具体的形式设计不过是这种精神的外在的载体，而'乌托邦精神'已经远远超出了外在的形式而具有了人学和价值学的意蕴。这才是一切乌托邦的灵魂，也是它的最根本、最富有魅力的地方。"① 人之为人，在于拥有对未来的乌托邦精神的希望，从外部世界的压制和奴役中解放出来，赋予自己强大的精神力量，在乌托邦希望之光的心灵指引下，完成内心世界的思想准备，在认识和成为自己的同时，把内在的力量转化为对世界的认识和改造，使之变成灵魂的世界。在布洛赫看来，需要唤醒乌托邦的精神，实现人的自我拯救，其基本途径包括两个环节，即"内在道路"和"外在道路"。首先，通过"内在的道路"，激发人的精神中潜藏着的一种面向未来的希望意识、惊奇的曙光，达到真实地自我面对，认识自己并成为自己，体现出人的精神所具有的超越性和内在性的道德根据。其次，在自我面对基础上，使内在的力量即自觉的意识、内心的惊奇成为外在地了解和改造不合理的世界，使之转变成拥有灵魂的世界，达到人与世界息息相关，保持

---

① 贺来：《现实生活世界——乌托邦精神的真实根基》，吉林教育出版社，1998，第6页。

着人与世界之间必要的张力。布洛赫所理解的"内在的道路"和"外在的道路"的完成并不是一劳永逸的、一蹴而就的，而是一个不断唤醒、追问、理解和改造的过程，不断拷问人的灵魂的完善之路，因为"只是在我们心中，那光还亮着，因此我们现在要开始这通向它的奇妙的旅程，该旅程通向对我们的正在觉醒的梦的解读，通向对乌托邦的核心概念的实施"①。布洛赫揭示出人内心中的乌托邦，被学界批评为缺乏理性精神，走向宗教式的神秘主义。从表面上看似乎如此，其实不然。尽管布洛赫的乌托邦思想带有较强的神秘主义特征，但不是一般意义上的神秘主义，而是在"马克思主义"尺度下历史性地批判和整合神秘主义传统的"神秘主义"。因而，布洛赫的乌托邦思想并不缺乏基本的欧洲的理性精神，而是认定西方理性主义的道路并不能拯救欧洲。之所以走所谓的"神秘主义"的道路，恰恰是对于西方理性主义哲学传统有着深厚的了解，自觉地疏远西方理性主义的伦理文化传统，走自我拯救和解放的内在道路。布洛赫继承神秘主义的遗产，相信神秘主义并非一堆糟粕，而是博大、玄奥，又充满人生智慧的，他是以一种深思熟虑的方式接受自身时代的神秘主义，诉诸人类学还原，在人的内心深处发现"最深邃的主体本身"。布洛赫认为只有走自我拯救和解放的内在道路，使我们不再形如空壳，受制于这些虚假和罪恶，才能够找到人之为人的根本，唤醒沉睡于内心的乌托邦精神。布洛赫在对人类解放实现方式的道路选择上，试图通过人类内心的希望，依靠人自身的力量超越现存，来完成哲学的内在反思，实现人类解放。

因此，布洛赫的乌托邦思想对人的本质的论述并不是神秘主义或唯心主义，相反，预先推定意识不应消极地等待某种东西，停留在空中楼阁的想象中，而必须植根于世界过程本身，具体而言就是处于人类学——类自然的形成过程和"物质"条件之中。也就是说，对布洛赫的乌托邦思想应这样理解：人不应该束缚在理性乌托邦的主观主义中，而需要借助生命的情绪—情感向度，

---

① Ernst Bloch, *The Spirit of Utopia*, trans. Anthony Nassar, Meridian, 2000, p.3.

跳出主观主义思维的逻辑"魔圈",才能走向人与自然之间主客两极不可分割的交互作用的自然乌托邦(实质也是生态乌托邦)。"无知的自然同人类历史一样,也有自己的乌托邦。这种所谓无生命的自然界,不是一具死尸,而是辐射的中心,是那些其本质还没有形成的形式住所。"① 与由莫尔和培根开创的现代乌托邦根本不同,布洛赫的乌托邦思想在人与自然的关系上不再受制于"主客二分"的思维方式,而是采用主客之间积极的对象性辩证法中的"乌托邦—物质之弓"。在思索乌托邦精神的道路上,美国社会学家、地理学家大卫·哈维以一种空间乌托邦的姿态和包容性辩证法的指引,呼吁在社会—生态体系基础上建立的生活方式和社会实践,以解决人、社会与自然之间的危机,替换和超越"现代性"道德价值体系,才能真正恢复生态系统中的事物相互包含而彼此有内在联系的动态平衡。"最低限度,它必须聚焦于建设一种在社会上公正的、在生态上敏感的替代性社会"② 。在这种替代性社会的建设中,从人类的身体的生物特质与生态(或自然生态系统)之间开放型的、动态的内在关联这一角度,大卫·哈维试图为联合行动由潜在可能性转变为现实可能性的"生态政治"提供一种奠基意义上的生态人类学的阐释、批判与根据。

哈维认为,人是一种"类存在物",这是人类的本质规定。"类存在物"这一总体性的概念呈现了人类社会生活中人与人之间可通达性以及人与世界(自然或生态)之间关系的"生命之网"。但是,在"资本的逻辑"主导下的"现代性"道德体系中,"生命之网"已然被人类破坏,重新组织成"资本罗网",在促进生产力获得了极大提高的同时,不仅带来生态破坏和环境污染,也使人的平静的生活变得急促而空虚。哈维认为,我们亟须转变思想道德价值观,使现代人类社会的生产生活重新置于地球这个境域的"生命之网"中,明确意识到作为"类存在物"的人类,应该负有"对自然与人类的双重

---

① 〔波兰〕克拉科夫斯基:《马克思主义主要流派》,转引自安希孟《布洛赫希望哲学述评》,《社会科学》1987 年第 8 期,第 71 页。布洛赫认为,现代价值观中的所谓的"物质",无论是有机界的自然,还是无机界的宇宙,不能完全按其物理特性来解释,而应当用"创造性"或"内在的"这一事实来概括,指出了世界是尚未展开的本质,有一种内在的目的性。

② 〔美〕大卫·哈维:《希望的空间》,胡大平译,南京大学出版社,2006,第 68 页。

责任"，鼓动人们开展全球性的联合行动，并进一步提出了以人类基本权利的争夺与维护为主线的斗争策略。"在'生命之网'的隐喻中找到建构社会的生态与环境的视角与路径。'生命之网'的隐喻从我们自己（对于阶级、社会和民族差异的关照）和他者（包括非人类存在物及整个地球栖息物）两个向度出发，直接考虑到人类实践行为的正面和负面的多种效应。"①整个世界中生态系统的"生命之网"与人类社会生存与发展的事业通常相互包含与暗示，因而，可以准确地说，人类实践行为在整个世界中并不是孤立地存在的，不可能游离于"社会生态事业"之外。在意识形态、伦理、表象、美学与政治等领域，以及在人们的日常实践中，人类社会的生存、发展与生态事业的相互纠结、相互缠绕、相互作用，使得每一个社会事业成为生态系统的事业。反过来，道理也是一样的。

显然，正是人的问题、社会问题和阶级问题才导致了生态环境问题，因此，联合的行动不能只是停留于保护生态这个层面，也需要充分正视人、社会和阶级等更为直接的具有实践性的根本问题。哈维提出社会生态的辩证乌托邦理想，建构时空统一的乌托邦，致力于表达和探索一种"社区实践"的新的社会替代方案，参与到社会生态视野观念的转化变革中。与以往的乌托邦不同，这种时空统一的辩证乌托邦理想，建立社会—生态体系，其关键在于这种转化变革的双重任务，既是生态的，也是社会的，而且比以往任何时候都显得更为紧迫，要把生态与社会作为一个整体，内在紧密地联系在一起。

第二节　生态乌托邦视域中生态伦理的价值整合及实践意义

目前全球化社会生活中的文化观念受制于西方理性化的道德价值观传统，

---

① 董慧：《空间、生态与正义的辩证法——大卫·哈维的生态正义思想》，《哲学研究》2011年第 8 期，第 38 页。

在某种程度上压制甚至否定"他者"文化中的道德合理性，特别是在人与自然这一具有本体论意义的问题上尤为明显。布洛赫和哈维突破西方理性现代文化的桎梏，从人与自然的关系揭示人的本质，使乌托邦思想的关注点开始转向生态，扩展了现代人类的理论视野和实践探索的路径。随着西方近现代的理性主义文化成为现代全球文化的主流，"现代性"的意识形态似乎已经成为人们社会生活的全部。马尔库塞在《卡尔·波普尔与历史法则问题》一书中明确指出："工业文明已经到达这么一个阶段，以前大多数乌托邦的东西都能在这种文明提供的可能性和潜力中实现。"① 马尔库塞认为，乌托邦并不等同于空想，待到时机成熟，乌托邦由想象会变成为真实的客观实在。他不是从消极的意义上否认乌托邦存在的意义，而是积极地看待乌托邦，把乌托邦看成对人的自由的全新构想，观念变革的先导。与积极地看待乌托邦的马尔库塞不同，作为意识形态的"现代性"，消极看待乌托邦，否认乌托邦存在的价值。如果说"现代性"的意识形态是"人类意识形态发展的终点"和"人类最后一种统治形式"，那么，作为超越现实的对未来终极关怀的乌托邦似乎也就失去了理解历史的精神动力。在现代社会的纵深发展中，由于技术合理性取代价值合理性，手段的价值遮蔽了生活的目的和意义，因而导致人们对乌托邦热情的衰竭，使超越性的"现代性"转变成"单一的现代性"，成为理性的宰制和历史终结的神话。但这一历史的现状是否表明不再需要乌托邦的指引？事实上，恰恰相反。这种对乌托邦渴望的衰竭，乌托邦精神动力的不足，只是表明人类对乌托邦精神取向上的偏差或实践上的误导，这种偏差或误导把现代人类带入诸多的生存困境，如"现代性的后果""现代性之隐忧"等等。然而，在这种特殊的历史情境下，更需要乌托邦的激发和指引，但不再完全局限于已有的乌托邦。

不可否认，在乌托邦思想的历史发展和演进中也会出现乌托邦的反面，甚至造成无法弥补的伤害。一旦乌托邦观念转化为现实社会意识，

---

① Herbert Marcuse, *Studies in Critical Philosophy*, Boston: Beaton Press, 1973, p.203.

浸入社会大众的群众运动的变革意识中，成为其重要的观念驱动力和行动力量，既能带来社会的变革，也能造成意想不到的社会灾难。但细究乌托邦的历史，造成伤害的往往是乌托邦的替代品，真正意义上的乌托邦式冲动往往出于纯粹精神领域的道德理想或善良的动机，是关于"应然"的社会和谐的理想。乌托邦是人类安身立命之地。"我们不要忘记在这种时候，乌托邦式的开拓者曾揭示了多少真谛。这种开拓的永恒的哲学意义在于，它保持了活生生的真理精神，未使心灵的怀疑能力昏睡。"[1]因而，不论人类发展到什么程度，人类都需要乌托邦精神，保有了活生生的乌托邦冲动，就能保证敞开了批评空间。正如英国作家与艺术家、唯美主义大师王尔德认为的，乌托邦正是一种超脱现实的理想社会，正如他所说的一句名言："我们的梦想必须足够宏大，这样，在追寻的过程中，它才不会消失。"可见，乌托邦对于王尔德而言正是一种精神支柱，追随这种理想，才是生命的意义所在。"一幅不包括乌托邦在内的世界地图根本就不值得一瞧，因为它遗漏了一个国度，而人类总在那里登陆。当人类在那里登陆后，四处眺望，又看到一个更好的国度，于是再次起航。所谓进步，就是去实现乌托邦。"[2]这种可贵的乌托邦冲动既表达一种愿景和理想，又隐含着对社会现实的批判。在今天生态危机日益严重、道德文化危机日益加深的历史处境中，回归乌托邦精神，寻找另一种可能的生活方式，也许能为摆脱成为科技和金钱的奴隶之生存困境，能够在这个蔚蓝色的星球上"诗意地栖居"寻得某种契机。通过对人类乌托邦思想发展史的理论分析与考察，能够清晰地看到，存在一条思想的主脉络：往往在人类的生存和发展遭遇难以摆脱的危机与绝境时，就能看到对当时的现实社会强烈不满的乌托邦身影，产生反思与批判现实的乌托邦冲动和道德的超越价值；在人性缺失的异化社会中，总能迸发出乌

---

① 〔美〕R. J. 伯恩斯坦：《形而上学、批评与乌托邦》，《哲学译丛》1991 年第 1 期，第 46 页。
② 〔英〕王尔德：《谎言的衰落：王尔德艺术评论文选》，萧易译，江苏教育出版社，2004，第 240 页。

托邦改变现实困境的思想火花，切身感受和领悟到乌托邦观念改变现实、创造未来的积极力量。所以在人类历史的发展及其社会的变革过程中，人重新激发自身所具有的乌托邦潜力，承载起人类超越现实的"资本的逻辑"这一重任，拯救"饥饿的灵魂"，还人类宁静的心灵和幸福的生活。人重新发挥摆脱世俗的乌托邦的社会救赎力量，重建另一个可能的社会和可能的生活；拒绝现实，即拒绝人的现存状态，使人类不至于因局限现实而固化为给定的存在者。乌托邦的力量正在于促使人类的理性反思与批判、情感的激励与行动，并以此发挥自身超越现实的积极性、主动性和创造性等内在的精神动力，摆脱现实的意识形态的观念束缚和羁绊，寻求完善的人生和总体性的和谐社会。

在这种乌托邦思想衰微以至于反对乌托邦，使理性化的现代文化缺乏改变和革新的精神动力的社会背景下，布洛赫和哈维的乌托邦思想转向生态，触及人与自然的内在关系，包括伦理关系，拓展了西方道德价值观传统，促进了与"他者"文化的沟通和融合，构筑合乎情理的乌托邦。虽然如此，他们的乌托邦仍然限定在人类学的范畴内。布洛赫超出传统人类学关于人的学说，把人类学问题与存在论（本体论）问题（人与社会实践、人与自然或人与世界）紧密地联系在一起，表明人和世界是尚未完成的东西。现代意义上的关于人的本质的机械化学说，把人的问题固定化，直截了当地将人的存在本质还原为抽象的原子化的单纯属于人类学的问题，无法解释和解决更为复杂的现代社会生活所带来的诸多问题。而布洛赫探讨自然的人类学，不是机械论地与人的事物相矛盾的宇宙学，而是按照人与世界的交换关系而认为二者处于相互关联之中，形成一种开放的人类学。在开放的人类学思想前提下，哈维以生态人类学为根据，使人类回到"生命之网"这个境域之中，表达和探索一种社会生态的辩证乌托邦理想。

随着生态学的理念日益深入人心，渗透到人们的日常生活之中，公众的生态意识不断增强，乌托邦思想限制在人类学的范畴内，不足以满足现代人对生态精神的生活态度的热切渴望，需要与生态学特别是人类生态学联结，使乌托邦充满"诗意地栖居"的质素。河流、山川、土地、草木、云雨、风雪等这些自然界中的存在，不再可能是"寂静的春天"中"未来的寓言"所描绘的"被生命抛弃了的地方只有一片寂静"①，相反，恰恰是这些形态各异的、五彩缤纷的自然界存在才构成了整体的生态系统，包含着异常丰富的、生机盎然的有机世界，直接关系到绿色的地球及生存于其中的人类。蓝天白云给了人类仰视的基点，拂去了钢筋水泥浇铸的高楼大厦对人的心灵的压抑。大地山川给了人类立足的风景，使人"像山那样思考"，摒弃了压迫人的物质不自由状况中的异化生活，使人免于丧失个性而变得机械的危险。树木、花草、鸟雀、昆虫是人类交流的朋友，在"扩展的共同体"中感受到山川草木是人类的亲密伙伴，不再让残忍的利己主义造成生命意志的自我分裂，给其他生命带来痛苦或死亡。按照生态学的观点，人与自然界就是一个不断形成和协同进化的统一整体，一个完整的不可分割的存在，如"生命的共同体"或"生命之网"，需要每个各具特性却又内在统一的生命体，包括被科技主义和经济主义包裹的现代人类平衡发展，协同进化，才能实现美丽、和谐的世界整体。现代社会的经济、文化和道德等出现的许多困境、危机，或多或少都源于人疏离自然，不尊重生态系统本身所具有的内在价值。不关心我们的生存环境和生态基础，每人只顾追求自己的利益最大化，最终只能"搬起石头砸自己的脚"。作为一个物种的人类，在"只有一个地球"的生命共同体中，享受地球提供的自然资源，也应承担相应的生态责任。因而，作为人之所以为人的乌托邦，从社会共同体扩展到自然共同体，应该重拾想象、精神、自由、多元、个性，使人类重建一个符合自然的多元共存的社会，在亲近自然中建构和谐的社会。在乌托邦精神的生态指引下，走出经济主义和消费主义的"雾霾"，走向"自愿简单"（约翰·雷恩语），符合自然的生活方式，为人类提供更多的可能性、更好的心情和更大的心灵内在空间。

---

① 〔美〕蕾切尔·卡森:《寂静的春天》，吕瑞兰、李长生译，上海译文出版社，2008，第2页。

一 生态乌托邦

每个人都必须因自己的存在具备相应的倾向和能力，这是人和动物共同具有的自然本性，但有所不同的是，人不仅自我保存，还充满不断向外索取和占有的欲求，在消除封建等级、宗教专制后的自由平等的现代社会，人对欲望的幸福追求更为明显和强烈。作为现代自由主义奠基人，霍布斯认为每个人都要按照自己所愿意的方式运用自己的力量保全自己的生命。自我保全是人与动物乃至自然界的其他存在共同具有的本性，但人的自我保存不仅仅限于保存自己的生命，还有自我保全的欲望。显然，人的欲望是在理性控制之下的，不仅与动物不同，而且还远远超出自然本身，有无穷无尽地、无休止地向外索取欲望。如霍布斯所说，"我首先作为全人类共有的普遍倾向提出来的便是，得其一思其二、死而后已、永无休止的权势欲。造成这种情形的原因，并不永远是人们得陇望蜀，希望获得比现已取得的快乐还要更大的快乐，也不是他不满足于一般的权势，而是因为他不事多求就会连现有的权势以及取得美好生活的手段也保不住"①。尽管霍布斯通过国家合法性的建构，从政治上使人们脱离自然状态的战争状况，试图过上和平、安全、秩序的满意的生活，但无法改变争夺利益的竞争、猜疑和荣誉所强加给人们的普遍焦虑。一般而言，焦虑是人们在社会生活中的一种情绪状态，而在当代社会却是最普遍、最突出的心理问题，甚至继托马斯·艾略特之后最重要的诗人威斯坦·休·奥登把现代社会概括为"焦虑的时代"（the age of anxiety）。现代社会人们对超出自然的需要，追逐永不休止的欲望，恰恰是为了掩盖人们内心的焦虑，渴望占有是对焦虑的一个基本的防御。按卡伦·霍妮对现代人的焦虑状态做出的深刻心理分析："正如强迫行为一样，贪婪也是由焦虑所引发的。焦虑是贪婪的前提这一事实是不言而喻的。……贪婪的人不相信自己具

---

① 〔英〕霍布斯:《利维坦》，黎思复等译，商务印书馆，1985，第72页。

有创造他自己的任何东西的能力，所以，为了实现自己的需求，他不得不依靠外部世界；但是他们相信，没有任何人愿意满足他的需求。"① 现代人正是在这种向外不断探求、索取和占有的欲望中迷失了自己，并不清楚自己真正需要的是什么。

通过对现代人永不知足的贪欲的哲学心理分析，我们能够看到，科技与文明高度发达的现代社会生活中的人能够支配世界，却未必能很好地支配自己，现代社会中出现的消费主义、享乐主义、人际关系道德危机及精神心理危机等即是证明。因此，对于现代社会所谓"自由""平等"的社会生活而言，人仍然需要进一步地认识自我，不仅追求自我利益，也应该通过"他者的眼光"，甚至于超越自身的眼光更好地认识自己，总体把握自我，避免无谓的自我中心性。"认识自己"是人类一个永恒的主题，无论西方古希腊"认识你自己"的"苏格拉底式智慧"，还是中国先秦老子的"自知者明"，还有佛教中的"自性"等等，无不深刻地指出"认识你自己"，找到真实的自己，做真正觉悟的人，不仅是哲学思考的目的，也是与人的生存与发展密切相关的重要的生存论意义。每个人出生后都不可避免地围绕人的生存而展开，渴望获得幸福的生活，但如何生存得好，过上幸福的生活，在很大程度上取决于人是否能够真实地"认识你自己"。正如人们生活中经常能够听到的一句话，"幸福与否取决于你自己"，就是说要客观地认清自己的能力、价值和生活的意义。从根本的意义上说，人要想得到真实的幸福，就必须认清自己，认识自身的价值和意义，才能不断地完善自己，超越自己，觉悟人生，最终实现与他人、社会、自然的和谐，获得幸福生活。恩斯特·卡西尔认为在各种不同哲学思想流派之间的理论论争中，"认识自我"这一目标始终未被改变和动摇过，甚至被认为是一切理论思潮的牢固而不可动摇的论争中心，因此，他把这种自我认识的知识视为"哲学探究的最高目标""已被证明是阿基米德点"。诸多的人生难题和社会困境，或多或少都需要诉诸"认识你自己"的

---

① 〔美〕卡伦·荷妮:《我们时代的病态人格》，陈收译，国际文化出版公司，2007，第84~85页。

"自我知识"，才能在某种程度上得以解决。可见，"认识你自己"的关于自我的知识是活出幸福的人生、建构和谐社会的"阿基米德点"，无论是对于任何哲学观点、流派或思潮，还是对于每一个寻求生活意义和价值的人，都是无法回避的一个核心问题。因为任何哲学，关注人生与社会，都必须触及人的问题：人生的价值和意义——人从哪里来、到哪里去，一言以蔽之，就是人认识自己，并成为自己，以真实的自己，与他人、社会以及自然和谐相处。如果不解决人"认识你自己"这一"阿基米德点"的问题，这种哲学就会被永远"遗忘"，也就没有人去追随，更没有存在的必要。

对于现代社会而言，人的自我保存及获得自我的利益，是人的基本权利，但这并不是人的自我认识的全部，甚至不是人的根本。赫舍尔认为，现代人的悲剧在于忘记了"人是谁"这个问题：确定不了自身的身份，不了解人的真正的存在，不承认构成人的存在的基础中的东西，似乎把人看成一个个单独的原子化的个体。由此来看，在现代信息爆炸的全球化时代似乎并不是缺乏相关自我的知识，而是充斥着过多的有机械拼凑的自我意向，即"一组无序的事实""毫无意义的线条"组成的错误的知识。而客观地"认清自己""认识自我"根本上就是通过对自己身心活动的觉察，培养起人类的自我意识，积极地自我提升，从而实现人类在生存过程中关注自我成长，走和谐之路，使自己形成完整的个性。自我认识并不是可有可无的知识，而是关乎我们最本底的存在的知识。"人不能自由地选择他是否愿意获得关于他自己的知识。在任何情况下，他都必然在一定程度上具备这种知识，具备事先形成的观念（preconception）及自我解释的标准。"[①]因此，赫舍尔说，人当然是以我为中心的，往往把事物的利弊看作判断正确与错误的最高标准，然而，利弊性一旦成为绝对，便成了人类很容易陷进去的圈套，似乎人永远不能超越他自身。鉴于此，人认识自我，就不能仅仅关注对自己的利弊性，因为这只是作为人的一个方面——尽管这是一个重要的方面，对人的生存具有基础性的作用。探讨

① 〔美〕赫舍尔：《人是谁》，隗仁莲译，贵州人民出版社，1994，第 6 页。

人的某种机能和动力的个别学科的知识及专门研究，具有科学的价值，但如果以此出发来看待人的整体性，就会陷入孤立与片面。关于人的孤立的、片面的理解使我们关于"自我的知识"，即对人的自我认识和解释越来越支离破碎，缺乏内在意义的联结，导致把人的某一部分当作人的整体。对于碎片化生存的现代社会而言，急需人的正确的自我认识，"我们关心的是人的整个存在（existence），而不仅仅是或者主要是它的某些方面"[1]。要了解和认识人类的某一方面及其相关的事物并不困难，注重分析、擅长量化的科学技术就能胜任此道，但要认识人自身，即人的整体性，就需要依靠切近人的本质的方法，才能超出人类的更广阔的范围，拓展可能性的空间，做出对人的本质的更好解释。

在宗教哲学家蒂里希看来，分析乌托邦的基本着眼点首先是认识作为人的人，即人本身，也就是认识人自己，然后是认识作为一种历史存在的人，亦即处于历史境遇中的人。"要成为人，就意味着要有乌托邦，因为乌托邦植根于人的存在本身。"它"表现了人的本质上所是的那种东西。每一个乌托邦都表现了人作为深层目的所具有的一切和作为一个人为了自己将来的实现而必须具有的一切"[2]。由于获得"存在的勇气"，人进入生存的深层目的，体现了在本质上所是的那种"人之为人"的存在部分，根植于人的存在本身，乌托邦的愿望，其核心内容就是终极关怀，概括性和开放性地表达了对人的存在本质的有力证明和充分肯定。由是观之，蒂里希探讨乌托邦问题就是从生存本体论的视角，也就是从分析人的存在开始的。从本质上看，人是自由的，乌托邦揭示了人是可能性的自由存在。但是，人又处于具体的生存境遇中，因而，是一种有限的自由存在。人就是从有限的处境中走向无限的对自由渴望的思考、判断、抉择和实践中。只有超越有限性的、给定的、具体的历史情境，才能产生改造现有事物的乌托邦愿望，帮助人类作为完整的存在积极前行。这是乌托邦展示了人之为人的可能前景是否具有有效性的关键。蒂里

---

①〔美〕赫舍尔：《人是谁》，隗仁莲译，贵州人民出版社，1994，第4页。

②《乌托邦的政治意义》一文，载于《蒂里希选集》（上卷），上海三联书店，1999，第137页。

希对乌托邦论述的本性的自由存在及其有限的自由存在，都能够清晰地表明，作为一种自为的存在，追求本质上所是的存在，乌托邦意识标志着人是超越有限、渴望无限的本质存在，即"具有可能性的存在物"。然而，处于当代的社会生活中，摆在我们面前的关键与核心的问题并不是人需不需要乌托邦，而是需要何种乌托邦。从上文可知，虽然布洛赫和哈维的乌托邦思想转向生态，开始触及人与自然的关系，但是，他们的乌托邦思想仍然限定在人类学的范畴内。人可以获得自身的利益，但如果脱离了自然，人对自身利益的追求就会永无止境，看不到自身的限度。只有超出人类学的视野，在更为广大的可能性空间，人才能更为深刻地理解和认识自己。诗句"不识庐山真面目，只缘身在此山中"清楚地说明了这一点。随着生态学逐渐成为社会的"显学"，相应的研究也逐渐向许多交叉学科渗透，特别是研究人类与自然相互作用的"人类生态学"（Human Ecology）的诞生，拓展了人的生活领域的外延，开阔了内在的心灵空间。"生态学"这一概念产生伊始，以科学的形态出现，并不以人为主题和研究对象。随着生态学理论的发展，生态学不再只是研究生物体与其周围环境相互关系的科学，而是进入人活动参与下的平衡的历史，促使人类生态学学科的产生。最先由美国社会学家帕克提出了"人类生态学"，后来美国社会生态学家麦肯齐把人类生态学看成人与生物圈相互作用、协调发展的科学。麦肯齐对人类生态学的理论解释和判断是：研究人类的活动在所处的环境状态进行选择、分配与调节等能力影响下所形成的人类社会与时空相关的联系科学。由此，学术界将这一新学科命名为人类生态学。1972 年在瑞典首都斯德哥尔摩，召开人类历史上第一次国际环保大会，通过《联合国人类环境会议宣言》，达成只有一个地球的共识，标志着以现代生态学理论为基础的人类生态学，逐渐成为生态学研究的一个主要方向，也成为一个自主和独立的学科。人类生态学使人的自我认识不再僵化地适用于人类学范畴，而是置于生态学视野下，力图在人类与环境、人居环境与自然界之间形成客观上的依存链、关联链和渗透链的交互式关系。尽管如此，就其研究范围而言，"人类生态学"的主题已经扩展到了并涉及城市环境下的人类群体，但它只是把人类作为一个物种来研究，并没有切实地考虑到社会系统的发展和功能作用的特殊规律，因而，就其实质而言，并不属于真正意义上的"社会生态学"。也就是说，"人类生态学"对于人类的自我认识过于抽象，以抽象的"类"主体掩盖了现实社会生活中的具体矛盾，也遮蔽了对待自然的不同态度和想象。"人类"不应该只是一个宏大的抽象或思辨的概念，也要考虑人类社会的生存和发展，因而，亟须进一步沿着"人类生态学"的学科思路，研究人类社会的生存、发展与自然之间的内在关系。延续并发展了"人类生态学"的人类及其活动与自然之间相互关系的科学这一核心思想，"社会生态学"（Social Ecology）具体而深入地探讨了人类社会与自然的内在关系。社会生态是从社会角度对生态问题进行考察的生态科学，即研究人类社会与其环境相互关系和作用的科学，约束自己的行为，节制自己的物质欲望，有利于人类可持续生存与发展，实现保持社会生态平衡的总体目标。

美国生态学家默里·布奇①（Murray Bookchin）在《生态学与革命思想》这一著作中正式提出"社会生态学"这一概念，认为社会生态学将生态危机的根源应该清晰而明确地定位在人统治人的关系上，因为"把生态问题和社会问题分离开来——甚至贬低或者只是象征性地认可这种十分重要的关系，那么就会误解还正在发展着的生态危机的真正原因"②。生态问题之所以是"社会的"而不是纯粹的自然界的问题，原因就在于社会与自然之间的区分根植于人类社会内部的根深蒂固的冲突。人类不能够很好地处理社会内部的尖锐矛盾和根深蒂固的冲突，当前的环境污染、生态危机以及长期掩盖的道德文化危机就不能得到清楚的认识，更不能得到有效的解决。布奇认为，人对自然的利用、支配和控制所形成的自我中心观念直接来自人类社会内部，但是，直到有组织的社会关系分解为市场关系，人

---

① 对 Murray Bookchin 的翻译，有学者翻译为"默里·布克金"，也有人翻译成"默里·布克钦"。本文采用"默里·布奇"这一译法。

② Murray Bookchin, "What is Social Ecological?", *Environmental Philosophy: From Animal Rights to Radical Ecology*, edited by Michael E. Zimmerman etc, Prentice—Hall Inc., 1993, p.354.

类赖以生存的自然界才被变为完全被人开发和利用的自然资源。人对自然的控制，对自然资源的开发和利用，这在人类悠久的历史中一直存在，但只有在现代资本主义制度下，人对自然的占有欲望才发展到了极度的膨胀程度。现代社会内在的竞争本质，不仅使人与人之间斗争，而且也使社会大众对自然界产生"隐蔽的暴力"。在"资本的逻辑"引导下，人把自己当作商品，其价值取决于市场，而不依赖于个人的道德品质。正像人转变为商品，取决于市场一样，自然的一切价值都被转变为商品，成为一种可供人利用的自然资源。作为资源配置最优化的基本手段，市场经济对人类精神的掠夺和尊严的伤害与"资本的逻辑"对人类赖以生存的地球的掠夺同时进行。因此，布奇指出，生态的修复、重生与社会的改造是不可分割的。从社会再造的角度讲，社会生态学要实现在人类与非人类自然之间建立一种创造性的互动关系，就要建立生态社区（ecocommunities）和采用生态技术（ecotechnologies）。这样的生态社区将采取管理家庭的模式，提倡节俭，通过仔细地分析人的能力来判断他的行为所可能给大自然造成的影响，体现出人与大自然不可分割的内在联系。社会生态学特别重视生态价值，致力于共同生活的"生态社区"管理，特别提倡的是对消费规模和消费水平的控制，通过提供具有审美情趣的环境、有精神启迪意义的工作、有创造性的娱乐活动、圆满的人际关系和可欣赏的自然来实现生态社区中人的生活质量的提升。"很明显，布奇的观点和主张就是，要彻底解决人与自然的矛盾，就是要建立一个生态乌托邦社会。……因为这样的社会结构能够保证人们公平地享有发展自我的机会，公平地在同代人之间以及当代人与子孙后代之间分配经济利益，强调培养人与自然之间的相互依赖意识，并在此基础上养成人们对自然的内在价值及其多样性的重视。"[①]虽然布奇的生态乌托邦招致一些指责和批评，如没有给社会统治与对自然统治之间的必然联系提供充分的证据，也比较重视人的独特性，似乎带有

---

① 李培超：《伦理拓展主义的颠覆：西方环境伦理思潮研究》，湖南师范大学出版社，2004，第 189 页。

某种人类中心主义的痕迹，但是，他的思想主题是合理的：生态危机是与一定的社会结构有关的，体现现实批判精神，在拯救生态危机的问题上，突出人的作用才是最实际的。

在一般印象中乌托邦就是人类对美好社会的憧憬，却常常忽略了乌托邦的社会理想中包含着人类世界与自然世界共存的真实维度。其实，乌托邦作为一种理想的社会，不可能仅仅局限在社会共同体范畴内，理应包含对形成人与自然和谐共同体的渴望。只是这一维度常常被忽视。的确，以往的乌托邦思想传统都会或多或少地涉及关于自然的描述及其内在价值，如中国传统文化中的"天人合一"的乌托邦、希腊古典时代末期与希腊化初期出现的自然乌托邦及人与自然同根同源的基督教的"上帝之城"等等，但只有在生态乌托邦中才明确地使乌托邦思想突破人类学框架，力图在生态学的视域中找到人类自身的"生态位"（ecological niche）①，探寻人类社会的生存及其可持续发展之道。对于人的"生态位"研究，我们要从人类社会生存与可持续发展轨迹的视角，协调人与自然的关系，研究人类的生态对其自然的适应，这是人类明确自身"生态位"的基本前提和先决条件。从根本上说，每一物种在长期的生存进化中形成特有的物种的生态位，减轻了不同物种间争夺自然资源造成的恶性竞争，能够获得彼此的生存优势。虽然人类已脱离了动物界而成为地球上一种特殊的生命形式，成为社会中的人，可是，人毕竟还有"血肉之躯"，在一定意义上还保持着与其他生命形式共有的生物属性及生物化学功能和机制。这是一个谁都无法否认的客观事实。那么，我们有理由讨论人的"生态位"问题，尽管人的"生态位"和其他生物的生态位存在非常重要的差异，但这种差异绝对不能否定它们之间所具有的同一性或连续性，否则人就试图取代上帝的位置，成为创造世界的价值之源。因此，人类

---

① "生态位"又称"生态龛"，表示生态系统中每种生物生存所必需的生境最小阈值。1894年美国学者斯居格就触及物种生态位分离问题，1910年美国学者R.H.约翰逊最早使用"生态位"一词，表示"同一地区不同物种可以占据环境中不同的生态位"，1957年，生物学家G.E.哈钦森把"生态位"描述为一个生物单位生存条件的总集合体，提出"基础生态位"和"实际生态位"两个概念，为现代生态位理论奠定了基础。

具有双重的身份，既处于自然生态系统的原初状态中，也生活在追求自由的社会生态系统中。处理好人类的这种双重身份，既能满足自己的生存需要，又能尊重自然界的客观存在。但在现代社会生活中，人类往往很难处理这种双重身份的问题。因为在进化过程中，与其他的生物种群相比，人类既具有先进性和优越性，在资本本身的流通之中也隐藏"创造性的破坏"，所以才需要人类明确自身在生态系统中的"位置"，倡导一种生物物种"生态位"的视野，考量生物生存所必需的生境最小阈值，以此来反思和探究人的"生态位"。

在生态大系统中，人的"生态位"就是指人类占据特定的"地位"、承担特定的"角色"、履行特定的"义务"。虽然在生态学产生以前，人类并没有清晰明确的"生态位"意识，但是人的"生态位"状态已然存在。从顺应自然的原始文明中人的"生态位"处于一种相对较低位置和状态，到农业文明，随着人类技术的不断提高，人类自己种群的势力和范围开始扩大，人的"生态位"的空间性和功能性逐渐显现，尽管与人的"生态位"所达到的程度及其所希望的理想状态存在较大差距，但基本上能够与自然界其他物种和谐共处。在工业文明时代，人的"生态位"状态不断彰显，向有利于自身的方向发展且不断巩固。从空间和功能上彰显自身的先进性和优越性，现代人类将自身区别于其他的生物种群，甚至是割裂了与它们之间的内在联系，失去了人与自然万物各占其合适位置的"伟大的存在之链"或"生命之网"，以致现代人类社会生活脱离了自身所应有的生存阈值。随着与其他物种的"生态位"渐行渐远，人类在维护自身种群"生态位"的空间利益和功能利益时则表现出了极强的"生态位"意识，致使人类处于一种尴尬的生存境地。人类既清楚地意识到生态危机威胁人类的自身生存，又难以从现代文化场中找出保护自然的道德根据和文化根基。自然世界成为外在于主体实在，摆置于主体实在面前的图像，成为能够被人类按照自己的意愿计算、组合、任意宰制的自然界和生产自然界。"当自然不合人的想法时，人就整理自然。当人缺乏事物时，人就生产出新事物。当事物干扰人时，人就改造事物。当事物把人从他的意图那里引开时，人就调节事物。当人为了出售和获利而吹嘘事物时，人就展示事物。"①这已经清楚地表明了人类在自身的"生态位"方面把自己游离在自然之外，割裂了与其他物种的"生态位"链接。

正是由于现代人类社会生活及其道德价值观在协调与自然关系上的一个重要缺陷，即过分强调自身"生态位"的重要性和主流性，却忽视乃至于漠视其他生命体的重要性，因而生态乌托邦在社会生态学研究视域中探究人的本质，丰富和提升人的本性，使人与自然和谐共处并进行自我完善。在人类生态系统中，人是系统中的最高"生态位"（ecological niche），因而人类生态调节具有重要作用。在现代社会生活中，对人的社会属性的彰显及人道主义的表达，决定了相对于自然，人所具有的自由度：追求单向度的自我实现的自由度越大，对生态系统的干扰越强。因此，需要探究人与自然区域系统可持续发展，形成人类干扰自然的强度与生态系统的自然调节、人文智能调节能力之间的自组织过程与相互依存的整合发展模式。随着现代人类社会的高度发展，在生态乌托邦的追求中，人必须以其生态智慧，基于对生态和谐、生态理念的理想世界渴望，寻找高层次上的"生态位"，促进人类社会的生存及其可持续发展。美国著名环保作家，以绿色书籍的作者而著称的欧内斯特·卡伦巴赫（Ernest Callenbach），认真对待人类的道德价值体系、生活方式同生态之间的密切联系，因而被《洛杉矶时报》誉为奥威尔之后最伟大的"生态乌托邦的创造者"。据他本人所介绍的，他创造了"生态乌托邦"一词。卡伦巴赫的代表作《生态乌托邦：威廉·韦斯顿的笔记本与报告》（*Ecotopia: The Notebooks and Reports of William Weston*）是美国乌托邦文学中的经典，也是生态文学的经典之作，集中于对现代人类社会发展不断恶化的生态危机给予深刻的思考，对生态社会的未来前景进行深入的探索，充分体现出他的生态人文关怀，强烈的现实关切与忧患意识。卡洛琳·麦茜特认为，直到欧内斯特·卡伦巴赫的《生态乌托邦：威廉·韦斯顿的笔记本与报告》

---

① 宋祖良：《拯救地球和人类未来——海德格尔的后期思想》，中国社会科学出版社，1993，第67页。

才开始探索在继续享受现代科技带来的各种好处的同时，实现人类社会与生态系统和谐相处的可能性，"生态乌托邦的社会结构是其整体主义自然哲学的现实表达，反映了对社会变迁的要求，以及对当代社会的一种极端理想主义愿望"①。《生态乌托邦：威谦·韦斯顿的笔记本与报告》带给我们生态教育方面的反思，通过诗歌、祷告和小小的神殿等形式，表达对野生动植物、树木、水的生命敬畏，表达了一种尊重自然、生态宗教的理念和内心的虔诚。

在《生态乌托邦：威廉·韦斯顿的笔记本与报告》中分散化的共同体、家庭自发性的活动、自由无拘的激情表达、童年的身心体验教育、消解竞争本能的仪式化战争游戏等，构成深层生态学视野下的文化习俗和价值特色，完成了对自然的伦理认同和自我的实现。"生态乌托邦人认为人类的存在并不意味着生产"，"人类的存在是在一个连续的、状态稳定的生物网络中占据一个适当的位置，尽量少去干扰这个网络"，"人们不以能在多大程度上主宰地球上的生物伙伴为乐，而是以能在多大程度上与它们平衡生活为乐。这种哲学变化表面看可能非常简单，然而它的深刻含义很快就被阐释出来"②。可见，生态乌托邦的和谐社会建构在经济发展上，追求稳态和可持续，其经济模式的道德价值并不在于过多追求物质财富及其最大化的所谓的幸福，而是特别强调对自然价值的伦理尊重或敬畏，保持生态系统的平衡和完整。如果在社会生活中每一个人都把赚钱作为人生的追求目标和社会的经济发展的最终目的，抱持过去那种 GDP 至上的扭曲的发展观及经济主义观念，那么他们就难以探寻到更具有生态可持续性的经济活动、社会发展、生态安全的统一方式和经济实践的可能性。与节能、环保、亲近自然的生产生活方式相适应，生态乌托邦社会向大家展示并推行"整体领域图景"的优先性及其重要价值，尤其强调培养孩子的生态整体观念，理解和体悟到生态的内在价值。"他们从小就把自然看成他们存

---

① 〔美〕卡洛琳·麦茜特：《自然之死——妇女、生态和科学革命》，吴国盛等译，吉林人民出版社，1999，第108~109页。

② 〔美〕欧内斯特·卡伦巴赫：《生态乌托邦：威廉·韦斯顿的笔记本与报告》，杜澍译，北京大学出版社，2010，第57~58页。

在的一个内在的组成部分。从小就与自然发展出一种清晰的融洽关系。"[1] 在具体描述学校里的孩子了解大自然、参加户外活动时，韦斯顿写道，"即使年轻的孩子都了解非常多的自然知识——六岁的孩子就能告诉你他在日常生活中接触到的所有动植物的'生态位'（niche）"[2]。在文学层面上，《生态乌托邦：威廉·韦斯顿的笔记本与报告》与整个"生态之网"的深层生态学理论构成了一种呼应，强调生态整体观的思考模式和伦理观念上的改变，推动了人们生产生活方式的改变，使物质单向流动的"线性经济"向自然生态与人类生态的高度统一的"生态经济"转变。生态乌托邦思想，尽管在目前的社会体制和道德价值观念下难以实现，但这种启示性的乌托邦思想，使人们的社会生活逐渐超越物质主义和消费主义的过度的世俗生活，体现出深刻的生态人文关怀，从而迈向了把人与自然作为统一整体的自我认同的精神追求。

郇庆治的绿色乌托邦表达了生态乌托邦的思想，分析了人类现代环境问题的成因，并给予一般社会结构、哲学思考与文化意识阐释，以及生态政治运动所做的实践尝试，提出关于生态主义对未来社会的绿色设计，成为人类超越工业文明的社会坐标参照与能动选择。从未来社会观的视角看，生态主义的绿色社会蓝图即绿色乌托邦有存在的合理性。一方面，绿色乌托邦不是一个现成的付诸实施的社会理想。换言之，并不存在已经实现了的生态乌托邦，它只是从理论反思与批判到社会生活中的道德实践所建构的理想蓝图，有待于人们不断地去认识、建构、创造和发挥。绿色乌托邦（生态乌托邦）所建构和创造的和谐社会和生态文明得以产生及存在的现实基础是生态学（具体说是人类生态学或社会生态学）原则，是我们对人类生存方式生态化的新理解。"绿色乌托邦是竖在我们现代人面前的一座灯塔，问题不在于它是不是有足够的亮光，而在于我们的心灵还能不能够被它照亮。"[3] 这只是一个渐进

---

[1]〔美〕欧内斯特·卡伦巴赫：《生态乌托邦：威廉·韦斯顿的笔记本与报告》，杜澍译，北京大学出版社，2010，第47页。

[2]〔美〕欧内斯特·卡伦巴赫：《生态乌托邦：威廉·韦斯顿的笔记本与报告》，杜澍译，北京大学出版社，2010，第47页。

[3] 郇庆治：《绿色乌托邦——生态主义的社会哲学》，泰山出版社，1998，第196页。

的和逐步深化的过程，所能做的只是让你看得见前方的一丝光亮，如指引前进方向的灯塔，但它既不能保证前方的路上没有任何挫折或坎坷，更不能指给你应该搭乘的"交通工具"或达到目标的捷径。

另外，绿色乌托邦首先是一种反思和超越现实的精神。生态主义从人们富足后的担心中找到了生态问题这一突破口，由此发起了对"现代性"道德体系中的生存生活方式的全面挑战。正是现代社会及其"现代性"道德价值观对地球自然生态承载能力的忽视和对技术进步将带来经济无限增长的迷信，导致日趋严重的环境污染和生态恶化等一系列问题。现代社会生活中的环保主义者之所以对"现代性"道德体系及其生产生活方式采取反对和批判的态度，就在于现实生活违背真实的人性，不符合真正意义上的人道。因此，在现实生活之外，完全还可以有另一种不同的生活方式，着眼于更好生活质量的选择。因此，在对待现实社会生活的伦理态度这一问题上，关键并不在于固守着一种绝对意识，先验地预设一个完善的终极的绝对方案，而是需要在现代社会的现实生活的伦理考量和道德实践能力上，走出对压抑真实人性的现代社会的容忍、依赖和迷恋，在当今时代下求得好的生存空间，形成一种追求新生活的向往及可能的生活。"绿色乌托邦并不是遥远的理想之国，而是与我们的生活联系在一起的，它是对现实生活非理想化的不满，是对未来生活的理想化构想，但它的核心却是一种要敢想敢做、身体力行的精神。"① 可以看出，生态乌托邦继承了乌托邦的精神，却与以往最终要把人提高到神的地位，或者变相地使人与神同一的乌托邦定式大不相同，而是力图回归生活，试图过一种遵循自然的生活。

二 生态乌托邦视域中生态伦理的价值整合

随着环境问题或生态危机逐步蔓延，伦理学也相应地有了变革和发展：

---

① 郇庆治：《绿色乌托邦——生态主义的社会哲学》，泰山出版社，1998，第197~198页。

移植、延伸伦理学范畴，从人与人的伦理关系拓展到人与自然的伦理关系，扩大到自然界的所有生命实体的范围所构建的生态伦理。在面对现实问题时，生态伦理要么还原到现代社会伦理，归结为社会内部人与人之间关系调整的人类中心主义（浅绿），要么对现代社会伦理进行"价值的颠覆"，形成具有"生态整体论"的生态中心主义（深绿）。换言之，出于保护自然的动机，应该考虑生态的内在价值，亟须关注和重视人与自然的伦理关系才能保障"大自然的权利"（罗德里克·纳什语），但这种观念会被人类中心主义者指责为是让人类的个体为了生态主义的整体而牺牲自己的利益和幸福的"环境法西斯主义"，造成与现代主流道德价值观的矛盾和冲突。在关爱自然中保护自己的生态伦理正是在保护自然的伦理考量中分裂为人类中心主义与生态中心主义两大阵营的对立，陷入"两难选择"处境。生态伦理是应用伦理学的一门学科，既要对现实问题做出伦理的思考，更应该为保护自然的社会实践活动提供理论支撑。因此，生态伦理不能停留在理论的思辨中，而是必须要直面现实，走向实践，才能实现自身的理论使命。

　　生态伦理理论研究的初衷和实践目的本就是希望在保护自然中寻求人类的可持续生存与发展，但如果脱离现代社会的道德价值观问题来谈，以这种良好的初衷和目的来探究无论多么深邃的理论思辨和美好的构想，也对现代人的价值观提升和社会生活起不到多大作用，只会使人们不加批判地接受和仰赖现代社会的主流道德价值观。生态伦理无论在内涵上还是外延上都拓展了现代社会伦理，却很难突破现代社会伦理知识具有抽象性和形式主义的结构特征。不仅在理论上形成人与自然的主客二分，而且在社会生活中先验地决定了现代人对待自然的态度和方式以及人与人之间的物化关系，即使理解和接受了新的伦理知识，但要想使新的知识和观念融入人们的社会生活，改变人们的生活方式，仍然需要经历一个曲折漫长的探索过程。

　　真实的伦理学需要面向实践，来解决现实问题，这样具体的实践性理论，使得理论对实践指导的作用，不可能完全按照思辨抽象和形式规范，因为人毕竟是具体的人，因而人与自然之间不是机械式的外在关系，甚至也不是最根本的，而是多重相互缠绕的复杂关系。马克思主义的实践哲学思想提示人们，尽管社会意识反作用于社会存在，但社会存在最终决定社会意识，与之相应地，伦理文化生活中的道德价值观要在社会存在即社会发展的必要条件中寻找根基，建立在"生活世界的科学"（即"历史科学"）去获得，才能得出合理的结论。马克思的思想指明一个哲学道理，并不是意识决定存在，相反，是存在决定意识。马克思说的"存在"是人的社会存在，实际上就是指人的客观存在的生活。曼海姆认为知识社会学研究应从社会存在，也就是从社会历史环境中的人出发，因而，要遵循思想的根源在于社会这一个基本原则。曼海姆的知识社会学表明，对社会生活中的经济、政治和文化的参与是人们在一定的社会历史环境中作为主体应该具备的相关理解力的基本条件和前提。这是曼海姆知识社会学中"社会境况决定论"的基本思想。正是生活实践使人成为认识主体。因此，伦理研究一定要摆脱占统治地位的教化伦理性质的伦理学研究范式所形成的桎梏，回归生活世界。

鉴于此，通过生态伦理与"现代性"道德的内在关联，揭示出生态伦理的"两难选择"处境，正是因为受制于"颠覆传统"的"现代性"道德，无法突破"人与自然"主客二分的思维定式。尽管东西方伦理传统和后现代主义中都或多或少包含某种整合意义的生态伦理思想，对"现代性"道德在人与自然的关系上具有一定的批判和反思作用，但都无法切中问题的核心和实质。"现代性"道德是目前全球时代各国或民族争相追逐的价值目标，给现代人提供了追求自由、平等和幸福生活的权利和机会。同时，"现代性"道德还具有鲜为人知的另一面，即维护和肯定了由西方社会产生的并为全球普适共享的现代秩序，但这种秩序并不能完全解释和替代多元文化背景下的人类伦理，特别是在自然世界观对"人生观"和人性论的前提优先性的问题上，并不能给出适合现实社会生活真实样态的道德合理性解释。

与意识形态对现存秩序的维护与肯定不同，乌托邦是对现存秩序的想象性否定、颠覆和超越。对现存秩序的反思、批判和反抗力量产生出乌托邦，反过来，乌托邦又从实践上打破现存秩序的纽带，沿着下一个现存秩序的建设方向自由发展。意识形态是过去的沉淀，乌托邦是未来的憧憬。今天的乌托邦可能明天就会变为现实。针对"现代性"的意识形态使人疏离自然的同时，也疏离社会、他人与自身，因而变革现代社会的乌托邦相应地从人类学转向生态学即人类生态学、社会生态学，建构人类社会与自然和谐的生态乌托邦或绿色乌托邦。从新的参照坐标系出发，生态伦理能够突破"现代性"的意识形态束缚，在生态乌托邦的语境中找到自身的道德合法性根据，使人类中心主义与生态中心主义的争论、冲突和对立不再具有特别重要的实质意义，而是以价值整合的方式成为人类社会与自然和谐的生态乌托邦的内在精神动力。生态乌托邦视域中的生态伦理所强调的是，我们作为地球上的居民，所承担的责任并不仅仅是恢复已经造成的破坏，也不仅仅是防止进一步的破坏，"而是通过自我的最充分的发展（self—development）来推动地球的自我实现（self—realization），或者说通过自我的自决来推动地球的自决，这样就会从简单的反进化和反生态灭绝的立场调整到推动自然和社会的进化上来了……一旦人们具备了这种生态敏感性，那么自然就会在人类的互助论的价值框架中得到最充分的发展"①。即是说，生态乌托邦使生态的新生与社会的再造不可分割，形成一个整体，而生态伦理正是在生态精神的指引下，摆脱伦理的形式主义，使伦理的整体渗透到社会生活中，并推动现代社会中生产方式、生活方式、道德价值观及人的心灵秩序建设，成为生态文明的内在动力和积极力量。

自从人类产生及开始社会建构以来，人往往处在与自然、社会的分裂和冲突中求生存和发展，但也一直拥有对和谐生活的渴望，通过伦理传统的"善"的整体性以求获得精神上的满足。以"现代性"道德为基准的现代伦理文化，虽然带来一定程度上的解放和自由，但也带来整个社会伦理观念日益严重的分裂和无序，乃至于整个社会的道德伦理文化的言论和道德实践处于严重的无序状态，成了一系列残篇断简。在以"现代性"道德体系为样板的

① 李培超：《伦理拓展主义的颠覆：西方环境伦理思潮研究》，湖南师范大学出版社，2004，第188页。

全球化社会，"人疏离自然"的问题并不是一种偶然的现象，而是现代社会生活中普遍存在的生存状态，影响甚至决定着人们的社会伦理行为、道德价值观及具体的道德选择。在拥有精确严密的知识，了解外在世界后，人却对于自身的处境及存在的问题不知所措，这正与"现代人的疏离感"存在密切的关联。陈鼓应指出认同关系的破灭表现为人与自然、人与社会、人与自己等的疏离和破碎，其中，唯有人与自然之间日益严重的疏离是最根本的，因为它普遍而深层影响到人的生产生活的方方面面。"现代人却整日生活在人工装饰的世界，想想看，在都市里的人，一生中有几回见到日出，又有几回欣赏过日落的夕阳之美。都市人的生活完全和自然脱节"①，这是每一个在都市生活中的现代人都能够深切感受到的生活境况。德国学者孙志文提出了"现代人的三重疏离"，首先指出了"人和自然的疏离"及其"现代性的后果"："现代人只能够从理性的构思和实用性的观点来看自然……即使是面对自然的美景、各种的文化成就，人仍然是停留在疏离、无聊、挫折、恐惧之中。"②从根本上说，我们每天似乎都在接触自然，但基本上似乎已经无法追溯到自然根源，进入我们视野的，满眼都是从理性的构思和实用性的观点来看待的自然资源，难以生成利奥波德所说的"像山那样思考"的生态道德心。在"人疏离自然"的前提下，人与社会疏离、人与他人疏离甚至于人和自己也产生了严重的疏离感。

关键的问题不在于人与自然、社会，及与自身的疏离，而是由颠覆传统所预制的"现代性"的意识形态塑造的现代文化伦理把疏离本性的所谓"人的自由"作为僵化的形式固定下来，以致无法从自身找到伦理整合的思想资源来解决现实问题。各种道德理论之间的论辩和争论，甚至不可通约，将导致整个社会道德价值观的伦理规范和德性伦理的实践作用和约束力大大下降，社会认同感日趋淡化，极大影响社会的协调发展及人们的内心和谐。人的本性不会止于人自身的疏离状态——长期在这种状态下生存会使人的内心充满孤

① 陈鼓应：《失落的自我》，中华书局（香港）有限公司，1993，第133页。
② 〔德〕孙志文：《现代人的焦虑和希望》，陈永禹译，三联书店，1994，第68~69页。

独、焦虑和无助，而是渴望从善的整体性出发，把一个人的生活方式和思想观念以及生存的意义看成一个善的整体，超越了实践的优先利益的目的，按照"人整体生活的善"。对保护自然的伦理问题的思考，无论是为人类整体利益辩护的人类中心主义，还是以生态整体论为基础的生态中心主义，它们的理论似乎涵盖了对世界整体的终极解释，却也仅仅是生态伦理在"现代性"的意识形态框架中的两个向度，无法构成生态伦理所渴望成为的真实而具体的整体。

从生态乌托邦的理论思考来看，生态伦理既不是人类中心主义，也不是生态中心主义，却都包含着它们各自理论的核心因素——不是以各自"对立"的僵化思维，而是以相互联结的整体而存在。如果说人类中心主义与生态中心主义的争论是有意义的，那么它们的目的应该是相同的，那就是生态伦理的价值整合及其生态文明的启蒙意义。在伦理话语的道德价值整合前提下，生态伦理只能且必定是超越"现代性"道德，基于人顺应自然的"整体主义"（holistic）的伦理平等内涵而展开论述的。鉴于此，人类中心主义与生态中心主义之间的伦理论争与辨析，才具有并体现出生态伦理对生态文明的启蒙价值和实践意义，否则这种争论只会陷入无休止的对立和冲突，成为无效的争执，没有实质性的作用。"然而，我怀疑所谓'人类中心主义'与'非人类中心主义'之争的真实性，更明确地说，我测定，有关生态伦理的所谓'人类中心主义'与'非人类中心主义'之争很可能是一个伪问题。"[①]生态伦理建构的本意、目的和实践都是围绕着"人与自然的伦理关系"这一主题，最终是为了扭转"现代性"的道德价值指向，触及人的真实的利益。因此，如果人们确实是要谈论和建构一种"保护自然就是保护人类自己"这一意义上的生态伦理，那么就必须在人与自然之间基于价值平等而展开——尽管这种伦理价值的理论展开和实践指向会遇到难以想象的困难，需要在尊重地球上的整个生态系统基础上，寻求人类可持续的生存和发展。

---

① 万俊人：《生态伦理学三题》，《求索》2003 年第 4 期，第 151 页。

在这种生态乌托邦的视野下，及整体意义上的生态伦理的思想语境中，任何一个生态子系统中的生命个体（特别是以唯一的主体自居的人类）并不具备抽离于自然的完全独立的道德资格（亚里士多德的自然目的论与斯宾诺莎的"三位一体"的自然观即可证明这一观点）——都没有足够的道德理由把自己作为世界价值的中心，否则，要么生态伦理就不能具有基本的道德合理性，无法为生态文明带来启蒙的价值，要么人们所谈论的就不是一种根本意义上的生态伦理，而只是派生意义上的环境伦理——仅仅是人类以工具理性的态度对待自然或生态的伦理方式或行为后果。因此，无论是对自然生命意义上的人类整体来说，还是对伦理意义上的人类群体来说，我们不能也不应该对生活于其中的自然或生态系统做简单的、外部性的主观理解和阐释，一如我们不能对人类生活的"住所"、"家"或"居住地"做这种解释一样，不能仅仅把"伦理"解释成某种外在于人类生活的东西。从外部强加的外在于人的伦理与政治专制或集权似乎也没什么实质区别。确实，道德伦理的本真含义在某种意义上意味着道德的承诺和承担，其根源不在人的生活之外，而在于人生底层的对生命本身的道德敬畏和承诺。鉴于此，生态伦理就是要打破"现代性"道德对待人与自然的关系采取的主客二分及中心边缘的思维定式，重寻伦理的原始含义，揭示出人类与自然之间更为丰富的内在联系。

第三节　生态伦理的道德实践及幸福生活

生态伦理的价值整合既是伦理思考的结果，也是社会生活道德实践的起点。即是说，生态伦理的价值整合只有内在于生态乌托邦建构之中，与社会生活相结合，才能体现出生态伦理的理论初衷和实践指向。生态伦理把人们社会实践活动的基本价值原则确立为和谐型、整体性和全面性，首先需要论证生态伦理的价值整合的必要性和可能性，进而论证如何把这种可能性变成社会生活中的现实，才能完成它的使命。目前，一些生态伦理思想研究虽然试图超越现代主流价值观，甚至提出了"伦理拓展主义的颠覆""一场哲学观念的革命""伦理学革命"等观点，但是，由于缺乏针对"现代性"问题的全面而深入的反思和批判，也很少从生态乌托邦思想切入探讨生态伦理的价值整合，生态伦理的整体主义或生态整体论过分倚重于生态中心主义，与社会生活脱离，缺少人文价值。对生态伦理的研究离不开社会生活中人们的衣食住行，否则这种研究就背离了"伦理学的实践目的"这一根本宗旨。

当然，依托生态价值论，生态伦理采取反思与批判性理论研究方式，与现代社会生活的社会伦理进行适当的剥离，是正确合理的，但如果完全脱离社会伦理，不能把保护自然、维护生态平衡体现在社会生活中人们的生产生活方式中，那么，具有启蒙意义的生态伦理价值整合的思想理念也就脱离社会生活，成了人们"眼中的怪物"。生态伦理倡导保护环境、维护生态平衡急需人与自然以及自然物之间关系的调整，但这种调整最终必须落实到社会中人的生活方式的改变和道德价值观的提升。生活方式的改变和道德价值观的提升，不是一蹴而就的，也不是一劳永逸地通过自上而下的方式就能完成或终结的，而是在充分尊重现代人所选择的生活方式的基础上，寻求解决问题的有效方案，供现代人参考。"我们对生活真理的认识，最终要变为生活中的真理，而不是停留在想象和谈论的层面。否则，绿色乌托邦就会成为永远不能实现的空中楼阁。最为关键的是，生态主义坚信，绿色社会创建不是某一个人或团体的任务或政治主题，而是我们所有人的共同使命。"① 因此，生态伦理的价值整合内在于生态乌托邦的建构之中，使生态伦理的道德精神直接诉诸每个人对幸福生活的追寻，仰赖每个生活于其中的现代人对生活意义的渴望，因为追求一种真实意义上的"好的生活"是每一个现代人的道德选择，而这种"好的生活"并不是外在给予的，而是仰赖于人们不断的努力追求，这样生活才会变得更美好。生态伦理价值整合的思想理念能够得到

---

① 郇庆治:《绿色乌托邦——生态主义的社会哲学》，泰山出版社，1998，第198页。

人的生活方式的验证、接受、认可和支持，它才真正体现出生活的价值和
意义。

一 生态伦理的道德实践

生态伦理的价值整合不是人类中心主义与生态中心主义的机械性的重叠
式联结，而是通过生态乌托邦的建构来消解它们之间的对立，以形成有机的
整体论的社会生活。正如罗素所预言："在人类历史上，我们第一次到达这样
一个时刻：人类种族的绵亘已经开始取决于人类能够学到的为伦理思考所支
配的程度。"① 作为应用伦理学，生态伦理基于人的实践的本性，有待于人类实
践活动的塑造，从而为确立人、社会与自然的统一关系而创造人的主体内涵。
的确，人不能完全按照自然的方式生活，但也不应该像现代人这样，采取疏
离自然甚至反自然的"豁出生存搞发展"的方式，这种方式威胁人自身的生
存，必然会导致环境破坏和生态危机。吴国盛对此指出："一个健康的生命机
体，其生长和'发展'遵循机体固有的增殖规则，它均衡、有度，但某些细
胞的增殖失控，就会长瘤、令机体致癌。地球是一个有机体，人类社会也是
一个有机体，某种单一的因素极度膨胀，无法抑制，使整体的平衡打破，则
机体就生病。"② 因而，生态伦理的"道德实践"势在必行。同样是基于实践本
性的要求，与现代社会具有宰制性的主流伦理不同，带有生态乌托邦性质的
生态伦理以道德实践的方式试图改变现代社会中的人们惯常的生活方式，
让人们过上顺应自然的生活。

生态伦理既是超越现代社会生活的伦理思考，也代表顺应自然的伦理生
活。与抽象的伦理原则与道德规范不同，伦理生活本质上是实践的，与人们
的具体的社会生活息息相关。从而，谈伦理生活就不能脱离道德实践，否则

---

① 〔英〕伯特兰·罗素：《伦理学和政治学中的人类社会》，肖巍译，中国社会科学出版社，
1992，第159页。
② 吴国盛：《豁出"生存"搞"发展"》，《读书》1999年第2期，第38页。

很难与纯粹的一般的理论伦理学做出必要的区分。对于摆脱现代社会伦理及元伦理学的形式化和抽象性而言，作为应用伦理学的生态伦理，伦理生活与道德实践更加紧密相连。从日常生活的衣食住行、社会生活中的人际交往到工作、劳动等，无不涉及人们具体的伦理生活。从这个意义上来看，"伦理生活无疑呈现总体性的品格。比较而言，道德实践可以视为伦理生活在一定时空条件下的体现，并具体表现为多样的行为过程"①。生态伦理的价值整合体现于伦理生活中。生态伦理的道德实践就是顺应自然的伦理生活的重要途径和体现方式。道德实践在整个道德生活、道德现象中具有基础地位，是人类既改造社会又改造人本身的一项重要的实践活动。这种基础地位充分表现在它对道德意识、道德关系的形成、巩固和发展所发挥的重要作用中。与其他社会实践相比，道德实践具有突出的目的性、能动性和自主性等特征，集中表现为个体行为和实践活动过程中道德意志的自决性、自律性。

从现实的实际运作层面来看，伦理生活的道德实践是比较复杂的，其展开的过程既涉及价值理想或应然状态，也具体关乎事实判断或实然状态。在纯粹的理论伦理探讨中，主要关注一般的或抽象的"应然"主题，但在伦理生活的道德实践中，应当"做什么"和"如何做"并不是截然分开的，而是紧密相连、密不可分的。相对于"是什么"的实然层面上的理性认知和判断，"应当"更多地涉及价值理想层面，并与道德"理想"、"目的"和"意义"等有着更为密切的联系。"与'是什么'相关的道德认识与'应当做什么'、'应当如何做'相关的道德判断，属广义之'知'，道德认识和道德评价的落实，则关乎'行'。如何将何者为善、何者当行之'知'转换为实际的'行'（道德行为)？"② 这就是伦理生活的道德实践所要解答的问题。对于宰制性的现代社会的主流伦理即"现代性"道德而言，伦理生活的主体是人，它的道德实践就是在"人是目的"的社会伦理中展开，通过市场经济、民主政治和大众文化等社会实践操作来体现出人类中心主义的不可超越的"实践本性"。但

① 杨国荣:《伦理生活与道德实践》,《学术月刊》2014 年第 3 期, 第 53 页。
② 杨国荣:《伦理生活与道德实践》,《学术月刊》2014 年第 3 期, 第 54~55 页。

是，意识形态性质的"现代性"道德框架中的"人是什么"这一判断排除了具体内容的"抽象的人"，具有形式合理性，却遮蔽或掩盖了现实社会生活中人的真实状况。马克思的"异化"、卢卡奇的"物化"、弗洛姆的"逃避自由"、雅斯贝尔斯的"时代的精神状况"、海德格尔的"常人"等等，无不深刻揭示出现代人生存的实际状况。究其理论根源，对"人是什么"的抽象与形式化表达，源于西方文化的理性主义"神义论"（theodicy）传统，把人看作超出自然，与神相近的绝对主体。这仅仅是对"人是什么"的一种可能性的合理解释，但并不是问题的全部答案，亟须进一步探究、丰富和完善对"人是什么"这一前提性问题的全部解答。追问"人是什么"，旨在把握伦理生活的主体。就伦理生活的角度来分析，"人是什么"这一深层的理论问题则有着"逻辑在先"（而不是"事实在先"）的哲学意义，贯穿于人的存在本身的主题讨论中。从一定意义上说，只有首先且根本地解决"人是什么"这一形上问题，才能更好地去考察和理解社会发展中的具体的伦理生活。从根本上说，人不应该是先验地被预定的存在，而应该在情感与理性、特殊与普遍等内在关联中，考察人的自然属性和社会属性。人就是这种既矛盾又统一的价值存在。现代主流伦理受制于西方文化的解释，只看到了人具有超自然的社会品格及理性设计，却遮蔽或掩盖了人就是具有自然属性和情感需要的真实的人的事实。

作为感性存在与理性规定的统一，人首先是在自然或生态中生存的一个一个的生命个体，然后才是社会生活中存在的抽象的、一般的人。对人的这种解释才比较合理而全面，因为人即使在普遍化的社会生活中生存也能感受到自己个体的生命存在和自己的个性，能真实地认识自己。如从哈佛大学毕业的梭罗借了一柄斧头，孤身一人跑进了无人居住的瓦尔登湖边的山林中，建造了一个小木屋，住了两年零两个月又两天的时间。从现代主流伦理价值观来看，似乎无法解释梭罗的行为，但如果将这件事放在生态乌托邦的视野中，就能认识到，梭罗在瓦尔登湖边的生活让他真正回归到生命的本质，重新认识自己。梭罗反对过美国的奴隶制度，反对过美国对墨西哥的侵略，他倡导过"公民的不服从"的思想，他曾因拒绝缴税而坐过监狱。这些行为反映出梭罗并不会消极退隐到自然中，而只是在自然中关注社会，积极走向人生。因此，赋予个人特点的是为个人所独有的特质。个人既不可知，又不可能与其他的任何事物进行比较。但在疏离自然的现代社会伦理生活中，人获得某种意义上的自由，但也因遮蔽了自然本性，被削掉个人的具体特征和个性特点，压缩为社会生活中形式化的抽象存在或原子化的个体，以供社会统计学的一般性参考来认识。从根本上说，任何一个完全具有自我意识的人都应该理所当然地了解自己，然而，在压抑自己成为抽象的"常人"状态下，通常人们并不是基于大多隐藏在社会面具背后人的真实的感觉和理性的判断来进行自我认知，而总是习惯于按照社会环境中一般人了解自己的尺度来看待自己。荣格反对这种自我认识，因为把人作为一个机械式的比较单元，以"物"的逻辑看待人的生活，"这样就产生了一种普遍的行之有效的人类学或心理学，而这样一来，作为一种平均单元，人也就有了一幅抽象的画面，只不过在这一抽象过程之中，个体的一切特性都消失殆尽了"①。人只能在社会的一般的平均化状态下生存，在与他人的比较中确立人生坐标，凸显自己的人生价值和意义。

生态伦理的价值整合就是在生态乌托邦的视野中，探寻基于自然的伦理生活的必要、可能，使生命个体的道德实践及对幸福生活的追求成为人类存在真实意义的维度之一。通过上述对"人是什么"的生态伦理反思，可以判断出基于自然的伦理生活的主体并不是唯一的，也包括具有不同程度主体性的动物、植物等自然共同体成员。毋庸置疑，人具有自我意识、思维和高度发展的智能，充分证明人具有主体性，但这不是绝对的主体性。因此，主体不可等同于自我意识、理性、思维、语言等人自身特有的能力，否则人就割裂、疏离自然万物。"简言之，凡有目的性和能动性的存在者皆为主体，目的性加能动性就是主体性。"②尽管这个对主体的界定未必正确合理，但至少跳

① 〔瑞士〕荣格：《未发现的自我》，张敦福、赵蕾译，国际文化出版公司，2000，第5页。
② 卢风：《应用伦理学——现代生活方式的哲学反思》，中央编译出版社，2004，第118页。

出了主观主义思维的逻辑"魔圈",扩展了主体概念的外延,丰富了主体的内涵。如果我们不把主体性等同于人的自我意识,而是认为不只人才是主体,其他生命可以表现为不同程度的主体,因而,能够得出这样的结论,主体和客体的区分并不是绝对的,只是相对的。

当然,人与自然之间主客体的区分是相对的、辩证的,并不否定主客体二分的理论价值和实践意义。肇始于西方文化主客二分的理性思维方式,奠定了西方"现代性"及其全球化的道德价值观基础。这种思维模式虽然有根据,适用于有限的范围,却被"现代性"意识形态夸大和歪曲成放之四海而皆准的理论教条和形式主义,以至于遮蔽甚至于否定或取消了物我交融的"说不可说之神秘"(孙周兴语)。在主客相对的意义上,生态伦理的伦理生活的主体不仅是人,也包括动物、植物等自然界存在。动物的主体性在史怀泽、边沁、辛格和雷根等思想家那里已经得到充分的阐述和论证。植物学家迈克尔·波伦对植物的主体性给予充分的说明,他说,"我认识到,所有这些植物——我总是把它们视为我的欲望的客体对象,同样也是主体,也在对我起作用,诱使我去为它们做它们自己做不了的事情"①。在波伦看来,在更宽广的论题上,人类与大自然之间复杂的互惠关系,用一种不那么传统的角度来讲述,就是从植物的眼中来看世界。当代美国哲学家、生态女权主义者斯普瑞特奈克在《真实之复兴》中很好地表达了人与自然之间的真实关系,"重新发现我们与周围实在的关系,首先在于认识到人类周围并不只是一堆客体,而是一群主体……我们不再孤独了!我们拥有了所有这些以前不知道的亲戚!"② 由此看来,人并不是唯一的主体,动植物也是具有不同程度主体性的主体。

正是由于伦理生活的主体范围的扩展,相应地,伦理关系不仅在外延上,

① 〔美〕迈克尔·波伦:《植物的欲望:植物眼中的世界》,王毅译,上海人民出版社,2003,第3页。
② 〔美〕查伦·斯普瑞特奈克:《真实之复兴:极度现代的世界中的身体、自然和地方》,张妮妮译,中央编译出版社,2001,第234页。

而且在内涵上从"人与人"延伸到"人与自然"，这意味着人不再是社会原子化的个体，更不是世界的价值中心，而是生存于自然共同体中的社会存在，在自我有限性的基础上，为建构生态文明与和谐社会开创了可能性。生态伦理的伦理生活的主体考察是理性品格的认知之维，但要想从"知"到"行"，则涉及"应当做什么""应当如何做"等与切己的利益、感受和体验密切相关的评价之维。在生态乌托邦的视域中，鉴于生态伦理与现代主流社会伦理在伦理生活的主体不同，生态伦理的伦理生活之道德实践应该特别重视和培养人的生态美德，养成在社会生活中的自主、自觉、自省和自制品格，不伤害自己，也就不会主动去破坏自然，这已经是保护自然了。从严格的意义上说，"保护自然"不是很正确的说法，因为这种表述背后的潜台词包含着人类依靠科技"征服自然"的傲慢和狂妄，似乎自然是弱小的，人是强大的。征服自然是不可能的，人类也无能力保护自然，自然作为包孕万有、化生万物的无限也不需要人类的保护，但人类"只有一个地球"，它是跟我们的生命、生存和发展息息相关、休戚与共的自然，更值得我们对之加倍地关注、爱护。从这个意义上说，保护自然就是保护人类自己，反之亦然。

现代主流社会伦理把伦理关系压缩到人与人的关系，仅仅依靠规范伦理约束人们的外在行为，却难以让拥有躁动的心灵的人停下脚步，慰藉"饥饿的灵魂"。与解决人与人关系的现代规范伦理范畴不完全相同，拓展主体的外延和内涵，联结人与自然之间多层面的、丰富意蕴的生态伦理，除了依靠规范伦理约束人们破坏自然的行为，更急需生态美德的心灵滋养，才不会把规范看作外在的约束，而是心灵的需要或精神食粮。因此，生态伦理的伦理生活不完全在于理性的认知和规范的引导，更要重视个体道德实践中的情感体验，以利于生态美德的养成。在社会生活中实际的道德行为并不仅仅按抽象的道德律令而展开，抑或说，不是首先想到服从道德律令这一基本要求，然后再机械式地按这一道德律令的要求去做，而是需要内在于个体心灵的、区别于意识形态而自主形成的评价、判断、考虑、选择、决定等不同的理论思考环节和道德实践路径彼此关联，激发个体的道德感而行动。"单纯的认知立场，往往使个体仅仅成为理性的旁观者，由此将导致离行言知。"① 这句话似乎普遍适用于一般伦理样态的道德实践，但对于生态伦理的伦理生活而言，显得尤为重要。现代伦理生活受制于"作为'意识形态'的技术与科学"（哈贝马斯语），凝思生活之外的理性设计和条件，却难以接近生活世界本身，驻足、体验和享受生活的乐趣。

现代人理智有余而情感不足，缺乏伦理生活的内在动力。情感是人的心灵（或灵魂）的润滑剂，当处于某些可认定的、与心灵的体验联系在一起的情感中时，我们的内心是敞开的，心灵是易接近的。我们如果不处于这种情感中，那就几乎不可能触及心灵。"情感是我们灵魂最直接的体验。如同孕妇感到婴儿的胎动一样，我们通过正在我们内在生命深入上升的情感来感受灵魂。"② 这种情感体验让我们了解到，自己的灵魂还活着，而且恰恰活在我们存在的核心。情感是社会关系的纽带及人之所以为人的内在动力，也是人对自然联结的情感纽带和精神空间。相比于人与人之间情感的理性表达，人对自然的情感往往是隐藏于内心，只可意会、不能言传的，不同程度地影响和渗透于人们的社会关系和日常生活中。从这个意义上说，人对待自然的态度与人类社会生活不无关联。被称作"浪漫主义之父"的卢梭认为，哲学的第一真理就是：人具有感觉，存在着，并且知道与他自己不同的世界表面上有差异，而实际上存在着感性的、真实的和具体的统一。这种思想促使人与世界的内在联结。"我存在着，我有感官，我通过我的感官而有所感受。这就是打动我的心弦使我不能不接受的第一个真理。"与笛卡尔、狄德罗等启蒙思想家把人仅仅当作"理性动物"不同，卢梭却强调人是生而有感情的，感情是神圣的，有着活生生的情感的生灵，依照自然法则而产生的优美感情是一种合理的自然道德，是符合人性的。

对此，生态心理学的研究更细致地探讨了人类心灵与地球生态之间的情

---

① 杨国荣：《伦理生活与道德实践》，《学术月刊》2014 年第 3 期，第 55 页。
② 〔美〕大卫·艾尔金斯：《超越宗教——在传统宗教之外构建个人精神生活》，顾肃、杨晓明、王文娟译，上海人民出版社，2007，第 59 页。

感关系，对保护地球与净化心灵不无裨益，同样能够产生与生态伦理相得益彰的理论价值和实践效果。生态心理学研究揭示出，人类的心灵与自然（或生态）之间存在密不可分的情感联结，即"生态潜意识"。这是人固有的天性，对自然的内隐态度，充满着神秘的内在活力，却一直被追求理性主义的"现代性"道德所掩盖和抑制，致使人与人之间的自然情感断裂，留下无尽的心灵空虚、无聊或厌烦，产生无名的焦虑，只能通过"物的依赖性"占有更多物质，才能"饮鸩止渴"。"生态心理学的目标是，恢复受抑制的生态潜意识的疗法，唤醒固有的、在生态潜意识之内的环境交互性意识，寻找治愈人与自然环境之间更多更根本的疏离。"[①] 如果说，目前的生态伦理学还处在"宏大叙事"的主题性和统一性的论述中，那么，借助生态心理学的这一研究成果，生态伦理的伦理生活之道德实践，通过认知之维与情感之维的沟通，培养生态美德的道德心或道德感，限制膨胀的私欲，为保护自然的道德行为的现实展开提供了重要的理论根据。

二　简单生活的幸福之生态伦理意蕴

生态伦理的伦理生活之道德实践是生态伦理的价值整合在未来社会发展和社会生活中的延续和可能呈现。生态美德的道德实践验证了生态伦理之于生态文明建设的启蒙意义，走出人类中心与生态中心之间"对立"的僵化思维、无谓的争执，走向符合生态精神的社会和谐。生态伦理的伦理生活之道德实践的目标并不限制在"成为什么样的人"这一抽象的问题上，而是生存于什么样的"好的社会"，这又是一个关乎更为根本的，既是理论又是实践的问题：什么样的生活是真正值得过的，抑或，什么样的生活才可称为"好的生活"？什么样的社会是好的社会即和谐的社会？这是人类产生以来孜孜以求的梦想，尽管这些梦想多少次破灭，又多少次重生，但人类不会停止探寻

---

① 吴建平：《生态自我：人与环境的心理学探索》，中央编译出版社，2011，第161页。

真实梦想的脚步。得益于生态乌托邦的启蒙,生态伦理摆脱意识形态的束缚,彰显了自身的理论特性,必然从理论走向实践,实现自身的价值和使命。

生态乌托邦激发了生态伦理对"现代性"道德的意识形态反思,从现代道德价值观剥离出来,展开了人类社会与自然和谐共处的可能性空间。但生态伦理不能止于生态乌托邦的抽象建构,需要进一步探究人类通往生态文明必须具备的一种伦理觉悟,这是将可能的生活变为现实社会中的一种选择。生态伦理的伦理生活正是为生态文明建构提供一种伦理觉悟和道德实践。我国生态学家叶谦吉教授首次明确使用"生态文明"概念,在改造自然的同时,又保护自然,与自然之间保持和谐。主要从事生态文明研究的廖福霖进一步指出,生态文明建设更加关注生产生活方式的转变,与构建和谐社会直接相通,是和谐社会得以实现的重要载体和有效途径。生态文明是指按照人、社会与自然这个复合体运转和发展的客观规律,在物质生产和精神生活中,依靠人类自身的主观能动性,建立起来的人、社会与自然之间的良性互动运行机制和高级的社会文明形态。可以看出,生态文明仅对人与自然的关系进行反思还是不够的,必须对人、社会与自然的关系进行全面反思,打破一种单向度的、机械式的控制和支配的关系,力图建设一种与以"物的依赖性"为特征的现代工业文明不同的新型社会文明形态,走向协调发展与和谐进步。

生态文明不但把社会、人类和自然当作有机联系的整体,而且把和谐协调、持续发展和全面繁荣也当作有机联系的整体,使和谐协调升华到更高阶段,实现和谐协调的新境界。生态伦理以生态文明为理论目标和实践指向,随着理论的日益完善和生态环境运动由浅层的"合理利用"向深层的"心灵生态"延伸,必然会为公众普遍接受而成为社会的重要伦理范式。我国生态伦理学家余谋昌指出:"生态伦理是生态文明的一个组成部分。它从理论和实践两个方面促进生态文明建设并牢固树立生态文明观念。"① 以理论与实践相结

---

① 余谋昌:《从生态伦理到生态文明》,《马克思主义与现实》2009 年第 2 期,第 112 页。

合的方式从事生态伦理学研究，使人们切身地理解、感受和体验到这种理论的内在吸引力和道德实践的生命力。这表明生态伦理绝不只是在于它的理念先进、理论思辨论证得多么严谨和清晰——尽管这对于生态伦理超越意识形态的"现代性"道德来说也比较重要，但是，这还远远不够，更在于它的实践效力。生态伦理不完全局限于涉及人与人之间语言交流、理性沟通的人际伦理或社会伦理，更需要仰赖于人对自然的认识、理解和体悟的程度，并将这种方式转化到社会实践中，才能得到应验。人与人之间有话语沟通、语言交流和相互回应，但人与自然之间，按人们一般的理解，是没有相互性交流的，无法通过话语沟通和语言交流来实现，这也是生态伦理难以进入现代伦理视野中的原因之一。

但深入研究，能够发现，人与人之间的交流虽然具有互动性，但也会有谎言和欺骗，阻碍着人与人之间的真实沟通。而人与自然之间虽然没有明显的互动，却潜在地存在着一种看不见的"无言之言"。人与自然之间，除了存在主客对立的"我与它"范畴，还存在布伯所说的"我与你"的一体关系。布伯认为，在相互性和语言交流方面，尽管人与人之间和人与自然物之间有阶段上的差异，但不管是有言之言的"进入门槛"阶段，还是无言之言的"前门槛"阶段，只要采取"仁慈"的态度对待自然物，视之为"你"而与自然对话，"都是精神的体现，都有相互间的回应或语言应答"①。随着语言内涵的扩展，语言不仅指人与人之间的语言，人与自然之间的语言也得到了一些哲学、伦理学的认可，打破了人在世界中的霸权，由世界的中心位置，转到"人是存在的看护者"（海德格尔语），诗意地栖息于大地。

这种对自然的态度确实打破了一贯的僵化思维模式，极大地扩展了人的视野，走出由技术、经济和现代主流伦理所制造的藩篱，去倾听自然的语言，重返人类生存的本质，去体悟大道的真谛。这种解释的确不错，很有道

---

① 张世英:《人生与世界的两重性——布伯〈我与你〉一书的启发》,《中国人民大学学报》
2002 年第 3 期, 第 31 页。

理，丰富了生态伦理思想，有利于人与自然伦理关系的道德合理性证明，但如果没有生态伦理的道德实践，这些美好的愿景都不能起到实际的效果。因此，从理论思辨的伦理思考与批判走向现实生活的道德实践指向，生态伦理的启蒙价值逐渐渗透到并运行于社会生活中的经济利益协调、生态政治的设计和生态文化的引领等诸多领域，为社会大众逐渐理解、自愿接受和普遍认同，最终会进入人的生活世界，成为人的实际行动。生态伦理不仅是理论的，也是实践的，"它所传播的新的价值观念和思维方式，新的行为准则和道德规范，新的道德理想和道德境界，正在逐渐渗透到政治、经济、社会、科技和文化的各个领域，推动社会的生产方式、生活方式和思维方式的变革，成为建设生态文明的积极力量"①。这正是生态伦理研究的理论初衷所要达到的实践目的。把生态文明作为现代社会发展和历史进步的目标，生态伦理研究的启蒙意义、理论思考和道德实践促进道德价值观的深刻变革和生产生活方式的内在转变，强调生态智慧、适度节制、简朴生活，崇尚精神文化生活，摒弃物质主义、消费主义和享乐主义。

毋庸置疑，生态文明建设是生态伦理理论与实践探索和追求的社会发展目标，但我们必须清醒地意识到，这一社会发展目标是一种更高层次的、更具总体意义的社会文明的理想形态，正处于从工业文明向生态文明转型的生存（或生活）之路中，有待于人类自身完善和实践创造。历史没有终点，因而，生态文明不可能囊括人类历史的整体，却是走出工业文明"雾霾"的必经之路。从生态伦理到生态文明的理论建构，打破了工业文明的"现代性后果"所衍生的僵化的思维模式，拓展了伦理的内涵和外延，但这仅仅是出于"宏大叙事"的历史结构的沉思结果，而对于生态伦理的伦理生活之道德实践而言，这仅仅是故事的开始。人文生态和心灵生态的构建使人们遵循生态伦理的生活方式，拓展人类心灵的内在空间，进入生态文明的核心价值领域。鉴于此，每一个现代人都不应该是置身于生活之外的理性旁观者，等待着生

---

① 余谋昌：《从生态伦理到生态文明》，《马克思主义与现实》2009 年第 2 期，第 112 页。

态文明"从天而降",而是作为生态伦理的能动性的伦理主体从生活方式上参与到文明转型的历史过程中,才能自觉地建构生态文明,深切体会到创造和谐社会和追求人自身完善的价值。只要有人存在,这一创造和追求的过程就不会有终点。

作为具有具体内容、突出实践本性的应用伦理,生态伦理的伦理生活的主体就不完全是现实社会中利益结构不断分化的抽象的原子化个体,而首先应该回到与自然万物生命沟通的活生生的有血有肉的个人,回归自然本性的真实的自我,然后在这个自然本性基础上建构的人类社会结构、文化观念才不会丢掉人性的基石。以往伦理学在探讨人自身的问题时,用人、人类、社会、国家、文化等概念表征人的社会本质,却常常忽略、漠视甚至否定与自己密切关联的人生主题。照常理说来,脱离传统文化的束缚,具有自由、平等的现代个体能够清楚地认识自己,发挥自觉意识和支配能力,对实践过程形成主导和控制作用,并为自己的自主行动后果承担相应的责任。然而,富有悖谬意味的是,现代社会生活中人们不一定能够找到自己的人生坐标并支配自己的人生,并不能认清自己的真实面目,更谈不上在真正意义上成为自己,如戴维·迈尔斯的一本书《我们都是自己的陌生人》所揭示的:"自我参照效应可以阐明生活中的一个基本事实:我们对自我的感觉处于我们世界的核心位置。由于我们倾向于把自己看成世界的核心,因此我们会过于觉得别人的行为是针对我们的。"[①] 因此,在公共生活中,人能够自觉自愿地遵纪守法,但在个人的生活领域中常常不能自制,使整个社会陷入永无休止的贪婪。"只是一味地盯着生活中无穷无尽的我们尚未拥有的东西。我们追求更多,但获得这些东西只能带来短暂的刺激,接着我们发现它们已经过时了,于是把它们丢在一边,继续开始下一轮的追求。"[②] 正是现代人由不能自知到不

---

① 〔美〕戴维·迈尔斯:《我们都是自己的陌生人》,沈德灿译,人民邮电出版社,2012,第20页。
② 〔英〕约翰·内尔什:《够了:你为什么总是不满足》,唐奇等译,中国人民大学出版社,2009,第168页。

能自制，显现出可怕的集体病态心理和集体贪婪，致使"我们的文明仍然在向地球脆弱的生态系统任意施加过度的负担"①。在我们这个已然是不折不扣的"个体化社会"，集体意向的表征如人类、社会、国家、经济、文化等都源于个体的行动，而受"现代性"意识形态的支配，以集体意向为特征的社会、经济和文化等政策基本上要以平均单元中磨平个性的抽象个体为根据，迎合大多数人的较为世俗的短期的利益以取得长久的合法性。从现代社会个人和集体的关系分析，解决人对自然破坏的环境问题最终还得依靠现代社会中每一个体的道德素质的提升。每一个人都必须清楚，破坏自然的恶果同样会伤及人类自身，而解决之道正在于每一个人需要重新认识自己，直面自己的人生。当每一个人为自己的人生负责，力争做到身心和谐，获得心灵宁静的幸福，就会直接或间接地触及、影响甚至决定人与人、人与自然的关系，推动和促进了生态文明及和谐社会的构建。

人的生命只有一次，都是独特和不可替换的。"真正的你是独一无二的，超越了你的所有认识，因为真正的你才是真相。作为自然人的'你'就是真相"②。然而，令人惊奇的问题是，为什么我们活着活着，已不记得这到底是谁的人生？人们也不愿意从学术上探讨人生的问题，原因在于不同的人或同一个人的不同时期都会对人生引出不同的结论、产生不同的困惑，因而常常被与之存在密切关联的人文科学研究所漠视，以至于成为没有意义的主题而被忽略不计。但是，有一个不可回避的主题——"只有一个人生"，这是一个不争的事实。人生之所以成为一个主题，前提是生命的一次性和短暂性。我们没有理由不爱自己，首先能够自爱即爱自己，才可能真正地爱他人。爱他人是社会道德的内在要求，但如果不同时爱自己，那就是社会道德的强制，违背了人的自然本性。如周国平说："不要忘记了最主要的事情：你仍然属于你

---

① 〔英〕约翰·内尔什：《够了：你为什么总是不满足》，唐奇等译，中国人民大学出版社，2009，第174页。

② 〔美〕路易兹等：《这是我的人生，不是别人的：坚持做自己的人生法则》，张金、曹爱菊译，中信出版社，2011，第25页。

自己。每个人都是一个宇宙，每一个人都应该有一个自足的精神世界。"①贺麟就"自然与人生"的话题强调："自然在表面上似乎与人生相反，在本质上却正与人生相成。人若不接近自然，就难以真正了解人生……回到自然，也足以帮助了解人生的真义。"②又如卢梭清楚而明白地表达关于人的"自爱"，认为人的"自爱"是最为原初的自然情感、所有一切欲念的本源，是衍生、发展其他情感的根基。"唯一同人一起产生而且终身不离的根本欲念，是自爱"。从这一意义上说，"自爱"不是"自私"——只考虑自己的利益却并不爱自己。"自爱"是利他的基础，而"自私"与利他是对立的，难以形成统一。换言之，自爱是伦理的源头，理论上或实践中的立足点，不仅爱自己，也由内而外地爱他人。"自爱始终是很好的，始终是符合自然的秩序的。我们第一个最重要的责任就是而且应当不断关心我们的生命。为了保持我们的生存，我们必须要爱自己，我们爱自己要胜过爱其他一切的东西。从这种情感中将直接产生这样一个结果：我们也同时爱保持我们生存的人。"③由此分析，可以看出，卢梭的"自然"观究其本质表现为个体人生对自己生命的观照。

生态伦理不能只固执于对历史性的"宏大叙事"问题的研究，也必须立足于微观性的切己体察式的自然人生问题，才具有根本性的价值和意义。生态伦理不触及基于自然的人生问题，它的研究依然局限于普通的伦理知识或技术性行话（technical jargon），而不能通过基于自然的人生哲学反思和社会批判而昭示一种正当的生活方式或智慧的生活之道。生态伦理的伦理生活之道德实践正是基于自然的人生道路而展开简单生活的幸福追求，有利于作为稳定的精神定势和心理品格的生态美德的生成，在真正意义上引导生态文明建设与创造和谐社会。

在前现代社会中，一些人凭借等级、特权等社会身份过着奢侈无度的生活，而大部分人过着简单生活是不得已而为之的被动行为，尽管他们也有自

---

① 周国平：《只有一个人生》，四川大学出版社，1992，第18页。
② 贺麟：《文化与人生》，商务印书馆，1999，第115页。
③〔法〕卢梭：《爱弥儿：论教育》（上卷），李平沤译，商务印书馆，1978，第289页。

己的幸福理解和感受，却谈不上拥有幸福的自觉。进入以"现代性"道德为圭臬的大众社会，少数人的时尚行为和奢侈生活诱导和带动大众盲目的、无意识的行为，激发和扩大人的较低层面的欲望，颠覆较高层面、总体意义的终极价值。"一切价值赖以确立的、最终质料的本质价值本身，都进入了一种偏爱秩序，与价值的真实级别秩序不但不符，而且使价值颠倒，本末倒置，其势头有增无减。"① 这导致工具理性的有用价值凌驾最切近人生（Life）的生命价值，使人们把自己的人生变得越来越微不足道，切割成碎片，以适应分工越来越专业化的"牢笼社会"，却似乎无力反抗这种"铁笼"一样的现实。

生态伦理拓展了"现代性"道德的社会伦理范围，延伸到人与自然伦理关系的基础性层面。但生态伦理的延伸，不只是外延的扩展，也是内涵的提升及生活品质的提高。换言之，生态伦理不只是伦理的拓展，更是重新找回了生活中由内而外的幸福感。因此，生态伦理研究为追求幸福的人生打开了一扇窗，让人自愿过一种简单的生活，这样才能真切地感知到幸福。简单生活不是一般情况下所说的"苦行僧式"的省吃俭用、节衣缩食，过一种毫无诱惑力的生活，而是在生态伦理意义上践行生态美德，为"自己的人生"负责，拥有更加富裕、有趣、充实、长久而健康的生活，为未来的生态良好的和谐社会添砖加瓦。英国著名女学者卡琳·克里斯坦森倡导"生态生活"的观念和实践，将人们的生活方式选择不局限于经济消费等领域，而是置于更加广泛的领域，从衣食住行、旅游假日等诸多方面，详尽而实用地描述了"生态生活"的具体内涵。卡琳·克里斯坦森认为，所谓生态生活，"它是一种描写 21 世纪生活的方法，它在最佳状态下意味着我们以一种可持续发展的方式过日子，同时就我们全都面临的实际需要而言也合情合理。生态生活不是一种癖好，也不是一种兼职工作，而是一种将会给我们生活在其中的世界带来各种各样积极变化的观点"②。生态生活不是停留在口号上，也不是一种遥

---

① 〔德〕马克斯·舍勒：《价值的颠覆》，罗悌伦等译，三联书店，1997，第 134 页。
② 〔英〕卡琳·克里斯坦森：《绿色生活：21 世纪生活生态手册》，朱曾汶译，安徽文艺出版社，2002，引言第 1 页。

不可及的理想，而是使人尊重自己的人生，重新估量我们的人际关系，同时要认识自然界，以实际行动使自己的生活方式与天然节奏和自然循环相一致。"我们想要让环境保护思想在我们的生活中提供一种幸福和沉稳的感觉，而不是使我们完全失常。"①可见，生态生活是基于人生考量，对人类、社会与自然的整体思考，是对自由选择实现自律生活的一种崭新的个体生态存在方式。

大卫·铃木和大卫·博伊德提倡在简单生活中留下"更小的'生态足迹'，更开怀的笑容"。"我们必须从现在开始行动，阻止今天的行为成为明天的大灾难。零能源建筑、零尾气排放车……这些显著的发展为我们糟糕的环境问题注入了新的绿色希望。我们每个人都可以在推动未来可持续发展上作出自己的一点贡献。"②从这种简单生活出发，我们每个人都可以保证我们为子孙许下的可持续发展未来的承诺不会只是海市蜃楼般的幻影。而且，更为重要的是，简单生活不是目的，只是达到目的的途径。学会简单生活，能够清除不必要的障碍物，慢慢地达到内心的宁静，就可以逐步认识深层的自我，获得幸福的体验。"减少'生态足迹'，提升幸福感。"③尽管"现代性"意识形态的社会生活滋生了越来越多的诱惑，冲击脆弱个体的心理防线，但作为存在意义的个体在自然中体会人生的价值，遵循生态伦理，有能力抵制经济主义和消费主义的诱惑。个体人生自愿过一种简单生活，通过自己所选择的行动，承担生活的责任，体察自己的幸福。幸福基于每一个体人生的自由选择、实际行动和自我感受，因为幸福感毕竟要从每个真实面对自己的人心底自然涌出，因而，必须尊重自然、关爱自己的心灵，拓展人的内在的心灵空间，才能产生自在的幸福感，就不会被外在的意识形态的诱惑所牵引。

---

① 〔英〕卡琳·克里斯坦森：《绿色生活：21世纪生活生态手册》，朱曾汶译，安徽文艺出版社，2002，引言第1页。

② 〔加〕铃木、〔加〕博伊德：《绿色生活指南》，传神译，中国环境科学出版社，2012，第112页。

③ 〔加〕铃木、〔加〕博伊德：《绿色生活指南》，传神译，中国环境科学出版社，2012，第116页。

结语　生态伦理与人的幸福

　　从伦理学的角度看，道德就是探究善恶，明辨是非，在社会生活实践中引导人们追求至善，形成个人的品性、修养与德性，外化为社会的伦理规范，最终目的和意义就是让人过上幸福的生活。道德是通往幸福的阶梯和桥梁，只有按照道德来生活，达到了物质上的满足，精神上的愉悦，感受到幸福的体验，才能实现真正的善。由此可见，任何伦理的探究与实践都需要指向人的幸福，这是一个并不需要做太多论证和讨论的话题。因为我们就生活在人道主义张扬的时代，不仅关注人的幸福，而且还重视如何获得幸福。

　　有所不同的是，幸福不是一下子就可以实现的，更不是一下子就能够完成的，而是随着时代的变迁，道德的完善，人类一直行走在追求幸福的路上。作为生态伦理学的先行者，斯宾诺莎建立起一套"上帝、实体、自然"的"三位一体"的完整的伦理学体系，就是为了探寻心灵与自然融合的幸福生活。这种幸福生活需要个人或人类的伦理内涵的拓展、道德勇气的心理培养、至善的信念与分享等一系列理论探析与实践过程，得到"持久的善"，才能获得人的心灵与整个自然相一致的知识和幸福的体验。斯宾诺莎在《知性改进论》的导言"论哲学的目的"这一部分中详细地描述了经过深长的思索，彻底下决心，放弃迷乱人心的财富、荣誉、肉体快乐等不确定的东西，以坚定的人性和品格，寻求"持久的善"，与他人一起分享幸福人生。正如他在《伦理学》中所说，"幸福不是德性的报酬，而是德性自身"①。幸福不是德性之外的目的，而是德性本身在现实生活中获得幸福。

在生态乌托邦的思想指引和精神动力的支持下，生态伦理的产生与发展，也正是为了获得人的幸福而不断完善自己。没有一种伦理只是为了道德而追求道德，生态伦理也是如此。生态伦理主张敬畏生命，论证自然的内在价值，彰显自然的权利，就是为了扭转意识形态性质的"现代性"道德及现代文化所控制的历史发展方向，引导人们追求更为合理的"至善"，过上更为持久的幸福。难以想象一种没有"人的幸福"的伦理思考，除非是一种"伪伦理"。正如史怀泽所说："只有人道，即对个人生存和幸福的关注，才是伦理。人道停止之日，就是伪伦理开始之时。这个界限被普遍承认并为所有人确信的那天，是人类历史上最有意义的日子之一。"②在史怀泽的伦理判断中，人对人的伦理关系虽然是现代社会的主流伦理，但它是不完整的，不具有充分的伦理动能。原因在于这种伦理所构成的现代文化突出强调知识、经济、科技，助长了人对物质生活的永不满足的欲求，却使人们"或多或少都有丧失个性而沦为机械的危险"，成了知识、经济、科技和能力成就的"阴暗面"，极大地伤害了人对精神生活的渴望和信念，使人不再能相信个人和人类的精神进步。

史怀泽认为，在只关注人对人的伦理关系的现代文化中，对其他生命的痛苦缺乏基本的同情能力，麻木不仁，人也就失去了感受其他生命、同享幸福的能力，但是在"敬畏生命"的伦理文化中，"以我们本身所能行的善，共同体验我们周围的幸福，是生命给予我们的唯一幸福……你必须如你必然所是地做一个真正自觉的人，与世界共同生存的人，在自身中体验世界的人"③。史怀泽对包括人在内的生命的关注、同情和敬畏，伦理地肯定世界与人生的人道主义文化理想是我们今天生态伦理研究的精神动力、信念支撑和道德实践的榜样。生态伦理学在发展和演进过程中，极力证明以生态规律的方

① 〔荷兰〕斯宾诺莎：《伦理学》，贺麟译，商务印书馆，1958，第266页。
② 〔法〕史怀泽：《敬畏生命》，陈泽环译，上海社会科学院出版社，1995，第29页。
③ 〔法〕史怀泽：《敬畏生命》，陈泽环译，上海社会科学院出版社，1995，第23页。

式尊重生态共同体中诸物种的内在价值和生存权利，越来越注重生态共同体的完整、和谐与稳定，却鲜有笔墨传达按照生态伦理的方式生活的幸福，而这一幸福主题常常被隐藏在现代文化背后的"现代性"道德体系的伦理话语抢占了先机。

没有伦理支撑的幸福是虚幻的，而没有幸福的伦理也是缺少灵魂的。一种伦理是否具有生命力和精神动力，也就是能否满足人心灵的内在空间，关键在于其是否追求幸福，追求何种幸福。在这方面，"现代性"道德的伦理话语抢占了意识形态的先机，捕获了人们脆弱的心灵，攫取幸福生活的全部渴望。但是，对人类社会生活的伦理思考，不只是基于工具理性的考量，更需要价值理性的指引。任何标榜道德达到了"至善"，获得了最终幸福的"历史的终结"性的意识形态宣言都阻挡不了人对幸福生活的无限渴望，对历史进步的无限遐思。尽管人需要物质生活，"自我保存"是德性的前提，幸福的基础，具有道德合理性，但是，意识形态性质的"现代性"道德的伦理话语不只是激发人们追求自己的利益，即"自我保存"，而且蛊惑人们追求金钱、财富和权力等，满足"幸福的最大化"的心理欲求。这种"最大化"的幸福就像吹了气的泡沫一样，不顾自身的柔韧程度和承载能力，尽管吹出美丽、漂亮和光鲜的外表，却难逃破裂的命运。现代社会"资本的逻辑"能够吹起一轮又一轮的幸福泡沫，引发人们日益严重的内心恐惧和焦虑，进而产生对幸福的厌倦与绝望。

现实社会可以诱惑人们产生对物质利益的无限欲求，但每一个人都无法回避一个不争的事实，毕竟每个人只有一个人生，人生的有限承载不起这种虚幻的"幸福"方舟，"以免让我在生命终结时，却发现自己从来没有活过"（梭罗语）。以完全失去真实的自己为代价去满足现代社会的"现实的逻辑"，获得社会的成功及某种程度上的"幸福的假象"，这毕竟是一种得不偿失的"皮洛式的胜利"。而更为靠谱而真实的选择是，对自己的人生负责，成为更好的自己，并以此为基础，与他人、社会、自然和谐共处，这种幸福才是可持续的"真实的幸福"。生态乌托邦指引下的生态伦理缘起于对环境污染和生态危机的哲学反思，为保护自然提供道德证成，但它对"现代性"道德的现实反思与未来理想社会和完整的人的终极关切都是围绕着"人的幸福"而展开和论述的，抓住了伦理学的核心。按照生态伦理的思考来追求的幸福生活，需要顶住意识形态的压力，不遵循"资本的逻辑"，过物质上简朴、精神上丰富的生活，虽然"实现自己的社会抱负难"，但"可以较容易地实现个人生活的根本目标——过幸福的生活"①。幸福毕竟不是给别人看的，不是完全按照社会的逻辑获得的，而是源于每个人对自己身心平衡的把握，这样才能产生充足的幸福感。

周治华在《环境伦理与幸福生活》一文中指出了基于德性伦理的视角和思路，使生态伦理与幸福生活的融通成为可能，使生态伦理学"变得完整，不再忽略或限制我们对于'幸福'的追求"②。可见，在生态伦理视域中能够论证和说明自然的内在价值（自然的权利）与人的幸福之间是紧密联系、不可分割的，重建"幸福"的客观性和规范性维度，开通更为丰富的幸福生活的道路。割裂与自然的内在价值的联系，人的幸福就成了无源之水、无本之木，只会成为一个永远无法实现的虚幻的愿景，"不断地退到意识的地平线上，并最终沉入地平线下"③。在世界中，人类只求自己物种的利益，孤立地存在，不可能获得幸福生活。依靠整体判断、强调道德主体内在推动力的德性伦理学，特别是超越"现代性"道德所形成的生态伦理（也即生态美德），尤其关注和重视人的真实的幸福生活——视之为一个符合人类本性的连续、整体的内在生活的终极目的，而不是现代社会一般意义上的外在的、表面的、量化的幸福。因而，人寻求一种积极的、完整的幸福生活，不仅需要与他人相联系，依靠社会的帮助得以实现，也需要与动物、植物等具有内在价值的自然界相联系，才能实现幸福生活的终极目的。人的幸福绝不仅是静态的心灵满足，

---

① 卢风:《应用伦理学——现代生活方式的哲学反思》，中央编译出版社，2004，第177页。

② 周治华:《环境伦理与幸福生活》，《第22次韩中伦理学国际学术大会论文集》，2014，第6页。从本文的"生态伦理与环境伦理的差异"这一观点来看，《环境伦理与幸福生活》这篇论文中所探讨的如何专注于自然价值的"环境伦理"，其内涵应该是"生态伦理"。

③ 〔德〕西美尔:《现代人与宗教》，曹卫东等译，中国人民大学出版社，2003，第11页。

更是积极的完整的生活渴望和追求，那么，它会激发人超越现有的条件，以自己特有的、本质的禀赋或能力，获得全面的发展和完善。因此，人们渴望、向往和追求的幸福生活，对于生态伦理理论的要求，不能仅限于论证自然的内在价值，更需要结合德性伦理学，考虑如何"尊重自然"，"这是构筑幸福生活的生态之维首先应当确立的基本共识"①。如何以德性的方式对待自然、探寻幸福的致思路径，使生态伦理学研究打破局限于以论证自然的内在价值来沟通人与自然的伦理关系的规范伦理话语体系和思想范畴，进入追求幸福的澄明之境。

以德性伦理的视角深入研究人与自然的伦理关系，丰富了生态伦理学的内涵，引导人们形成出于自然本身的缘故，同时也为了自己过一种好生活或幸福生活的观念，心怀对自然的敬畏和感激地栖居于自然。人如何对待自然的"人品问题"关系到人与自然的伦理关系。一言以蔽之，尊重自然，充满对自然的热爱，也就是让人类关爱自己，身心和谐，获得幸福人生。反之亦然。人自己的身心其实就是宏观的自然与人类的关系在人自身上的缩影。生态伦理集中关注具有宏观性质的人与自然的伦理关系，却常常忽视这一主题与人德性地对待自己的身心问题存在密切的关联。因为"人与自然"触及"人与人"的关系这一存在论的宏大思想主题，并不是外在于人的可有可无的问题，而是关乎每个生活于现代社会境遇中的现代人的问题，最终都会反映到或体现出人的身心和谐问题，进而由内而外发生外在的道德行为。保护自然的具体的实践活动，或多或少都起始于人德性地对待自己的身心。"随着对道德作用机制和对人的精神现象研究的深化，现在人们认识到，在道德调节的关系中还应增加人与自我'身''心'之间的关系。"② 人类对自我身心的观照和整体生命的幸福追求，外化为人尊重自然、保护自然以及对生态幸福的

① 周治华：《环境伦理与幸福生活》，《第22次韩中伦理学国际学术大会论文集》，2014，第7页。
② 陈延斌、王体：《人与自我身心之际：道德调节的新向度》，《哲学研究》2006年第8期，第122页。

渴望。

　　人不是纯粹精神的代言人，也不是支配、控制和利用自然万物所构成的虚假的自我，而是身体与心灵统一的生命。人正是基于这种身心统一的生命而展开对幸福的追求的。从这一根本的意义上说，保护自然，关爱自然，承认自然的内在价值和自然的权利，就是保护人自己。正如马克思所说的，人是自然的一部分，反之亦然，自然又"是人的无机的身体"[1]。与人分割开来的自然界就是纯粹的和静态的自然界，"对人来说也是无"。同样，割裂人的心灵来谈论人的身体，也是抽象和片面的。从宏观看，生态伦理是处理人与自然之间关系的伦理，从微观上来说明，也是对人的身心和谐的道德自我的确立。现代社会中的经济主义、消费主义和享乐主义激发人们拼命赚钱和消费，破坏了自然，也使现代人身心疲惫。

　　解决这一人生和社会的根本问题，当然需要诉诸生态伦理的价值观变革、生态启蒙，但更需要每个人遵循生态美德地生活，自愿过一种符合生态的简单生活，关注自己的身心和谐与对幸福生活的追寻，努力构筑幸福生活的生态之维，就会从根本上逐步化解生态危机。换言之，人的幸福的获得在于人伦理地对待自然，更进一步地说，就是人德性地对待自己：人对自己身心关系的调适与优化，就是人生幸福及其向外延伸或拓展的内在动力和生存根据。"德性的意义在于，守护心灵的秩序，实现身心的和谐。人生的意义和幸福，离不开德性。"[2]中国古人云："千里之行，始于足下。"不论人保护自然的生态伦理理论构建得多么完善、思想多么深远，相应地，以此为基础建构的人类可持续生存和发展的目标多么宏伟，最终必须落实到人的实践活动，落实于每一个人优化、充实和完善自己的生命、生活和人生，力图实现身与心的和解与和谐，才能由内而外地使人类伦理地对待自然，视生态伦理为现代社会伦理的内在要求和完成。

————

　　[1]〔德〕马克思：《1844年经济学哲学手稿》，中共中央编译局译，人民出版社，2000，第56页。
　　[2]　寇东亮：《身心和谐、德性与真实自我》，《学习与实践》2011年第4期，第131页。

人如何德性地对待自己，自觉地致力于身心的和解与和谐，这既是理论思辨与抽象的形上之维的复杂问题，又是认识和成为自己，生成一个"真实自我"的简单问题。之所以是一个"复杂的问题"，无非就是抽象地研究人本身，要求他人为善，而自己却脱离善的活动。真正的伦理不仅是知识的，更是实践的，首先应该通过从自身出发的实践活动，德性地完善自己的生活、生命和人生。对于作为应用伦理的生态伦理研究而言，人的实践活动更为突出和重要。"包括道德现象在内的整个文化现象，实际上是以人的实践为中介而建立起来的人-社会-自然的三维结构"[①]，而以人与自然伦理关系为切入点的生态伦理是伦理学研究的题中应有之义。离开了人的具体的实践活动，生态伦理学就与不直接关注具体的现实问题的理论伦理学无异。但是与现实社会中人的给定的实践活动根本不同，生态伦理是在生态乌托邦思想的指引下，走出"现代性"道德的窠臼，走向超越"手段王国"的生态美德与生态幸福。一言以蔽之，生态伦理不仅是一种理论，更为重要的是一种道德实践，就是要人自愿过一种简单的生活，培养自己一种自我完善、自我提升的德性，对自身生命、生活和人生意义进行体认和追求。德性是人的多样性因素的有机统一，"自我整合"的稳定的心灵有序状态，一种内在的"善"品质。通过简单生活的形成和德性品质的培养，现代人就能"自然而然"找到与现代社会主流道德价值观塑造的"人格面具"遮蔽的"真实自我"，不再被视为道德的手段，而是自身就具有内在价值和意义。与现代社会中的"人格面具"的自我实现不同，简单生活形成和德性品质培养的"真实自我"是与地球上的其他生命分享的"生态自我"，"不仅包括他人与人类共同体之间，还包含了我们与其他生物的关系"。现代主流道德价值观塑造的"自我"实际上是一个分离的、不完整的个体自我，却自诩为所谓的"独立""自由"的主体。而"生态自我"是一个人深切地感受到自己，对自我产生更加充分的体验，能够达到与其他物种认同的知、情、意的统一。在这种"生态自我"中，不再有

① 刘湘溶:《人与自然的道德话语》，湖南师范大学出版社，2004，第2页。

绝对排斥的身体和心灵，而是完整意义的生命、生活与人生，切身地体验到内心的满足和"真实的幸福"。当然，作为一种"真实自我"，"生态自我"依然可以被当作一个道德理想，一个值得信奉的理想，但它具有深刻的伦理意义，是一个人的德性的自我展现。抑或说，这种道德理想代表了"生态乌托邦"在个人摒弃虚幻的形象，以一种追求"自我真实性"的"道德的勇气"努力在生态生活的实践中对人的幸福之路的探索和寻求。

参考文献

中文参考文献：

一 学术著作

1. 蒙培元：《人与自然：中国哲学生态观》，人民出版社，2004。

2. 余谋昌：《生态伦理学：从理论走向实践》，首都师范大学出版社，1999。

3. 郇庆治：《绿色乌托邦：生态主义的社会哲学》，泰山出版社，1998。

4. 鲁枢元：《精神守望》，东方出版中心，2004。

5. 陈鼓应：《失落的自我》，中华书局（香港）有限公司，1993。

6. 赵汀阳：《论可能生活》，三联书店，1994。

7. 李泽厚：《批判哲学的批判——康德述评》，人民出版社，1984。

8. 李泽厚：《实用理性与乐感文化》，三联书店，2008。

9. 万俊人：《寻求普世伦理》，北京大学出版社，2009。

10. 周国平：《只有一个人生》，四川大学出版社，1992。

11. 卢风：《应用伦理学——现代生活方式的哲学反思》，中央编译出版社，2004。

12. 吴国盛：《自然的退隐》，东北林业大学出版社，1996。

13. 吴国盛：《现代化之忧思》，三联书店，1999。

14. 何怀宏主编《生态伦理——精神资源与哲学基础》，河北大学出版社，2002。

15. 刘湘溶:《人与自然的道德话语》，湖南师范大学出版社，2004。

16. 叶平:《生态伦理学》，东北林业大学出版社，1994。

17. 宋祖良:《拯救地球和人类未来——海德格尔的后期思想》，中国社会科学出版社，1993。

18. 高兆明:《伦理学理论与方法》，人民出版社，2005。

19. 曹孟勤:《人性与自然》，南京师范大学出版社，2004。

20. 杨通进:《走向深层的环保》，四川人民出版社，2000。

21. 李培超:《自然的伦理尊严》，江西人民出版社，2001。

22. 曾建平:《自然之思:西方生态伦理思想探究》，中国社会科学出版社，2004。

23. 王雨辰:《生态批判与绿色乌托邦》，人民出版社，2009。

24. 吴先伍:《现代性境域中的生态危机——人与自然冲突的观念论根源》，安徽师范大学出版社，2010。

25. 徐嵩龄主编《环境伦理学进展:评论与阐释》，社会科学文献出版社，1999。

26. 贺来:《现实生活世界——乌托邦精神的真实根基》，吉林教育出版社，1998。

27. 吴建平:《生态自我:人与环境的心理学探索》，中央编译出版社，2011。

28. 佘正荣:《中国生态伦理传统的诠释与重建》，人民出版社，2002。

29. 唐文明:《与命与仁:原始儒家伦理精神与现代性问题》，河北大学出版社，2002。

30.〔古希腊〕色诺芬:《回忆苏格拉底》，吴永泉译，商务印书馆，1997。

31.〔古希腊〕柏拉图:《理想国》，郭斌和、张竹明译，商务印书馆，

1986。

32.〔古希腊〕亚里士多德:《尼各马可伦理学》,廖申白译注,商务印书馆,2003。

33.〔古希腊〕亚里士多德:《政治学》,吴寿彭译,商务印书馆,1983。

34.〔法〕笛卡尔:《哲学原理》,关文运译,商务印书馆,1959。

35.〔英〕霍布斯:《利维坦》,黎思复等译,商务印书馆,1985。

36.〔荷兰〕斯宾诺莎:《伦理学》,贺麟译,商务印书馆,1958。

37.〔荷兰〕斯宾诺莎:《知性改进论》,贺麟译,商务印书馆,1986。

38.〔法〕卢梭:《社会契约论》,何兆武译,商务印书馆,1975。

39.〔德〕康德:《道德形而上学原理》,苗力田译,上海人民出版社,2005。

40.〔德〕黑格尔:《精神现象学》(上下卷),贺麟、王玖兴译,商务印书馆,1979。

41.〔法〕居友:《无义务无制裁的道德概论》,余涌译,中国社会科学出版社,1994。

42.〔德〕马克思:《1844年经济学哲学手稿》,中共中央编译局译,人民出版社,2000。

43.〔德〕恩格斯:《自然辩证法》,于光远等译,人民出版社,1984。

44.〔德〕费尔巴哈:《费尔巴哈哲学著作选集》(下卷),荣震华、王太庆、刘磊译,商务印书馆,1984。

45.〔英〕萨缪尔·亚力山大:《艺术、价值与自然》,韩东辉、张振明译,华夏出版社,2000。

46.〔英〕彼得·辛格:《动物解放》,孟祥森、钱永祥译,光明日报出版社,2000。

47.〔法〕史怀泽:《敬畏生命》,陈泽环译,上海社会科学院出版社,1995。

48.〔美〕梭罗:《瓦尔登湖》,徐迟译,上海译文出版社,2004。

49.〔美〕蕾切尔·卡森:《寂静的春天》,吕瑞兰、李长生译,上海译文出版社,2008。

50.〔美〕奥尔多·利奥波德:《沙乡年鉴》,侯文蕙译,吉林人民出版社,1997。

51.〔美〕霍尔姆斯·罗尔斯顿:《哲学走向荒野》,刘耳、叶平译,吉林人民出版社,2000。

52.〔美〕巴里·康芒纳:《封闭的循环——自然、人和技术》,侯文蕙译,吉林人民出版社,2000。

53.〔英〕柯林武德:《自然的观念》,吴国盛、柯映红译,华夏出版社,1999。

54.〔美〕卡洛琳·麦茜特:《自然之死——妇女、生态和科学革命》,吴国盛等译,吉林人民出版社,1999。

55.〔法〕埃德加·莫兰:《方法:天然之天性》,吴泓缈等译,北京大学出版社,2002。

56.〔美〕托马斯·A.香农:《生命伦理学导论》,肖巍译,黑龙江人民出版社,2005。

57.〔美〕戴维·埃伦费尔德:《人道主义的僭妄》,李云龙译,国际文化出版公司,1988。

58.〔加〕威廉·莱斯:《自然的控制》,岳长岭、李建华译,重庆出版社,1993。

59.〔美〕E.P.奥德姆:《生态学基础》,孙儒泳等译,人民教育出版社,1981。

60.〔美〕E.希尔斯:《论传统》,傅铿、吕乐译,上海人民出版社,1991。

61.〔美〕A.麦金太尔:《追寻美德:伦理理论研究》,宋继杰译,译林出版社,2003。

62.〔德〕莫尔特曼:《创造中的上帝:生态创造论》,隗仁莲等译,三联书店，2002。

63.〔德〕马克斯·舍勒:《价值的颠覆》，罗悌伦等译，三联书店，1997。

64.〔加〕查尔斯·泰勒:《现代性之隐忧》，程炼译，中央编译出版社，2001。

65.〔加〕大卫·莱昂:《后现代性》，郭为桂译，吉林人民出版社，2004。

66.〔英〕鲍曼:《现代性与大屠杀》，杨渝东、史建华译，译林出版社，2002。

67.〔美〕埃利希·弗洛姆:《健全的社会》，欧阳谦译，中国文联出版公司，1988。

68.〔英〕安东尼·吉登斯:《现代性的后果》，田禾译，译林出版社，2000。

69.〔德〕于尔根·哈贝马斯:《现代性的哲学话语》，曹卫东等译，译林出版社，2004。

70.〔德〕马克斯·霍克海默:《批判理论》，李小兵等译，重庆出版社，1989。

71.〔美〕赫伯特·马尔库塞:《单向度的人》，刘继译，上海译文出版社，1989。

72.〔法〕塞尔日·莫斯科维奇:《还自然之魅：对生态运动的思考》，庄晨燕、邱寅晨译，三联书店，2005。

73.〔美〕加里·L.弗兰西恩:《动物权利导论：孩子与狗之间》，张守东、刘耳译，中国政法大学出版社，2004。

74.〔美〕R.T.诺兰等:《伦理学与现实生活》，姚新中等译，华夏出版社，1988。

75.〔德〕海德格尔:《人，诗意地安居:海德格尔语要》，郜元宝译，广西师范大学出版社，2000。

76.〔美〕刘易斯·托玛斯:《细胞生命的礼赞——个生物学观察者的手记》,李绍明译,湖南科学技术出版社,1997。

77.〔美〕大卫·雷·格里芬:《后现代精神》,王成兵译,中央编译局出版社,1998。

78.〔美〕乔·奥·赫茨勒:《乌托邦思想史》,张兆麟等译,商务印书馆,1990。

79.〔英〕培根:《新工具》,许宝骙译,商务印书馆,1984。

80.〔美〕魏因伯格:《科学、信仰与政治:弗兰西斯·培根与现代世界的乌托邦根源》,张新樟译,三联书店,2008。

81.〔德〕卡尔·曼海姆:《意识形态和乌托邦》,艾彦译,华夏出版社,2001。

82.〔德〕西美尔:《金钱、性别、现代生活风格》,顾仁明译,学林出版社,2000。

83.〔美〕马斯洛:《人性能达的境界》,林方译,云南人民出版社,1987。

84.〔美〕加里·S.贝克尔:《人类行为的经济分析》,王业宇、陈琪译,三联书店上海分店、上海人民出版社,1995。

85.〔美〕丹尼尔·贝尔:《资本主义文化矛盾》,赵一凡、蒲隆、任晓晋译,三联书店,1989。

86.〔德〕马克斯·韦伯:《新教伦理与资本主义精神》,于晓、陈维纲译,三联书店,1987。

87.〔德〕恩斯特·卡西尔:《人论》,甘阳译,上海译文出版社,2004。

88.〔瑞士〕荣格:《未发现的自我》,张敦福等译,国际文化出版公司,2007。

89.〔德〕马丁·布伯:《我与你》,陈维纲译,三联书店,1986。

90.〔美〕罗洛·梅:《人寻找自己》,冯川等译,贵州人民出版社,

1991。

91.〔美〕卡伦·荷妮:《我们时代的病态人格》,陈收译,国际文化出版公司,2007。

92.〔美〕赫舍尔:《人是谁》,隗仁莲译,贵州人民出版社,1994。

93.〔美〕保罗·蒂里希:《政治期望》,徐钧尧译,四川人民出版社,1992。

94.〔美〕大卫·哈维:《希望的空间》,胡大平译,南京大学出版社,2006。

95.〔美〕卡伦巴赫:《生态乌托邦:威廉·韦斯顿的笔记本与报告》,杜澍译,北京大学出版社,2010。

96.〔美〕迈克尔·波伦:《植物的欲望:植物眼中的世界》,王毅译,上海人民出版社,2003。

97.〔美〕查伦·斯普瑞特奈克:《真实之复兴:极度现代的世界中的身体、自然和地方》,张妮妮译,中央编译出版社,2001。

98.〔美〕大卫·艾尔金斯:《超越宗教——在传统宗教之外构建个人精神生活》,顾肃、杨晓明、王文娟译,上海人民出版社,2007。

99.〔美〕戴维·迈尔斯:《我们都是自己的陌生人》,沈德灿译,人民邮电出版社,2012。

100.〔美〕艾伦·杜宁:《多少算够——消费社会与地球的未来》,毕聿译,吉林人民出版社,2004。

101.〔英〕约翰·内尔什:《够了:你为什么总是不满足》,唐奇等译,中国人民大学出版社,2009。

102.〔美〕路易兹等:《这是我的人生,不是别人的:坚持做自己的人生法则》,张金、曹爱菊译,中信出版社,2011。

103.〔英〕卡琳·克里斯坦森:《绿色生活:21世纪生活生态手册》,朱曾汶译,安徽文艺出版社,2002。

104.〔加〕铃木、〔加〕博伊德:《绿色生活指南》,传神译,中国环境科学出版社，2012。

105.〔美〕约翰·雷恩：《自愿简单》，容冰译，中信出版社，2003。

二 学术论文：

1. 余谋昌：《从生态伦理到生态文明》，《马克思主义与现实》2009 年第 2 期。

2. 杨国荣：《伦理生活与道德实践》，《学术月刊》2014 年第 3 期。

3. 杨春时：《"情感乌托邦"批判》，《烟台大学学报》（哲学社会科学版）2009 年第 2 期。

4. 蒙培元：《中国哲学中的情感理性》，《哲学动态》2008 年第 3 期。

5. 万俊人：《生态伦理学三题》，《求索》2003 年第 4 期。

6. 卢风：《论"苏格拉底式智慧"》，《自然辩证法研究》2003 年第 1 期。

7. 吴国盛：《追思自然》，《读书》1997 年第 1 期。

8. 刘湘溶：《论生态伦理学的利益基础》，《道德与文明》2001 年第 5 期。

9. 刘福森、李力新：《人道主义，还是自然主义？——为人类中心主义辩护》，《哲学研究》1995 年第 12 期。

10. 黄万盛：《大同的世界如何可能》，《开放时代》2006 年第 4 期。

11. 陈学明：《资本逻辑与生态危机》，《中国社会科学》2012 年第 11 期。

12. 雷毅：《生态伦理学：一种新的道德启蒙》，《科技日报》2001 年 6 月 4 日，第 2 版。

13. 甘绍平：《生态伦理与以人为本》，《学习时报》2003 年 7 月 21 日，第 5 版。

14. 金寿铁：《人是来自自然的乌托邦生物——论恩斯特·布洛赫的哲学人类学思想》，《社会科学》2008 年第 12 期。

15. 田海平：《"环境进入伦理"与道德世界观的转变》，《南京工业大学学报》（社会科学版）2008 年第 4 期。

16. 贺来：《拒斥"在场"化的乌托邦》，《读书》1997 年第 9 期。

17. 甘会斌:《乌托邦、现代性与知识分子》,《华中科技大学学报》(社会科学版) 2010 年第 3 期。

18. 朱国芬、郭爱芬:《试论生态主义的乌托邦特性及意义》,《南京理工大学学报》(社会科学版) 2009 年第 3 期。

19. 张会永:《康德自然观的生态伦理意蕴及启示》,《马克思主义与现实》2009 年第 1 期。

20. 王韬洋:《有差异的主体与不一样的环境"想象"——"环境正义"视角中的环境伦理命题分析》,《哲学研究》2003 年第 3 期。

21. 寇东亮:《身心和谐、德性与真实自我》,《学习与实践》2011 年第 4 期。

22. 朱国芬、郭爱芬:《试论生态主义的乌托邦特性及意义》,《南京理工大学学报》(社会科学版) 2009 年第 3 期。

23. 陈延斌、王体:《人与自我身心之际:道德调节的新向度》,《哲学研究》2006 年第 8 期。

24. 吴先伍:《从"自然"到"环境"——人与自然关系的反思》,《自然辩证法研究》2006 年第 9 期。

25. 黄启祥:《斯宾诺莎与霍布斯自然法权学说之比较》,《云南大学学报》(社会科学版) 2014 年第 1 期。

26. 陈创生:《中西情感方式比较——兼论制约当代中国情感方式的社会条件》,《现代哲学》1988 年第 3 期。

27. 董慧:《空间、生态与正义的辩证法——大卫·哈维的生态正义思想》,《哲学研究》2011 年第 8 期。

28. 黄晓红:《论应用伦理学的问题意识》,《哲学动态》2008 年第 3 期。

29. 庞跃辉:《论整合》,《浙江社会科学》2006 年第 5 期。

30. 周治华:《环境伦理与幸福生活》,《第 22 次韩中伦理学国际学术大会论文集》, 2014。

31. 闵乐晓:《走出乌托邦的困境——从现代性的角度对中国传统乌托邦

主义的审视》，博士学位论文，武汉大学，2001。

32.〔美〕R.J.伯恩斯坦:《形而上学、批评与乌托邦》,《哲学译丛》1991年第1期。

33.〔美〕罗兰·费希尔:《乌托邦世界观史撮要》,《第欧根尼》1994年第2期。

34.〔澳〕辛格:《所有的动物都是平等的》,《哲学译丛》1994年第4期。

35.〔美〕林恩·怀特:《生态危机的历史根源》,《都市文化研究》2010年第00期。

英文参考文献:

1. Joel Feinberg,"The Rights of Animals and Unborn Generations，" in *Philosophy and Environment Crisis*, Athens G.A.: University of Georgia Press, 1974.

2. Paul W.Taylor, *Respect for Nature: A Theory of Environmental Ethics*, New Jersey: Princeton University Press, 1986.

3. Herbert Marcuse, *Studies in Critical Philosophy*, Boston: Beaton Press, 1973.

4. Krishan Kumar, *Utopia and Anti-Utopia in Modern Times*, Oxford: Basil Blackwell, 1987.

5. Frank E. Manuel and Fritzie P. Manuel, *Utopian Thought in the Western World*, Cambridge: Harvard University Press, 1979.

6. James Lovelock, *Gaia: A New Look at Life on Earth*, Oxford: Oxford University Press, 1979.

7. B. Devall and G. Sessions, *Deep Ecology: Living as if Nature Mattered*, Salt Lake City: Gibbs M. Smith, Inc., 1985.

8. Max Oelschlaeager, *Postmodern Environmental Ethics*, New York: State

University of New York Press, 1995.

9. Carolyn Merchant, *Radical Ecology: The Search For a livable World*, New York: Routledge Press, 2005.

10. Baird Callicott, *Earth's Insights: A Multicultural Survey of Ecological Ethics from the Mediterranean Basin to the Australian Outback*, Berkeley:University of California Press,1994.

11. Paul Froese, *On Purpose: How We Create the Meaning of Life*, New York: Oxford University Press, 2016.

图书在版编目(CIP)数据

生态伦理的现实反思与终极关切：乌托邦视角下人
与自然伦理关系建构研究 / 张彭松著. -- 北京：社会
科学文献出版社, 2020.6
　　（实践哲学论丛）
　　ISBN 978-7-5201-6298-2

　　Ⅰ. ①生…　Ⅱ. ①张…　Ⅲ. ①生态伦理学－研究
Ⅳ. ①B82-058

　　中国版本图书馆CIP数据核字（2020）第030071号

·实践哲学论丛·

生态伦理的现实反思与终极关切
——乌托邦视角下人与自然伦理关系建构研究

著　　者 / 张彭松

出 版 人 / 谢寿光
组稿编辑 / 周　丽　王玉山
责任编辑 / 王玉山
文稿编辑 / 韩欣楠

出　　版 / 社会科学文献出版社·城市和绿色发展分社（010）59367143
　　　　　　地址：北京市北三环中路甲29号院华龙大厦　邮编：100029
　　　　　　网址：www.ssap.com.cn
发　　行 / 市场营销中心（010）59367081　59367083
印　　装 / 三河市龙林印务有限公司

规　　格 / 开　本：787mm×1092mm 1/16
　　　　　　印　张：20.75　字　数：304千字
版　　次 / 2020年6月第1版　2020年6月第1次印刷
书　　号 / ISBN 978-7-5201-6298-2
定　　价 / 138.00元

本书如有印装质量问题，请与读者服务中心（010-59367028）联系